街道商业

——营造充满活力的城市人行道

Street Commerce：Creating Vibrant Urban Sidewalks

[爱沙尼亚] 安德烈斯·塞夫托克　著
徐　振　李鸣珂　张　冰　韩凌云　译

中国建筑工业出版社

著作权合同登记图字：01-2021-3723号

图书在版编目（CIP）数据

街道商业：营造充满活力的城市人行道 /（爱沙）安德烈斯・塞夫托克著；徐振等译. —北京：中国建筑工业出版社，2023.5

书名原文: Street Commerce: Creating Vibrant Urban Sidewalks

ISBN 978-7-112-29661-3

Ⅰ. ①街… Ⅱ. ①安…②徐… Ⅲ. ①城市商业—商业街—研究 Ⅳ. ①TU984.13

中国国家版本馆CIP数据核字（2024）第055485号

Street Commerce：Creating Vibrant Urban Sidewalks/Andres Sevtsuk
ISBN：978-0-8122-5220-0

本书得到国家自然科学基金（52078254）和江苏省高校优势学科建设工程项目的资助

责任编辑：戚琳琳
文字编辑：程素荣
责任校对：王 烨

街道商业
——营造充满活力的城市人行道
Street Commerce：Creating Vibrant Urban Sidewalks
[爱沙尼亚] 安德烈斯・塞夫托克 著
徐 振 李鸣珂 张 冰 韩凌云 译
*
中国建筑工业出版社出版、发行（北京海淀三里河路 9 号）
各地新华书店、建筑书店经销
北京点击世代文化传媒有限公司制版
北京君升印刷有限公司印刷
*
开本：787 毫米 ×1092 毫米 1/16 印张：13 字数：285 千字
2024 年 8 月第一版 2024 年 8 月第一次印刷
定价：**58.00** 元
ISBN 978-7-112-29661-3
（42206）

如有内容及印装质量问题，请与本社读者服务中心联系
电话：（010）58337283 QQ：2885381756
（地址：北京海淀三里河路 9 号中国建筑工业出版社 604 室 邮政编码：100037）

目 录

引言

在伦敦一个阳光明媚的星期天早晨，我和妻子正在享用咖啡，并筹备着当天的安排。我们俩都想买些东西——她要到喜欢的店里买件衣服，我在网上搜到一些鞋子和牛仔裤，但还是想要亲自试穿一下。我们还计划和朋友到公园里吃早午餐，在下午进行一些有趣的活动。

离开房子，我们穿过社区到达最近的大街——上街（Upper Street），这条街在英国被称为主要街道。在天使站（Angel Station）有许多服装店和一个小型城市购物中心可供选择，我们觉得应该能够在那里买好所需要的东西。在查询过手机上的谷歌地图后，我们确信可以找到合适的商店购买她的衣服和我的牛仔裤、鞋子。我们路过了各式各样的商店，包括一家花店、一家当地的冰淇淋店和一家快闪设计师时装店，还有几家挤满了阿森纳球迷的酒吧，这地方离其球队的主场不远。在半小时内的闲逛中，我们都确定了各自要找的东西。然后，我们决定从咖啡工坊（Coffee Works）那里买些咖啡，再乘坐公共汽车去维多利亚公园（Victoria Park），那里有一家很好的咖啡馆叫作 Pavilion，让我想起了纽约中央公园中的船屋（Boat House），那里的氛围更加悠闲。在星期天的早晨，这里吸引了慢跑者和推着婴儿车的父母们前来，偶尔还会出现放浪不羁的艺术家。

为了庆祝我们圆满的购物之旅，我们与住在附近的朋友们一起享用了早午餐。我们聊到朋友们最近读到的一部俄罗斯新电影《利维坦》（*Leviathan*），它刚刚获得了戛纳电影节的金棕榈奖。我们开始好奇伦敦是否有电影院会上映这部电影？这样的电影节独立电影不一定能在 Odeon、Vue 或 AMC 类型的电影院中看到。于是我们再次拿起手机打开谷歌搜索，惊讶地发现，就在当天下午，伦敦有五家不同的电影院正在上映这部电影。

我们最后选择了在苏荷区的可胜影院（Curzon Theater），这是我们此前从未去过的地方，在 45 分钟之后刚好上映这部电影，太完美了。于是我们步行来到中央线地铁（Central Line），经过 30 分钟左右的时间，我们在距离剧院几百码的托特纳姆法院路（Tottenham Court Road）下车，刚好赶上了电影的开场。

这是一部好电影。在电影结束后，我们花了好些时间才回过神来，因为电影的剧情使我们俩都陷入了对后苏联时期俄罗斯腐败问题的沉思。当我们终于经过酒吧到达沙夫茨伯里大街（Shaftesbury Avenue）时，我的妻子突然想买些埃里克·萨蒂

（Erik Satie）的钢琴乐谱。她问道："我们是去苏荷区的几家音乐商店找找，还是应该直接回家呢？待会儿我们家还会有客人过来吃晚饭。"于是我们决定直接回家，同时注意到38路巴士站就在这个街区的尽头，坐上这班车我们很快就能回去。当我们拐过街角并沿着查令十字路（Charing Cross Road）走向车站时，我们遇到了福伊尔书店（Foyles）——这是一家在英国颇受欢迎的书店。书店就在巴士站的对面，所以我们决定迅速进店去问是否有售卖钢琴谱。我们是这样想的，如果店里出售琴谱，那么即便我们不太可能找到萨蒂的琴谱，至少他们也可能给出可以去哪里购买的建议。

柜台后面的女士让我们去三楼的音乐区看看。于是我们走上楼梯，经过堆满来自世界各地文学作品的两层楼，然后来到第三层，这里都是与音乐相关的出版物。另一位店员给我们指了指房间尽头的一组大号金属抽屉柜，它看上去很令人期待。我走过去，打开一个抽屉，里面摆满了巴赫和勃拉姆斯的乐谱，下一个抽屉放满了肖邦的乐谱。再往下的几个柜子里，陈列着拉赫玛尼诺夫（Rachmaninoff）、柴可夫斯基（Tchaikovsky）和图宾（Tubin）的各种乐谱。随后，在"S"字样的抽屉下，我居然发现了全套的萨蒂钢琴乐谱，这完全出乎意料。我的妻子不过是在5分钟前偶然想到了萨蒂，但我们谁都没有想到会碰巧在那里见到完整收藏的乐谱。她选购了自己喜欢的作品，我们带着乐谱回到查令十字路，搭上了回家的巴士。

巴士穿行在绿树成荫的街道，我们坐在上层注视着车窗前的风景。熙熙攘攘的街道上是各式各样的商店以及不同族裔背景的人群。我们谈论着关于几个小时内能在这座城市中找到所有我们需要的一切，这着实让人惊讶——我们都找到了各自心仪的衣服；《利维坦》不仅在可胜影院上映，在其他四个电影院也有放映场次；我们还偶然发现了一家出售萨蒂乐谱的商店；并且遇见了以前从未见过的有趣的人和商店；我们搭乘的每趟巴士或地铁的站点都只有几个街区之遥；最后我们还准备在家附近的一个蔬菜摊前停下来，挑选一些西红柿、桃子以及产自伊朗的新鲜大枣作为晚餐。我们在想这一切是否与伦敦宣称的"世界上最伟大的城市"有关。

据说拿破仑称英国为零售业之国。从伦敦提供的商店和服务，以及步行和公共交通所带来的便利来看，无疑能够非常明显地感受到这座城市提供的便捷、多样性和全方位的生活质量。我在伦敦见过一家专营雨伞的商店——店里有数百种不同的雨伞，一家专营帽子的商店，以及一家售卖全尺寸装裱动物标本的商店。这里还有一些专门提供格鲁吉亚、缅甸、埃塞俄比亚、尼泊尔或新加坡美食的餐厅，以及吸引世界各地游客的高档百货公司，例如福特纳姆和玛森公司（Fortnum & Mason）或哈洛德百货（Harrods）。

但是，这种商品和服务的广泛选择并不是街道商业所能提供的全部。在伦敦满是人群和商店的繁华街道上闲逛的那天上午，我们不仅高效便捷地办完了既定的事务，还令我们有了一些不期而遇——不同背景和兴趣的人们，出售奇特物品的商店，飘散出诱人香味的各色餐厅，以及意想不到的景色和谈话。在维多利亚公园享用早午餐的过程中，我们偶然听到邻近餐桌上关于某人继承信托基金的对话。在散步穿过社区时，我和妻子偷偷瞧了瞧邻居们的房屋，赞美了一番他们的厨房家具和高高的顶棚。在离开电影院的路上，我们和一个来自俄罗斯的人进行了短暂的交谈。

繁华热闹且设施丰富的街道是社会的凝聚剂，不分种族、阶级、年龄或宗教信仰地将人们汇聚在一起，即便只是短暂的片刻。与我们出生的家庭或者选择加入的工作单位、政治组织或宗教团体不同，我们在城市街道上遇到的人们和商店并不是由于血缘关系、利益或信仰这些与生俱来或自己选择的共同点而聚在一起。熙熙攘攘的街道促使我们接触到“其他人”，这些人不一定和我们有相同的信仰、兴趣或价值观。但通过增进相互对话的社会交流，街道成为了将城市社会凝聚在一起的粘合剂。[1] 街道让我们相互联系得越多，我们就越能理解和欣赏彼此。

在一篇发表于1977年的著名的社会学文章中，马克·格兰诺维特（Mark Granovetter）论证了城市社会中“弱”联系（weak ties）的重要性。[2] 他提到的“强”联系（strong ties）是指我们通过家人、同事与其他日常或每周聚会的群体所拥有的联系。而另一方面，弱联系是指一年中只在会议、活动或在街上与我们偶然相遇或交谈的人。格兰诺维特的研究表明，对于社会流动性和在社会中的传播信息来说，弱的社会联系比强的社会联系更加重要。例如，他发现，人们更倾向于通过一年见面一两次的人找到工作，而不是通过每天见面的人。

在街道上步行体验这个城市有助于弱联系的产生——它为我们提供了一个机会，让我们可能在偶然间遇到自己平时并不常见的人。此外，行走在充满各种便利设施和人群的街道上，也会产生所谓的“潜在”联系，这种社会联系先前并不存在，但却可能从偶然的相遇、计划之外的交谈或者简单的眼神接触中萌生。有些初次见面的人之间可能会建立起联系，随着时间的推移，这种关系会变得微弱也可能更加紧密，想想你在商店、餐馆、发廊或街上同陌生人开始的对话吧。与安静的居住街道相比，这种情况在城市主要街道和其他零售商业聚集区更为常见，因为这些环境吸引了更多的使用者，并提供了鼓励互动的公共空间。因此，商业店铺与便利设施林立的街道为城市居民带来了双重好处——不仅为城市消费阶层提供商店、便利设施和服务的实用功能，而且还有助于激发潜在的联系和社会意识。

街道商业还可以为城市带来经济效益和环境效益。与全国大型连锁店相比，城市街道上的小型商店或者本地商户往往能为城镇带来更大的经济效益。在本地小型商店产生的收入中，会有很大一部分通过与当地供应商分包、支付当地雇员、改善门店周围的公共基础设施以及对员工健康和退休福利的间接投资的方式，反馈到当地的经济。通过向当地供应商购买食品、向当地销售商购买家具和办公用品，或者使用当地的交通运输、建筑和维修承包商，能够对当地经济产生强大且积极的乘数效应。一项比较当地书店和连锁书店经济乘数效应的研究发现，在当地商店每消费1美元，就有45美分回流到当地经济中。相比之下，[3]连锁商店中回流到当地经济的数额要少三倍——只有13美分。零售交易份额通常直接占当地经济的7%左右，[4]但如果与城镇中提供店铺、食品、饮料的各种供应商和个人服务的交易结合起来，当地经济将受到更大份额的影响。当一个地区经济的一体化程度越高，其传递给当地居民的财富就越多。

从环境的角度来看，通过步行和公共交通即可到达的零售商聚集区减少了城市的能源开支，有助于净化空气和改善公众健康。当非自驾的出行占有较高比例，有助于缓解交通拥堵，并鼓励人们锻炼身体，降低人均化石燃料消耗量。根据2009年美国家庭旅行调查，全国70%的出行是为了购物，以及其他家庭或个人事务，或者社交和休闲旅行。[5]如果大部分离家或者工作地点不远的出行能够通过步行或者公共交通工具到达，那么在减少温室气体排放和能源消耗方面就会有明显的进展，同时也使更多的城市土地从道路和停车场转变为多功能经济目的地、公共区域以及娱乐场所。当开发密度过低，不足以支持当地街道商业时，协调的公共交通可以促进周边地区的无车出行。

然而，几乎很少有人通过写文章来解释那些让城市变得如此便捷、充满偶遇、经济繁荣并且相互依存的商店与设施模式是如何形成的。是什么力量塑造了城市街道两旁的便利设施集群？是什么决定了旧金山而不是伦敦有多少商业活动？为什么有些街道专门经营书店，而有些街道只经营餐馆？为什么有些街道还被用于社交和娱乐活动，而不仅仅是购物和餐饮？规划师、城市设计师和政府官员能够做些什么来促进街道产生这样的便利设施和社交互动？本书尝试就这些问题给出回答。

关于零售地点和零售经济的文章有很多。但在20世纪，关于零售业的学术研究许多都集中在购物中心，这是一种高度协调的零售形式，在很多重要方面都不同于我这里提到的基于街道的购物形式。购物中心很少被纳入密集的城市社区，这使它们更少依赖于周围的社会空间环境。购物中心更倾向于接待来自整个大都会地区的顾客，这些顾客主要是驾车过来的，而不是步行或者乘坐公共交通工具，这就使得他们的相遇更容易预测且缺乏多样性。

更重要的是，无论在城市或是郊区，购物中心内的零售空间通常都是共同经营的，这使得它们可以作为一个单一、协调的实体来运作。长期担任国际购物中心理事会（ICSC）负责人的约翰·瑞奥丹（John T. Riordan）对此解释说："购物中心不是一栋建筑，而是一种管理理念，通过共同的管理使独立经营的企业像一个整体。"[6]与在城市主要街道上未经协调而相互竞争或相互补充的独立商店不同，购物中心充分利用了联合管理、同步租赁、精细设计以及购物中心内所有商户必须遵循的经营原则带来的经济效益。开发商购买土地，开发建筑，然后根据企业预期能吸引顾客的数量，以不同的价格租给精心挑选的商家。其目标是统筹一个最优组合，使购物中心作为一个整体的利润最大化，并为加入集群的单个商户建立量身定制的资金奖励机制。能够吸引最多顾客的商家——主力商店（anchor）——通常根本不需要支付租金，甚至在建设、停车、标识和优先通行路线方面会获得数百万美元的补贴。这些主力商店转而为购物中心带来大量的顾客，并在营销和广告上花费大量资金。得益于主力商店带来的顾客溢出效应的小商户，就需要为这些收益支付高昂的租金。整个实体就像一台经过精密调校的机器，当某个商家的经济输出不符合所有者的预期时，可以立即进行调整，使整体业绩恢复到管理层希望的水平。

街道商业有着不同的运作方式。由于独立的业主众多，且没有协调的管理结构，也没有资金奖励来吸引大型主力商店，街道商业看起来不像一台机器，更像是一个农贸市场。在那里，有些规定是共同遵守的，但除此之外，每家商户可以随心所欲地出售任何想出售的东西，同时向业主支付任何能够协商的费用。商店之间的公共空间——人行道、交通道路、广场以及袖珍公园——通常都是归市政当局所有，并受到公共法规（public legal code）的监管，该法规禁止私人业主对进驻区域的商家进行限制和规定，以及指定允许或不允许的商业活动。因此，通常我们对零售经济和购物中心规划策略的了解不足以解释我们在城市街道上观察到的零售模式。城市规划者对于影响城市零售环境的具体因素仍知之甚少。

在接下来的章节中，我会尝试结合不同学科的知识来解释经济、组织和空间的力量是如何共同塑造这些不断变化的城市零售和服务设施模式。相比于一些经济学家认为城市零售环境纯粹是由市场力量塑造的，我的观点是城市规划和城市设计决策与市场这双“看不见的手”对街道商业同样重要，它们共同塑造街道商业。同时我认为，可以使用一系列设计和政策的手段，以普遍公平且可持续的方式来促进街道商业发展。动用这些手段的倡议可以来自基层和民间社会组织、城市领导层、开发商或规划专业人员，但在每种情形中，了解哪些机制能够促进街道商业依然是先决条件。为了支持这一论点，我论证了一些成功的商业街是如何从深思熟虑的规划中获益的，并提出随着城市中心密度的不断提高以及新一代城市中心居民对于更具活力的城市生活的需求，在这方面努力的必要性越来越大。

城市中的街道商业模式是一个很好的例子，科学家称之为复杂性的涌现现象（emergent phenomenon）。我们观察到的商店模式是许多相互作用力共同实现的结果，这些力量以不确定的方式施加影响，最终产生了我们能在各个城市遇到的可识别的模式。例如简·雅各布斯是这样描述城市公园的使用模式：

“公园的使用量在一定程度上取决于公园自身的设计。但即使是公园设计对于公园使用量的这部分影响，反过来也取决于附近谁在使用公园以及何时使用，而这又取决于公园之外的城市使用量。此外，这些使用对于公园的影响在一定程度上只是各自如何独立于其他使用影响公园的问题；这在一定程度上也是各类使用如何共同影响公园的问题，因为某些组合会刺激其他组成部分之间相互影响的程度……无论你试图对它做什么，城市公园总是表现为一个组织复杂的问题，这就是它的本质”。[7]

街道商业在一定程度上还取决于周围建成环境的布局，即街道、公共空间、建筑、土地利用和交通线路网络在城市中的分布方式。建成环境的这些特性使商店能够在城市某些地区接触到更多的顾客。不过建成环境的影响也取决于谁在其中居住、工作，或者建筑和商店周围的空间归谁所有。

除了受到商店周围外部环境的影响，零售聚集区内的商店也会在诸多商店中对自身进行战略定位。这些内生的相互作用把一些商店团聚在一起，并与其他一些商店保持距离，这取决于它们之间的竞争或互补程度。我们在任何时间点可能遇到的商店模式，实际上是一个不断变化的复杂动态过程的写照。仅仅通过建成环境的外部特性或者商店之间的内生经济互动来解释我们遇到的商店聚集模式是不可能的——因为两者是共同发挥作用的。

在一年的时间里，有些商店会蓬勃兴起，有些只能实现盈亏平衡，还有一些会因为收入不足而被迫关闭。在一切顺利发展的社区，商业兴旺，新店开张，开发商推出新的房地产项目。而在其他地方，则可能是游客减少、收入下降、商店倒闭，一些商店被取代，另一些则清仓关店，直到情况好转。

许多领域的学者对此类商业动态进行了研究，并对本书产生了深远影响。经济学中处理空间现象的分支通常被称为城市经济学或房地产经济学，而零售经济学正是其中的一部分。人文和经济地理学家已经研究出各种方法来对零售店在城市、州和地区之间的分布进行地图绘制与空间分析。公共政策学者和政治学家调查研究了政府监督和组织框架是如何对企业主及其选址决策产生影响的。这些领域的学者都贡献了不少知识，对解释我们所观察到的零售商业格局提供了有力帮助。

令人惊讶的是，城市规划与设计的文献对城市零售集群鲜少涉及。现有的相关学术研究要么是过时的，[8]要么专注于零售业的特定方面，比如经济开发区或主要街道振兴策略。除了少数值得关注的以外，[9]当前的规划文献似乎在以一种被动（reactive）的方式研究商业开发，例如，观察负外部性，如发生在缺乏投资社区的食品沙漠问题。[10]在当今这一代规划专业人员所接受的训练中，零售和服务项目被认为是属于私营部门的领域，因而很少有规划专业提供商业规划课程。目前，美国规划认证委员会（American Planning Accreditation Board）的课程指导方针不要求任何商业规划的专业课程作为专业认证的必修部分。因此，毕业生对于街道商业繁荣的环境和政策的理解相对缺乏。

通过论述影响街道商业的不同因素，接下来我将探讨商店和服务设施维持生存所需的条件，集聚效应和商店之间的外部性如何影响场地租赁和顾客光顾，不同的商业组织如何影响商店之间的协调，店铺选址如何影响商店的交通可达性与可见性，建筑类型和城市设计条例如何影响商业综合体底层的发展机遇，规划人员和政策制定者可以采取哪些措施来支持街道商业，以及电子商务可能如何影响实体商店。规划商业环境需要一种内生的多学科方法——为了使整个零售集群能够正常运作：商店的选址必须发挥作用，商家甚至是线上商家之间的互动必须发挥作用，建筑类型必须正确发挥功能，道路、停车场和人行流线必须畅通，商店之间以及与公共部门合作伙伴之间的组织协议必须发挥作用。如果只有这些必要前提中的任何一项，都不足以实现可持续的城市街道零售和商业集群。它们彼此之间都需要协调互助。

在接下来的章节中，我将为一个特定的有影响力的群体——城市规划师和设计师提议促进城市街道商业的各种手段。当对于如何改善街道商业从描述性讨论转变到规范性讨论时，我通常会提到对城市规划师和设计师有用的策略、手段和工具，这与房地产开发和公共政策也有很大的相关性。

同时我还建议，需要新的创新策略来创造公平的街道商业，在这种情况下，城市绅士化或投资不足都可能损害到社区赖以生存的便利设施和空间。正如包容性住房政策是为了应对市场失灵而制定的，我们也需要制定包容性零售政策以确保城市设施能惠及所有民众。提供平价商品和服务的零售商店不仅造福于低收入人群，而且服务于更广泛的社会经济阶层。城市不仅需要积极应对主要街道和城市中心日益衰退的问题，还需要更加积极地利用财政补贴、城区划分、城市设计和政策工具来促进实现公平的街道商业。

街道商业目前也正在经历重要的社会和技术变革。美国人口结构的变化正在产生更多的未婚和单身家庭，他们与郊区核心家庭（nuclear family）有着不同的生活和购物偏好，而郊区的核心家庭正是推动全国汽车购物中心激增的原因。电子商物正在为大型实体折扣店创造更便宜、更便捷的替代品，并导致许多此类商店倒闭。如今，更灵活的工作安排增加了人们在娱乐活动上花费的时间，并将年轻一代的城市居民带回城市街道，寻找新的体验。我在本书倒数第 2 章探讨了这些转变，并为规划师和城市设计师提出了一些策略和手段来应对实体零售业新的现实局面。

本书的结构大致如下：第 1 章从介绍美国各城市零售业和服务集群的分布概况开始，借用最近有关城市标度律（urban scaling laws）的研究成果，探讨了商店的空间模式实际上是如何可预测的，而不是独特的；在接下来的章节研究了解释这些模式的不同因素。第 2 章引入微观经济学的视角，探讨了影响个体商店经济可持续性和限制竞争商店密度的因素。第 3 章讨论了为什么商店倾向于聚集成群，以及使各商家之间形成互补或竞争定位的力量和动力，还有这样的决策如何改善商店格局。第 4 章也讨论了商店集群，不过是从多家企业如何共同决定围绕商业改进区或其他协会组织起来以促进共同利益的角度进行阐述。第5章讨论了区位是如何影响街道商业的，同时考察了最受零售商欢迎的建成环境质量，并描述了零售集群作为一个系统是如何运作的——一个集群的变化必然会影响到周围的其他集群，反之亦然。第6章探讨了建筑类型和城市街道设计如何影响商店——即城区划分和城市设计可以直接影响的特性。第7章探讨了电子商务和不断变化的人口结构是如何撼动当今实体商业的。结语总结了关键要点，并讨论了街道商业在21世纪使城市更加多样化、公平和适宜步行方面的作用。

我会用几个例子来说明街道商业的空间模式。以马萨诸塞州的剑桥（Cambridge）和萨默维尔（Somerville）为例，这两个城市都属于波士顿大都会区（Boston metropolitan area），且都是东海岸历史悠久的城市，拥有丰富的街道商业遗产。这两座城市都是受到20世纪初英国殖民时期的街道模式和有轨电车线路影响而形成的。加利福尼亚州的洛杉矶则提供了一个相反的例子——这是一个相当年轻的城市，虽然汽车占交通主导地位，但仍然有很多适宜步行的街道商业区。而岛国新加坡给我们的经验教训是，当一个强大的国家采用自上而下的规划，有时能够显著促进城市发展，但也有可能抑制私人主动性和多样性。爱沙尼亚的后苏联城镇为探索城市设计、交通政策和零售业发展之间的关系提供了一个自然的例子——它们描述了从国家控制的社会主义经济向自由市场经济的突然转变是如何体现在零售区位模式之中的。印度尼西亚的梭罗市为洞察零售业发展提供了另一个案例，在南半球城市经济快速发展日益普遍的背景下，这里的经济以半正式的贸易活动、薄弱的政府机构和快速增长为表现特征。

这些例子来自不同的空间、历史、政治、地理和文化背景，它们并不构成对任何特定地区的综合案例研究，而是旨在提供有特定文化、历史、建筑和经济因素背景的基本实例，正是这些因素塑造了世界各地不同背景下的街道商业。它们说明了街道商业的形成不仅受环境和背景的影响，还受良好的政策、规划和设计的影响。

因此，本书的结构本身类似于在充满偶遇与奇特经历的繁华街道上漫步的体验——这与我在引言开头讲述的在伦敦街道的经历没有太大区别。不同于乘车经由一条线性的、可预测的路线到达预定的目的地，整个故事将过去偶然发现的意外惊喜编织起来，希望能给你带来比初见本书时的预期更加丰富的见闻。塑造街道商业的力量是多学科且复杂的，它们在整个章节中出现的顺序也是如此。

本书中使用的各种例子也强调，让街道商业良性运转并不是美国、欧洲或西方国家独有的挑战，而是世界各地城市都面临的问题。发展具有充满活力的商业集群的街道的机会无处不在。认识并利用这些机会需要更好地理解街道商业是如何运作的，以及城市规划师和城市设计师可以做些什么来帮助它繁荣发展。

第1章

街道商业之可预测性与不可预测性

尽管人们在美国各地发现城镇、社区和商业存在巨大差异，但在任何城市或大都会区内的商业模式都具有惊人的一致性。这点是由一个新兴的领域即城市科学领域所发现的，这个领域的开拓者是一些理论物理学家，他们将城市作为探索复杂性研究的新前沿。尽管不同的建筑风格、业态变化以及公共空间的独特特征为商业模式提供了限定条件，但这些城市科学家们却认为，不同城市的商店和服务模式实际上是系统的和可预测的。

这里我特别提出的城市标度律（urban scaling law）出自圣达菲复杂性研究所（Santa Fe Institute for Complexity Studies）的学者如路易斯·贝当古、杰弗里·韦斯特、何塞·路易斯·洛沃及其同事。[1]其中，贝当古和同事在2007年《美国国家科学院院刊》（PNAS）上发表的一篇题为“城市的增长、创新、尺度与生活节奏”（Growth, innovation, scaling, and the pace of life in cities）的论文中，声称找到了描述物质的城市基础设施与非物质的社会经济产出随城市规模变化的普遍规律。他们发现，当城市人口数量翻倍时，包括城市商店和服务性企业数量在内的基础设施人均供给量并不是一同翻倍的。显然，大城市比小城市需要更多的街道、覆盖更广的污水管网，以及更多的零售商店；但如果比较二者之间人均供给量的差异，就会发现实际上大城市基础设施的人均投入要低于小城市。这说明大城市的高效能与规模经济优势在其中发挥了作用。

这种城市基础设施和便利设施的“次线性”（sublinear）规律可以用一条精确的趋势线来描述，也就是说，即使考虑到当地的建筑差异、空间特征和风格，新罕布什尔州基恩市和马萨诸塞州康科德镇的企业数量实际上是完全可预测的。中等规模城市（例如新罕布什尔州的阿尔布开克）的商业体系只是大城市地区（例如纽约或洛杉矶）商业体系的一个小体量版本。因而一旦理解这种模式的特性，我们就能够根据一个城镇的人口数量对城中企业的数量做出合理推测。

除了预测任何城市中企业数量的标度律外，学者们还发现，企业间会自行发展形成可预测规模的集群。另外，最近的数据科学工作也表明，这些集群相互之间的分布趋势是存在一定规律的。[2]

本章着眼于零售业和服务企业的宏观模式，并讨论了这些模式在美国城市中的规律。此外，我将会论述这些规律的局限性，并阐明各个城市是如何经常偏离规范的。正如任何人类组织在群体上都具有统计学上的共性，这种共性也存在于宏观的零售业中。但是，不同的零售业集群与不同的大都会集群模式之间各有特点，这不仅源于各自独特的历史、地理和气候环境，也源于各城镇长期以来采取的有意识的（conscious）政策、规划和设计选择。

街道商业的不同规模

北美行业分类（通常称为 NAICS 代码）对美国各类商业机构进行了归类。NAICS 是联邦机构对商业企业进行分类的官方标准，用于收集、分析和发布与美国经济相关的统计数据。NAICS 通过不同位数的类别编号代表企业机构所属的详细级别。例如，两位数编号“44”指的是最高分类级别中的“零售业”，三位数编号则能进一步区分“441”的“机动车和零部件经销商”和“442”的“家具和家居用品商店”。在此基础上，通过四位数编号“4413”更进一步表示“汽车零部件、配件和轮胎商店”。依此类推，该系统分类标准一直细分到 8 位数编码。

在四位数分类层级上，总共由 36 组数字编号构成“街道商业”这一分类。其中 27 组企业的分类归属于“贸易零售业”，3 组属于“餐饮业”，3 组属于“个人和洗衣服务业”，另外还有 3 组是“维修服务业”（表 1）。本书中提到的“街道商业”（street commerce）一般就是指 NAICS 中的这 36 类，代表了街道上无需预约就可进店购买东西或服务的商店及服务企业。但这一定义不包括办公建筑和一系列其他服务型企业如法律、金融或咨询企业，也不包括文化设施，如剧院、电影院或音乐厅，因为仅在特定时间内提前使用售票功能。本书中的“街道商业”类别包括购物、餐饮和个人服务等通常能在营业时间内接待顾客（walk-ins）的商业类型，它们构成了城市中上班、上学及休闲娱乐出行之外最为常见的一些目的地。[3]

为了阐明上述商业设施的供给量如何随着大城市人口的增加而增加，我在图 1 的纵轴上标出了这 36 类商业设施在美国各大都市地区中的数量，并在横轴上标出相应的 2010 年人口数量。其中每个黑点代表一个核心统计区（CBSA），包括一个至少 1 万人口的城市中心和相邻郡县（或同等级地区），这些郡县通过通勤往来与城市中心保持社会经济联系。在美国，这样的核心统计区超过 900 个。在一些较小的城市，核心统计区可能只包括一个自治市，但在较大的城市通常包括好几个城镇。由于核心统计区之间规模差异较大，既有纽约、洛杉矶或芝加哥等大城市，也有帕朗和布莱克富特这样的小城市，为了方便展示，图中两条坐标轴是通过对数刻度绘制得到的——各坐标轴上连续的刻度标记都比前一标记大 10 倍。因此坐标轴

代表街道商业组成的 36 种零售业和食品服务业类型　　表 1

#	NAICS	描述
1	4411	汽车经销商
2	4412	其他机动车经销商
3	4413	汽车零配件和轮胎商店
4	4421	家具商城
5	4422	家具用品店
6	4431	电子电器商城
7	4441	建筑材料和用品经销商
8	4442	草坪、花园设备及用品商店
9	4451	杂货店
10	4452	特色食品店
11	4453	啤酒、葡萄酒和酒类商店
12	4461	健康与个人护理商店
13	4471	加油站
14	4481	服装店
15	4482	鞋店
16	4483	珠宝、行李和皮革用品店
17	4511	化育用品、爱好和乐器商店
18	4512	书店与新闻经销商
19	4521	百货商店
20	4529	其他一般商品店
21	4531	花店
22	4532	办公用品、文具和礼品店
23	4533	二手商品店
24	4539	其他杂货店零售商店
25	4541	电子购物与邮购商店
26	4542	自动售货机操作员
27	4543	直销公司
28	7223	特殊食品经营店
29	7224	饮食店（酒类）
30	7225	餐厅与其他餐饮场所
31	8111	汽车维修与保养服务
32	8112	电子设备与精密设备维修与保养服务
33	8114	个人与家庭用品维修与保养服务
34	8121	个人护理服务
35	8123	干洗与洗衣服务
36	8129	其他个人服务

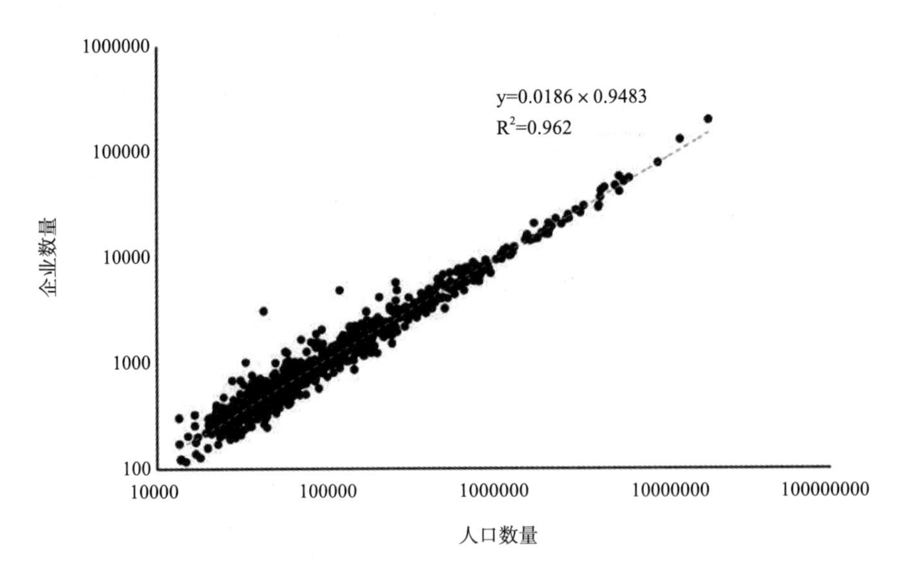

图 1　美国 273 个人口超过 40000 人的大都会地区零售、食品和服务业与人口规模的双对数散点图

上的数字并不是沿正方向线性增长的，而是呈指数增长，即每进一格都在前一个数字基础上乘以 10。这使我们能够在图中将所有不同规模的城镇沿坐标轴分散地显示，而不会在图中出现左侧小城镇大量聚集、右侧大都市少量零散的情况。举例来说，图中右边最上方的两个点分别代表拥有 1890 万人口的纽约 - 新泽西州北部 - 长岛核心统计区（CBSA），以及 1280 万人口的洛杉矶 - 长滩 - 阿纳海姆核心统计区（CBSA）。

很明显，图中的数据几乎没有离散——这表明大多数都会区的零售、食品和服务业的数量与该地区的人口密切相关。随着居民数量的增长，商业设施的数量也会增加。指数 0.94 表示趋势线的斜率，说明设施数量与人口的关系是次线性（sublinear）的，就如同物理学家预测的那样。如果指数是“1”，意味着当人口数量翻倍时，设施数量也会翻倍。而 0.94 略低于 1，这说明当人口翻倍时，商业设施的数量不会完全翻倍——说明商业设施在较大城市中会呈现出规模经济优势。

这条趋势线使我们能够根据特定城市的人口规模来预测零售、食品和个人服务企业的数量。例如，华盛顿 - 阿灵顿 - 亚历山大都会区（Washington-Arlington-Alexandria metro area）2010 年的人口为 558.2 万。按照图 1 趋势线预测，这般规模的都会区应该有 46505 家零售、食品和个人服务企业，而实际数字是 41453。亚特兰大 - 桑迪斯普林斯 - 玛丽埃塔都会区（Atlanta-Sandy Springs-Marietta metro area）的人口为 527 万，理论上应该有大约 4.4 万家这样的企业，而实际数字接近 4.7 万。都市人口确实是预测零售、食品和服务企业数量的一个有力指标——图中 96% 的商业设施数量变化通常都可以用都市人口来解释。

当然，能够估计企业数量并不意味着不同城镇之间的企业空间格局是相似的。至于这些企业如何在城镇土地上分布——是围绕一个巨大的中心聚集还是分散成许多小的集群，是沿着主要公共街道分布还是聚集在购物中心内——影响着我们对一个城镇的感知。仅仅依靠地区人口为预测依据的标度律是否也能告诉我们一个城镇中最大零售业集群的规模？或者这些商业设施是如何围绕不同规模的中心聚集起来的呢？

零售业集群的分布

1949 年，美国语言学家乔治·金斯利·齐普夫（1902—1950）发现，人们在特定语言中使用单词的频率存在一些奇怪现象。他发现，人们总是重复使用少部分单词，而绝大多数单词却很少用到。当按照受欢迎程度对单词进行排序时，他发现一个惊人的规律。使用率排名第一的单词（“the”）的频率是排名第二单词（“be”）的两倍，是排名第三单词的三倍，他将这一规律称之为“排序与频次定律”（rank versus frequency rule）——任何单词的使用频率与其在词频表上的排序成反比例关系。这个发现后来称为“齐普夫定律”（Zipf’s Law），更令人惊讶的是，如果你将其应用到一个国家的城市规模与零售业集群的关系中，这一定律依然适用。齐普夫定律能够帮助我们理解零售业集群是如何以一种可预测的模式分布形成“少数大中心、大量小集群”的格局。但在齐普夫定律应用到零售业集群之前，我们需要绕个小弯，先探讨一个基本问题：我们如何定义零售业集群？

两家商店可以构成一个集群吗？那么 5 家呢？或者 55 家店？即使一条街上有 55 家商店，我们能说这些商店真的形成了一个零售业集群吗？在横贯洛杉矶东西的威尔夏大道上，就有超过 55 家商店，但我们大多数人都不会说，威尔夏大道的全部商店是某个零售业集群的一部分。

目前已有多种技术用于定义空间集群。一些学者认为，较好的切入点就是找到城镇中最大的集群，这类集群通常位于中央商务区（CBD）。例如，伊利诺伊州芝加哥华丽一英里（Magnificent Mile）沿线的商店聚集。在找到最大商业集群之后，就可以确定第二、第三大集群，以此类推，直到我们基本找出这个城市中大部分最大的那些商业中心为止。[4] 根据这种方法，当达到最小密度极限时停止对集群的计数。紧接着我们假设，将一个集群定义为至少每英亩 10 家商店的一片区域。只要计数的过程遵循每英亩最低商店数量的原则，这种方法就能够帮助我们筛选任何规模的集群。[5] 或者我们也可以将集群定义为每英亩存在 10 家以上商店或有一定数量零售业工作者的人口普查区（census tract），再或者我们可以采用相对临界标准（relative cutoff criteria），将集群定义为商业密度高于大都会区平均水平的地区，并且至少包含城市商业总量的 1%。[6] 根据城市零售的总存量设定临界标准，能够避免套用大城市的标准来评估小城镇的零售业集群。但有证据表明，可感知到的集群的规模下限并不取决于城市规模——不论对小城镇或是大城市的调查结果，都倾向于可识别的最小零售集群必须有至少几家商店相邻。[7]

无论我们选择哪种数量的商店作为临界标准，以这种方式进行研究都需要确定在哪里绘制分析空间单元的边界——不论是以英亩、人口普查区还是以平方英里为标准。移动镜头可以很容易地改变我们捕捉到（capture）的商店数量。[8]但即使这些商店位于同一英亩或同一人口普查区内，也难以确定从访客的角度来看，它们是否属于同一集群。

在购物中心，对于大多数访客来说，所有商店都聚集在同一屋檐下无疑是一个大集群。在主要街道或其他大街上，独立店面形成的线性集合也可以让人感觉像是一个集群。以上举例中的两个关键变量经常存在于我们的观念之中，但我们却很少真正思考它们。事实上，这两个变量有助于我们定义集群：首先，第一个变量表明一个集群至少需要有最低数量的商店。单独一家商店无法构成集群，两家商店通常也不像一个集群，但如果有四五家商店，就会开始像是一个集群。此外，大多数人都认同相互邻近的 25 家商店确实感觉像是一个集群。

第二个重要变量描述了集群中商店之间的距离。在仍归属一个集群的前提下，一个商店与其他商店的最远距离不超过多少？如果五家商店彼此紧邻，比如说相距 10 码，也许会感觉像一个集群。但如果商店之间相距 100 码呢？再假如集群端部的一家商店与最邻近的商店相距 200 码，而其余四家店相互紧挨着呢？显然这四家店就会给人感觉形成了一个不含第五家商店的集群。而能否将全部五家商店定义为一个集群则取决于第一个变量——我们能够接受的组成一个集群的最小商店数量。

只有确定组成集群的最小商店数量，还有集群中相邻近商店的最远距离，以及沿街道网络的测距方式，我们才能用一致的方法检测集群，以贴近人们在真实街道和社区中对商店集群的感知。下面我将使用这种方法定义零售业集群。如图 2 所示，通过将集群的最小商店数量设置为 25 家，同时设置集群中相邻商店间隔的最大步行距离为 100 米路网距离，从而展示该方法如何应用于实际的零售商店位置数据。在图 2 中，街道交叉口周边的 31 家商店形成了一个独立集群，而该地区的许多其他商店由于集聚的数量不足或者彼此之间相距太远，不能视为一个集群。这种用于定义单个集群的方法可以推广到一个城市零售业集群的整体格局。在图 3 中，我采用相同的方法检测加州洛杉矶及其行政区域周边缓冲区域的零售业集群。图中没有详细画出集群中每个独立的零售商店，而是用一个黑色圆圈代表整个集群，并设定圆圈的半径与该集群中的设施数量相对应。目前检测到的洛杉矶最大集群位于市中心，聚集了 4375 家商店。而第二大集群沿好莱坞大道分布，由大约 600 家商店组成。总的来说，在洛杉矶共发现了 280 个零售业集群，其中许多都与城市居民所熟知的商业繁华区相对应：例如市中心、韩国城、威尼斯海滩、好莱坞、谢尔曼奥克斯、拉布雷亚等。图 4 ~图 9 展示了美国其他城市的零售业集群分布情况：亚特兰大、波士顿、芝加哥、华盛顿、旧金山和迈阿密。

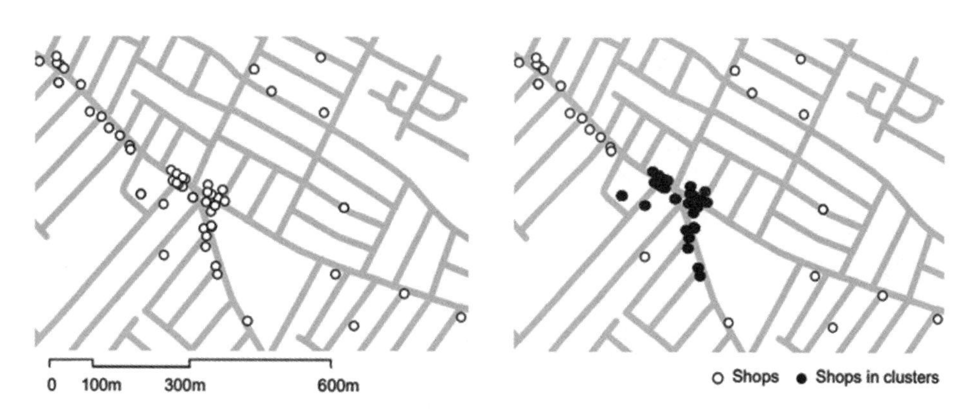

图 2　不少于一定数量且彼此距离小于一定范围的商店聚集区视为商业集群
左图：商店位置原始数据　右图：识别出的零售商业集群

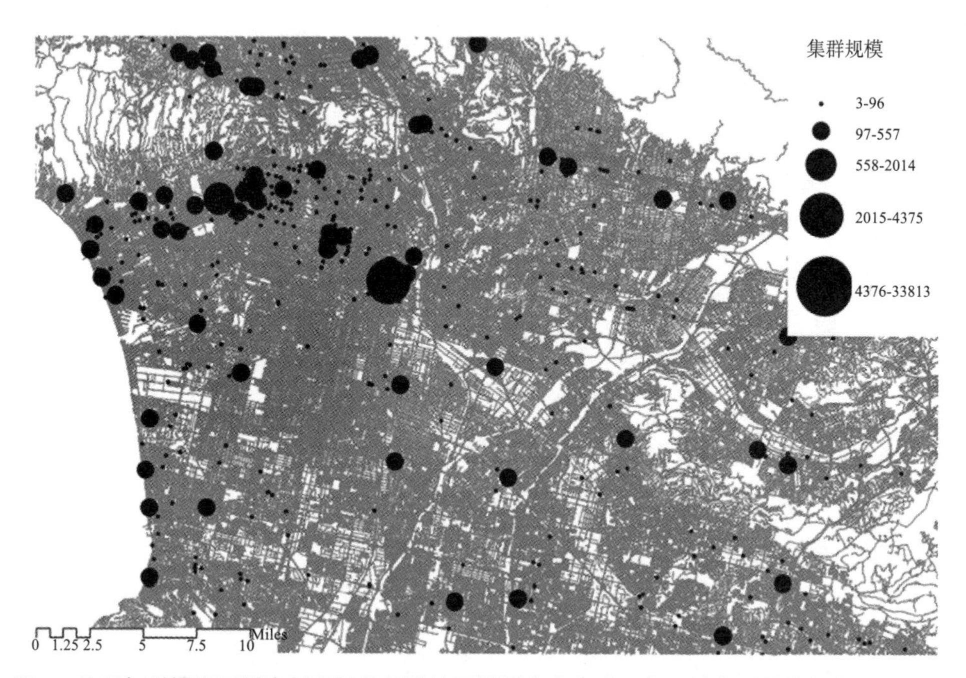

图 3　位于加利福尼亚州洛杉矶及其周边地区的零售业集群，这里的集群是指包含至少 25 家商店的商业聚集区，其中每家商店与最邻近商店相距 100 米之内。每个集群在其几何中心位置用圆圈表示，半径对应集群中的设施数量

数据来源：ESRI 商业分析模块附带的 Infogroup 2010 年企业名录

现在，让我们来看看用同样的方法分析美国本土所有的零售业和服务设施集群会有什么发现。如图 10 显示，美国有 8308 个零售集群，其中最大的集群都位于主要城市。在美国 945 个城市中，10 个最大的大都会地区（人口超过 450 万）占全

国所有零售业和服务设施集群的 40%，主要城市包括纽约、洛杉矶、芝加哥、达拉斯、费城、休斯敦、迈阿密、亚特兰大、华盛顿和波士顿。

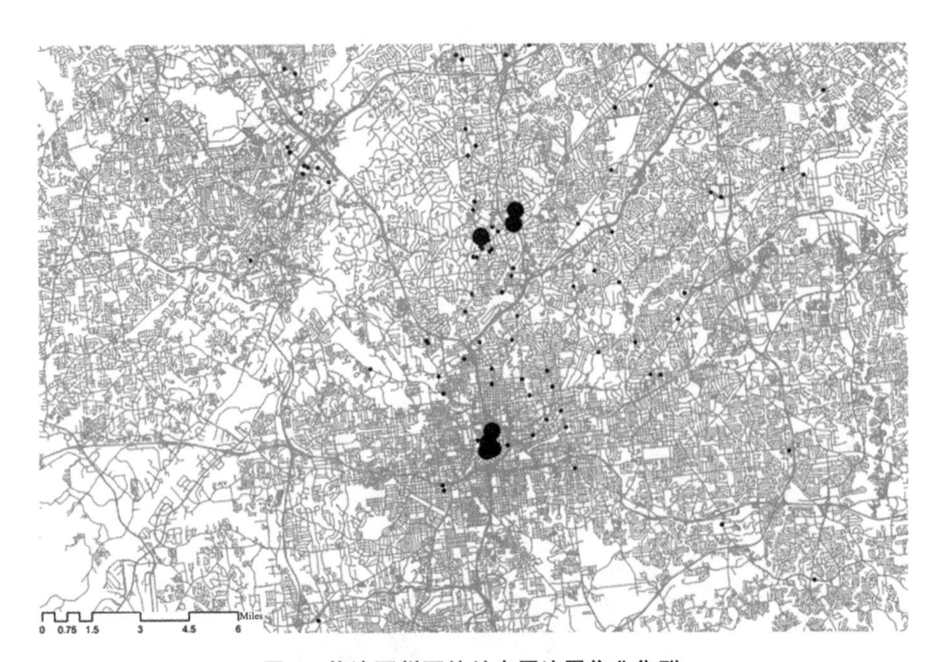

图 4　佐治亚州亚特兰大周边零售业集群

数据来源：ESRI 商业分析模块附带的 Infogroup 2010 年企业名录

图 5　马萨诸塞州波士顿周边零售业集群

数据来源：ESRI 商业分析模块附带的 Infogroup 2010 年企业名录

图 6　伊利诺伊州芝加哥周边零售业集群

数据来源：ESRI 商业分析模块附带的 Infogroup 2010 年企业名录

图 7　华盛顿特区周边零售业集群

数据来源：ESRI 商业分析模块附带的 Infogroup 2010 年企业名录

图 8　加利福尼亚州旧金山周边零售业集群

数据来源：ESRI 商业分析模块附带的 Infogroup 2010 年企业名录

图 9　佛罗里达州迈阿密周边零售业集群

数据来源：ESRI 商业分析模块附带的 Infogroup 2010 年企业名录

图 10　美国零售业集群

数据来源：ESRI 商业分析模块附带的 Infogroup 2010 年企业名录

将这些零售业集群的分布与 2010 年人口普查中的居民人口分布结果相比较，可以看出，零售业和服务设施的便捷可达性（easy access）分布是不均匀的。在全国范围内，只有 14.76% 的人口居住在至少一个零售业集群的 15 分钟步行距离（1000 米）内。[9] 56.53% 的美国居民离家 3 英里范围内至少有一个集群，还有 19.07% 的居民住地在 10 英里范围内没有任何零售业集群，这比那些 15 分钟步行距离内存在至少一个集群的居民比例还要高，证明了全国范围内仍有大量低密度的近郊、远郊以及农村地区。[10] 在美国，每 6.7 个人中只有 1 人出门办事、约见朋友或在商业街度过周末不需要依靠汽车或交通系统，即只需步行就能到达目的地。

表 2 展示了美国所有人口超过 35 万的城市中，居住在距离零售集群步行 15 分钟以内的人口比例。在 15 分钟步行距离内有至少一个零售业集群的条件下，居民比例最高的城市毫无悬念是纽约市（88%），其次是旧金山（84%）、波士顿（69%）、迈阿密（67%）和檀香山（62%）。[11] 在这些城市中，连接街道商业区的便捷的人行通道反映出城市的密度和悠久的历史，还有汽车出现前就已存在的城市形态。在曼哈顿——纽约市五个行政区中人口最稠密的地区——所有居民（100%）从家步行不超过 15 分钟均可到达一个零售业聚集区。

居住在零售业聚集区附近的好处在人口统计上也存在偏差。在零售业聚集区 15 分钟步行范围内居住的人口中，白人的数量超过了其他所有种族人群（占总数

在超过 35 万人口的城市中，居住在至少 1 个零售业集群 1000 米范围内的人口比例　表 2

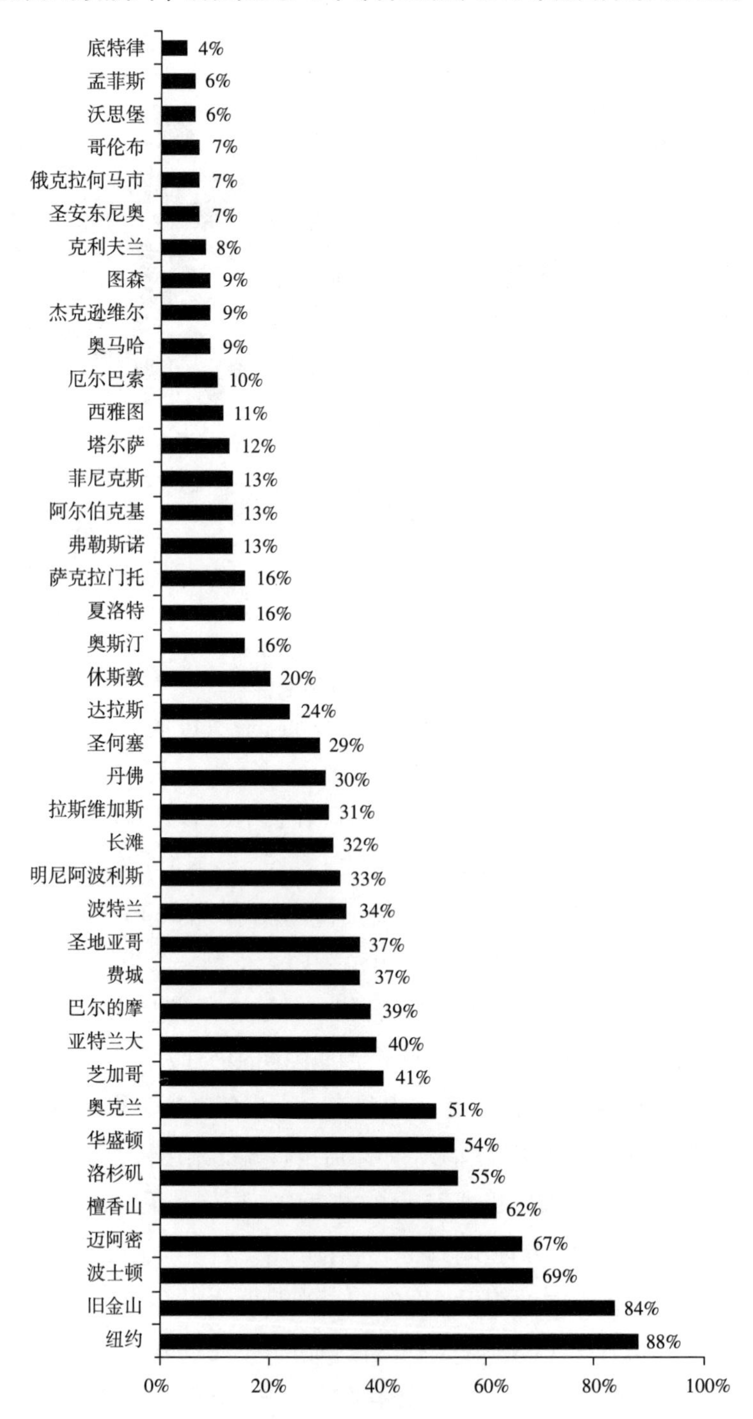

的 51%），但这在很大程度上是由于美国的白人人口的总体主导地位（74%）。当按各群体比例分析时，则又是一番情景。在 2010 年的人口普查中，所有自认为是亚裔人的居民中，有 30.5% 的人居住在零售业聚集区 15 分钟的步行范围内，其次

是“其他裔人群”（23.6%）、西班牙裔（22.3%）以及太平洋岛民（19.9%）。在那些自认为是“白人”的群体中，只有12.6%的人居住在零售业聚集区的步行范围之内。相对于美国人口的种族构成，街道商业区之于亚裔和西班牙裔人群的可达性最高。居住在零售业聚集区附近的白人比例相对较低，这或许反映出20世纪以来白人从居住在内城到人口郊区化、汽车拥有率逐步上升以及种族隔离的演变过程。与此同时，在零售业和服务设施附近的少数民族人口比例较高，这也反映出他们的文化偏好更倾向于居住在靠近便利设施的族群社区。

为了检测通过齐普夫定律获得美国城市零售业集群实际分布情况的正确程度，我们首先需要明确每个城市中最大集群的规模。按照齐普夫所预测的，这能够为判断较小的集群是否遵循指数频次增长提供一个基准。为此，这里将美国所有城市划分为七个人口等级，并使用自然间断法找出七个划分等级下城市规模的最优排序组合（表3）。[12] 其中第一等级仅包括美国最大的两个城市——纽约和洛杉矶，除此以外，每一级都包含了更多城市。例如，人口数量介于173514 ~ 439040之间的第四等级有85个自治市，包括弗吉尼亚州的弗吉尼亚海滩和佐治亚州的亚特兰大。在表3的第五列，是我测量了这七个人口等级所涵盖的大约1000个城市中最大零售和服务业集群的规模，其中每个集群必须包含至少25家商店，并且每家商店与集群内其他至少一家商店的距离不超过100米。

美国七个人口等级城市中最大零售业集群中所有零售企业的平均占比　　表3

人口层级	最小人口数量	城市数量	举例城市	集群占比最大均值	集群占比最大标准差
1	3792621	2	纽约；洛杉矶	24%	14%
2	790300	11	芝加哥；休斯敦	6%	8%
3	439041	23	哥伦布；沃思堡	5%	8%
4	173514	85	弗吉尼亚海滩；亚特兰大	4%	3%
5	55081	359	欧弗兰帕克；加登格罗夫	10%	11%
6	14538	609	鲍伊；伊利里亚	18%	18%
7	243	502	格里斯；特纳夫莱	29%	21%

在城市最大的集群中，所有企业所占的份额差别很大。在最大的城市中，占主导地位的零售业集群往往会吸纳城镇所有企业的更大份额。平均来说，在纽约和洛杉矶组成的第一等级城市中，有24%的零售商位于最大的市中心商业聚集区。在二级城市中这一比例降至6%，在三级城市则降至5%。但在较小的城镇中，规模最大的零售业集群往往也占有更大的比例，因为最大的集群有时是城镇中唯一的集群。在14000人口以下的第七级城市中，平均29%的商户都位于城中最大的集群中。

这些平均值也掩盖了各个城市之间的巨大差异，正如表3中的标准偏差所示。在不同的人口层次中，各个城市与整个层次的平均值之间的偏差通常与平均值本身一样大，这表明层次平均值不一定有助于预测特定城市中最大集群的规模，这一细微差别部分解释了为什么一些城市的街道商业看起来比其他城市更有活力。

造成偏差的部分原因是城市之间的形态差异。例如，最大零售业集群在城市中所占的比例大小尤其取决于城市的密度。相对于人口密度较低的城市而言，高密度城市通常历史更悠久，汽车导向的规划更少，并且拥有更大的主要零售业集群。换句话说，高密度的城市拥有更加繁荣稳定的商业区。

表4列出了10个特定城市的最大集群规模——在五个人口等级的城市中，每级选出两座城市。表格左侧给出了每个人口等级中最大的人口密度城市的主体集群规模，即人口密度要高于平均水平的城市。表格右侧则给出了每个人口等级中最低密度的城市——该等级人口密度低于平均水平的城市。在人口密集的城市中，最大集群的规模往往更大。纽约市的平均人口密度约为每平方米2.8万人，城市中33%的商店都分布在最大的集群之中，这其中就包括32街区宾夕法尼亚车站附近的大卖场和购物中心。[13] 同样作为第一人口等级的城市，洛杉矶的平均人口密度却相当低（每平方米8484人），这里最大的集群仅仅包含了城市商业总量的14%。与此相似的模式也存在于一些较小的城市中，在第二等级的城市中，伊利诺伊州相对高密度的芝加哥，其最大的零售集群大约占城市全部零售和服务设施的7%。由于芝加哥是靠铁路而非汽车高速公路发展起来的，这使它形成了一个更密集且更适合步行的城市形态。得克萨斯州的休斯敦同样属于这一人口等级，但人口密度相对较低，城市中仅有1%的零售和服务设施分布在最大的集群中。对此，我将在下一章中更深入地探讨城市密度对零售模式的影响。

城市最大零售业集群的所有零售商店所占的百分比 **表4**

人口密集				人口稀少			
城市	人口层级	人口密度/每平方米	最大集群占比	城市	人口层级	人口密度/每平方米	最大集群占比
纽约	1	28211	33%	洛杉矶	1	8484	14%
芝加哥	2	11883	7%	休斯敦	2	3842	1%
波士顿	3	13943	36%	哥伦布	3	3960	2%
迈阿密	4	12645	4%	奥马哈	4	3517	2%
波特兰	5	3141	21%	杰克逊维尔	5	1457	4%

注：表的左侧是在各人口等级中人口密度高于平均水平的最大城市。表的右侧是各人口等级中人口密度低于平均水平的最大城市。

在确定了定义零售业集群的方法，并测量了每个城市零售业集群的规模之后，我们就可以回到此前齐普夫定律的问题。这一定律描述了城市中零售业集群的规模位序与频次关系的规律，能够预测出我们在某一城市中观测到的大、中、小型集群的频率。就像英语中最常用的单词一样，根据预测，城市中最常见的零售业集群应该是最小的集群，其出现频率大概是第二常见集群的两倍，是第三常见集群的三倍，依此类推。

根据每个城市零售业集群的规模大小对其进行排序之后，我们就可以检验它们的位序 - 规模层级结构与齐普夫定律是否接近。通过绘制集群位序的自然对数与集群规模的自然对数，并将结果拟合到散点图中，所得散点图越接近线性趋势线，结果就越符合齐普夫定律。

举例来说，表 5 中列出了弗吉尼亚州弗吉尼亚海滩的零售业集群实际等级位序和规模，其中包含 13 个集群。在图 11 中纵轴绘制的是集群位序，横轴绘制的是集群规模的对数。结果显示其位序—规模的模型非常接近线性趋势，这表明弗吉尼亚海滩商业中心区的层级结构符合齐普夫定律的期望。这其中，小型零售集群比大型零售集群要多得多。这种关系存在于所有的城市中——零售业集群的规模总是呈指数分布，较大规模的零售集群很少，但较小规模的集群有很多。[14]

弗吉尼亚州弗吉尼亚海滩零售业集群的规模与位序　　**表** 5

位序	位序对数	规模	规模对数
1	0	110	2.041393
2	0.30103	96	1.982271
3	0.477121	91	1.959041
4	0.60206	48	1.681241
5	0.69897	34	1.531479
6.5	0.812913	33	1.518514
6.5	0.812913	33	1.518514
8	0.90309	32	1.50515
9	0.954243	31	1.491362
10.5	1.021189	27	1.431364
10.5	1.021189	27	1.431364
12.5	1.09691	25	1.39794
12.5	1.09691	25	1.39794

因此，可以说城市零售企业的组织具有显著的一致性。商店的数量可以通过大都会地区的人口来预测，并且这些商店按集群规模等级分层分布的模式也呈现出惊人的规律性。零售业、餐饮和服务业不是围绕多个同等规模的商业中心或单一超级

中心分布，而是按可预测的等级位序分层分布，就像国家中的城市或是语言中的单词一样。

微观尺度下零售业集群的独特性

每隔一段时间，我就会和家人一起去旅行，探索美国的新城镇。多数情况下，我们驾车从波士顿出发，一路开到佛蒙特州、新罕布什尔州、罗德岛州或者马萨诸塞州西部的某个新地方。通常我们的出行都是一日游，在镇上漫步，参观博物馆或公园，有时也在当地饭店或者街旁的小餐厅用餐。有时，我会飞往更远的城市——洛杉矶、芝加哥、萨凡纳、西雅图、新奥尔良——然后在会议行程之外多花几天时间在当地游玩。同许多其他刚来美国的人一样，这些旅行让我发现了这个国家的广阔和多样性。

每当我到一个新的地方，首先要做的就是查找当地主要的便利设施聚集区在哪里。如果是在一个小镇上，我会通过谷歌地图查询主要街道或市中心区的位置。如果是在一个较大的城市中，我可能会从旅游博客上查阅不同社区的特点，或者联系更了解当地情况的朋友，向酒店前台询问等。通常来说，当地人的个人推荐会是最好的选择。

初来乍到之时，每个城镇看起来都是独具特色的——大街两旁的建筑各不相同，商业地区也有鲜明的特征，街道、广场和公共空间的建筑与便利设施相互融合，各具当地特色。例如，新罕布什尔州基恩市的三角形主街和城镇广场给人的感觉就与马萨诸塞州康科德市的丁字形市中心区截然不同；还有位于缅因州肯纳邦克波特镇的弧形码头广场，坐落在佐治亚州萨凡纳历史街区网格之外的、呈问号形状的海洋大道。这些地方的环境与洛杉矶和纽约给人的感受截然不同。令人惊讶的是，华盛顿州西雅图市中心的派克广场市场（Pike Place Market）比许多东海岸的城市中心更像欧洲。对此，在了解到城市间的零售模式大可预测的情况下，我们又该如何解释呢？

以上我们所了解到的街道商业在宏观尺度上的规律代表了一种趋势——即城市人口与便利设施数量之间的相关性，以及城市零售中心的位序对数和规模对数之间的线性关系。但重要的是，不要将总体趋势与个别城市的特殊性混为一谈。虽然针对每个城市拟合的趋势线方程证实了零售中心的位序 - 规模模型同齐普夫定律预测的一样呈指数分布（图 11），但是采用每个人口等级的平均趋势线来预测特定城市中的集群规模却产生了平均 68% 的高估或低估偏差。[15] 这是因为我们在弗吉尼亚滩（图 11）测得的齐普夫趋势线的斜率和 y 轴截距，与基恩市或萨凡纳的情况不同。对此我在附录中补充解释了齐普夫定律在美国不同城市的一些特例。不过简而言之，这里我们看到的是城市之间彼此不同，它们的集群规模遵循齐普夫定律的方式也不尽相同。有些城市的街道商业比人口数据预测的更多，有些却更少。尽管几乎所有的城市都符合“大集群少而小集群多”的零售集群的分层体系，但齐普夫趋势线所描述的这种分层体系的确切平衡在各个具体案例中存在很大的差异。

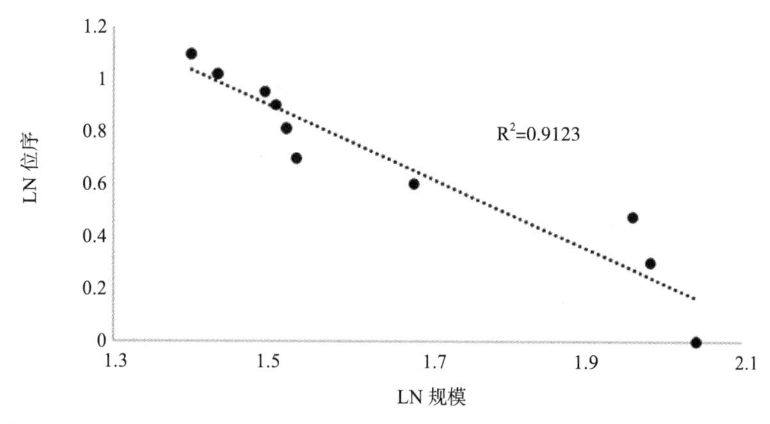

图 11　弗吉尼亚海滩零售业集群位序—规模分布散点图与齐普夫定律所预测的线性关系对比

尽管我们在图 1 中看到，大都会人口与商业设施数量在总体上符合线性关系令人印象深刻，但只要进一步观察实际人口和设施数量之间的趋势，就会发现趋势线上下仍有相当大的离散。图 12 显示的是与图 1 相同的平均趋势线，同样使用人口与零售设施数量的反对数（anti-logged）作为坐标轴，但展示的是人口数量在 25 万 ~50 万的核心统计区（CBSAs）。图 12 中所有分布在趋势线之上的大都会统计区（MSAs）都拥有比预测全国平均趋势更多的商业设施，其中有些甚至多出许多。例如加州圣路易斯奥比斯波的帕索罗布尔斯（San Luis Obispo-Paso Robles），其核心统计区拥有大约 3800 家零售、食品和服务企业，然而人口数量却只有 2500 人左右。南卡罗来纳州的美特尔海滩核心统计区拥有大约 5750 家零售、食品和个人服务企业，但根据趋势线预测应该只有 2500 家——不到实际数量的一半。这两个城镇都有繁荣的旅游经济，使得当地商家能够在本地人口之外服务更多的顾客。圣路易斯奥比斯波的帕索罗布尔斯是加州葡萄酒之乡的一大产区，每年都能吸引成千上万的游客；而以沙滩美景闻名的美特尔海滩（Myrtle Beach）同样也吸引着大批游客纷至沓来。

即便这些地区的特质（海滩、酒乡）与自然和人文环境有很大关系，自然赋予这些地区适宜葡萄种植与沙滩形成的气候环境、人文环境吸引了大量富裕人口在周边聚集，这两个都会区也有意识地利用这些优势进行了规划和开发。天然海滨和肥沃土壤并不足以吸引旅游业——海滩经济需要大量的投资建设出入海滩的通道、周边基础设施，以及提升海滩旅游吸引力的住宿和便利设施。美特尔海滩就有很多这

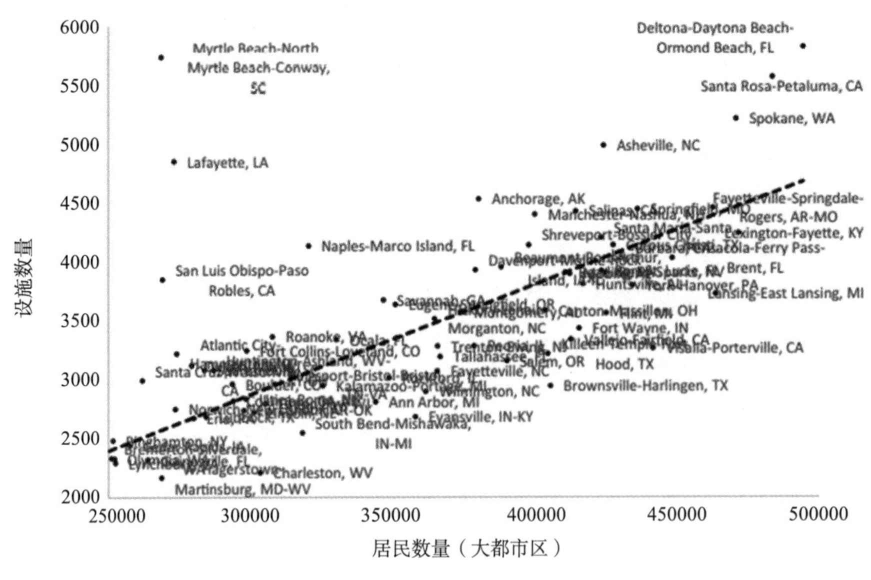

图 12　人口在 25 万～50 万之间的美国大都会统计区的居民数量与零售、食品和服务设施数量之间的关系

样的地方——高尔夫球场、滨海游乐园和风景迷人且不乏人行道的大街，以及大量的度假酒店。类似地，帕索罗布尔斯也投入了相当的努力在加利福尼亚州肥沃的土地上建造酿酒厂，并建设相应的基础设施和便利设施推动葡萄酒旅游业发展。在这两个案例中，经济策略、规划和政策在促进旅游经济发展方面发挥了关键作用，并且反过来提供了大量街道商业的发展契机，从而满足了大都会统计区（MSA）范围之外更广泛的人群需求。

高密度人口的城市往往有更大的市中心零售业聚集区，但城市密度也不单纯是城市地理位置和历史背景自然形成的结果。通过有意识的区划、增长边界或公共交通投资等政策，积极推动高密度开发，最终形成占据主导地位的更大规模的零售业集群。那些鼓励公共交通和步行、骑行等积极通行的城市，更能刺激交通车站周边临街商业的活力，并防止这些零售设施分散而形成在偏远郊区的商业中心。

从某种程度上来说，尽管所有的城市和大都会地区都遵循标度律所描述的零售业分布规律，但有意识的努力已经让一些城市比其他城市兴建更多的便利设施，形成了比基于人口预期更大的市中心或次中心商业区，或是相比其他城市在更大比例的人口范围内提高了街道商业的步行和公共交通可达性。

城市可以通过制定一系列发展策略、政策和战术，使其零售业模式比人口规模、自然地理和城市历史所预期的结果更大、更好和更多样。这些发展机会正是规划者所感兴趣的，但利用这样的机会并不只是城市政府和规划人员考虑的事情。有时企业主、商业协会或者一些关心街道商业的社区也会提出类似的倡议。实际上，改善街道商业的机会——使其更具包容性、经济基础更广泛、景色更优美或更适合步行——在每个城镇和社区都存在。

接下来的章节我们将考察影响我们在本章中遇到的零售业格局宏观模式的各种因素，以及由地理、气候、地方历史和有意识的规划所产生的零售业微观差异。这些章节分析了城市规划、设计和政策的重要性，以及如何发挥作用才能为商家带来商业利益，同时给城市中的每个人带来经济、环境和社会福祉。

如果说从那些成功引入、巩固、重塑了街道商业或者绅士化的力量得到公平制衡的城市中能获得什么经验的话，那就是成功的街道商业几乎从来不是纯粹市场力量的结果，也不是仅靠市场力量能够生存下来的。好的街道商业通常是有意识的规划选择的结果，规划人员、地方政府和监管部门对市场无为而治是行不通的，城市街道并没有因为放任的态度而变得更好。恰恰相反，好的街道往往拥有多样化的零售和服务选择，不同商家经营的店铺面向不同的服务人群，这更需要有针对性的规划和管理。有时，街道的规划是由那些富有远见的市政府制定的，政府通过协调政策和投资，认识并支持健康发展的商业街道是社区活力的核心。在其他情况下，通常由公民团体和民间社会组织提出街道规划的倡议。企业家和商业界有时也会意识到需要协调和共同行动，并敦促官员通过区划、激励措施或资本投资支持街道商业。不论是在哪种情况下，有意识的政策、规划和设计在提高街道生活质量，改善街道沿线商业社区的健康方面发挥着至关重要的作用。

第2章
商店的生存之道

在新加坡中峇鲁（Tiong Bahru neighborhood）附近有一家很棒的独立书店，名字叫作“Books Actually”。它成立于2010年，是永锡街（Yong Siak Street）街上的第一家商店，书店对面是一家时尚的咖啡馆。我在新加坡工作时，这家书店到我居住的公寓只有一个街区的距离。除此以外，这个社区原本很安静，主要都是住宅区，街区还以老式餐馆和当地老年人经营的小五金店而闻名。在那时，永锡街几乎没有什么客流量，Books Actually以每月3800新元的租金租了两年，这个价格非常划算，但也反映出这条街道有点冷清。

在接下来的几年里，Books Actually成为新加坡年轻人和受过高等教育的市民周末常去的地方，使得整条街道焕发生机。新的商店和咖啡店陆续出现，有几家设计公司和两家瑜伽店也开始营业。年轻、富有的新加坡人和外国人发现这个社区是一个很有吸引力的宜居之地。两年后，当第一份租约到期时，书店的租金翻了一倍多，达到每月8000新元。尽管生意还不错，但翻倍的租金让书店难以承担并陷入困境。这样一家曾经帮助重塑永锡街甚至可能是整个中峇鲁地区活力的地标性企业，却似乎成了其所促成的地区绅士化的牺牲品。

书店店主发起了一项线上筹款活动，呼吁更多的忠实顾客（更多是粉丝群）帮助商店维持运营，该活动很有成效，不仅立即获得了大量粉丝的支持，得到足以签订新租约的资金，而且通过媒体宣传提高了长期客户吸引力，使得书店的客流量和月收入越来越多，足以维持书店未来相当一段时间内的新租金。

任何零售企业想要继续经营下去——无论是书店、服装店、食品店还是家具店——都需要有足够的收入来证明其持续存在的合理性。为了生存，Books Actually和其他商店一样，必须吸引大量的顾客来平衡其经营成本。

要了解商店集群是如何共同构成街道商业，有必要首先分析其基本组成成分——单个商店。本章探讨了零售微观经济学，并讨论了固定成本和收入如何影响商店的可持续性。为了证明维持商店经营所需的投资因商店种类而异，我将两种类型差异很大的商店进行对比——咖啡店和动物标本店——提出一个简单但重要的观点：不同类型的商店有不同的顾客购买频率，因此需要不同规模的市场区域来维持商店的收支平衡。“市场区”（Market area）是指城市中商店吸引大多数顾客的区域。

本章利用来自美国50个最大的城市的数据，呈现了实际观察到的平均每家商店对应的人口比例，由此表明影响每家商店生存的纷繁人流、物流等（complex set of inputs）是如何形成一个某些类型的商店比其他商店多得多的城市环境。此后，我将讨论两个经济模型——中心地理论（Central Place Theory）和迪帕斯奎尔（DiPasquale）与惠顿（Wheaton）的一维零售密度模型——以探讨许多不同的因素如何共同作用，限制一个地区能够维持多少同类竞争对手。虽然这些经济模型为零售商的密度提供了强有力的预测，但它们被有意简化和理想化了，它们忽略了价格变化、市场差异和顾客密度变化等因素，这些影响着城市中零售模式的许多因素是规划师和城市设计师无法改变的。但两个关键因素——人口密度和交通——确实在很大程度上取决于建成环境的结构，并可归因于规划师和城市设计师对其进行了部分塑造和调节（shape and regulate）。

经常和不经常购买商品的市场区

每家商店都需要有足够的营收来支付其运营成本，从而生存下来。[1]毫无疑问，收入超过运营成本是所有商业经济学的基本准则之一［似乎只有一些硅谷科技独角兽（unicoms）不受之牵绊，但也并非无限期的］。从长远来看，亏损的商店会倒闭，在起起落落中维持生意殊为不易，零售业和服务业尤其如此。这些行业的收入基本取决于到店的顾客数量，但成本的构成却很复杂，取决于业务类型、规模和位置，以及一系列外部市场推动力因素。

零售业和服务业的成本主要分为四个部分。第一部分是在向消费者提供服务之前，商店置办物品的成本。这些成本称为可变成本，因为它们会逐月逐年发生变化。家具店的家具、杂货店的杂货用品、餐厅的食材和饮品都是可变成本。商店经理根据成本的变化不断提交新的货品订单。

第二部分是运营空间的成本，这可能包括租金、百分比租金（按一定比例的营业额作为租金付给房东）或者经营者对所拥有的空间的贷款支付。租金在企业总成本中占很大比例，尤其是在城中的繁华地段。第三部分是电费、安保费、清洁费等的公共事业开支。[2]第四部分是人工成本，即工人的薪水和工资，也包括店主的分成。[3]租金、公共事业开支和工资统称为固定资本，因为它们不会逐月变化，并且在整个租赁条款和雇用合同中是相对可以预估的。真正决定一个商店是否可持续运营和一个市场区可以容下多少个竞争商家的，是固定成本和客流量之间的平衡。

以咖啡店为例，看看这些固定成本是如何积累的。通常来说，在城市较繁华的地段附近，一家咖啡厅每月的租金是8000美元，额外支付的水电费和清洁费是

3000 美元。假设该店雇用 15 名员工，13 名咖啡师每周工作 20 小时，时薪 12 美元；两名经理每周工作 40 小时，工资稍高，时薪 40 美元。所以，2 名经理的月工资为 6400 美元，13 名咖啡师的月工资为 12480 美元。算上租金和水电费，这家咖啡店每月的固定成本为 29880 美元。

顾客来咖啡店以一定的价格购买咖啡或糕点，从批发商处购买糕点和咖啡用品后，商店加价出售商品，以收回货品批发成本和固定成本并获取利润。咖啡店售出商品的数量和加价必须足够大，才能负担得起货品批发成本以及包括租金、水电费和工资在内 29880 美元的固定成本。如果总销售量不够，咖啡店将无法长期经营。

从亏损转向盈利的关键就是确定合适的加价——在咖啡和糕点上加价太少会使企业在年末出现亏损，加价过高则会吓走顾客。成本为 20 美分的咖啡售价 10 美元，一个羊角包售价 20 美元，这样的价格也会让最小资的顾客望而却步，导致在大多数社区的商店亏损破产（或许在硅谷中的一些社区例外）。为了实现收支平衡，需要有足够多的顾客愿意为此价格买单。

图 13　位于英国伦敦汉普斯特德希思的卡鲁乔咖啡馆（Carluccio's Café）

通常来说，假设一个顾客愿意花 4.5 美元购买咖啡，商店会把总收益的 80% 用来支付固定成本。这意味着，每收入 4.5 美元，就有 80% 的收入或者 3.6 美元用于支付固定成本，剩余的收入用于支付货物本身的可变成本。知道了一般商品中直接用于支付固定成本的比例，我们就能知道每月需要采购多少原材料才能负担得起每月 29880 美元的成本。咖啡店需要 29880/3.60 杯咖啡，或者说该店每月需要销售 8300 杯咖啡，再或者说该店每天需要销售 277 杯咖啡，才能达到收支平衡（图 13）。

咖啡店每天要吸引 277 名顾客，这需要相当大的市场区。在商店附近生活、工作或路过商店的潜在顾客中，有些人根本不喝咖啡，有些人偶尔来，而有些人可能是常客。该地区竞争激烈的其他咖啡店可能会吸引走一部分顾客。可以这么说，如果该地区每 20 人中间有 1 个人每天都来购买咖啡，那么该店至少需要 277 × 20 人的市场区，或者说 5540 人才能维持经营。这并不是一个很大的数字，波士顿一个典型的地铁站每天可为大约 2 万名乘客提供服务，距离车站步行 10 分钟内，可能会有成千上万的居民和上班族。

不同的商店想要持续经营所需的顾客数量是不同的。再举一个例子，伦敦埃塞克斯路的一家动物标本店，是一家颇有历史的家族企业。我住在伦敦的时候经常路过这家商店，每次经过时都忍不住在想，这样一家出售栩栩如生的动物标本的商店需要多大的市场区。店铺的所有权是店主的，无需每月支付租金。由于购买动物标本的顾客并不多，所以商店只有 3 名员工，且都是家庭成员。他们实行轮班制，每人每月得到 2000 英镑的工资。算上水电费、税收和服务费，经营这家商店的固定成本每月约为 8000 英镑。

我们假设制作一个动物标本的成本为 200 英镑，为了赚回店铺的购买成本和人工成本，店主将标本标价为 465 英镑。这意味着平均而言，每单收入中的 57%，也就是 265 英镑用来支付工资和其他固定成本。现在我们来看到底需要多少顾客才能让该商店维持营业。为了实现收支平衡，它需要 8000 英镑 /265 英镑，也就是每个月需要 30 个客户，或每天只需要 1 个顾客。这听起来似乎不多，但是话又说回来，并没有很多人会购买动物标本。

如果每 1 万人中只有 1 人购买一件全尺寸的动物标本，并且每人每 3 年购买一次，那么这家动物标本店需要多大的市场面积呢？由于每名顾客 3 年只买一次，即 365 × 3，共计1095 天，因此每天至少需要 1095 名顾客。在伦敦，如果每 1 万人中有 1 人是潜在买家，则需要 1095 × 10000，即 1095 万人的市场。这么算下来，除了大伦敦地区，这家动物标本店的消费市场还需要一些游客的偶然购买才可以维系。尽管标本店每天需要的顾客比咖啡店少得多，但它需要更大的市场区来维持经营，因为人们购买动物标本的频率远低于购买咖啡的频率。遵循类似的逻辑，我们很容易理解为什么不同类型的商店需要截然不同的市场区才能维持经营（图 14）。

估算不同类型的商店所需市场区的一个简便的方法就是：计算每个城市中每种类型的商店数量，并与城市的人口相对照。这并没有告诉我们实际上有多少人光顾该商店，但是它为我们了解不同行业维持经营所需人口阈值提供了粗略的估算。在一些案例中，我们应该谨慎地使用这一方法，因为居住人口不能反映实际潜在的顾客人数。例如，在一些城市中，白天上班的人要比城市的常住人口多得多，因为有很大一部分人口是从郊区去城市中心区工作。一些城市也吸引了大量的外来游客，但是人口普查数据会忽略这些。相反的情况也可能发生——在大城市周围一些作为通勤的城镇，人们把大部分可支配的收入花在了城外。但一般而言，通过将每种商店的数量与该城镇人口进行比较，我们可以合理地估计所需的市场区。

图 14　英国伦敦伊斯灵顿镇埃塞克斯路的填充（Get Stuffed）动物标本商店

图 15 使用了 2010 年国家商业数据库的数据，[4] 根据美国联邦人口普查的结果，将零售和服务企业与相应 2010 年的城市人口数量进行匹配。由此得出的比率显示了 2010 年美国人口最多的 50 个城市中，不同类别的每家商店所对应的居民人数中位数。

在图表的底部是居民数量需求最少的商店。餐馆和其他餐饮场所构成了美国城市商业中最常见的组成部分——通常每 445 名居民对应一家餐馆。环顾居住的城市，你会发现，餐厅、咖啡店和酒吧、便利店和杂货店随处可见。在不同的国家，这些店的名称可能不同——在印度尼西亚这些商店叫 toko 或 warung，在法国叫 Marché 或 brasserie，在美国则称为 bodega 或 diner——但无论在多大规模的城市中，我们都能找到这些餐饮店，因为餐与饮是人们最常需要的商品和服务。大多数人一天吃三顿饭，即使我们不经常在餐馆或咖啡店吃饭，但整个城市的人口对餐饮相关行业的需求量很大。

但是，你可能不会经常遇到许多动物标本店、家具店或艺术品经销商店，除非碰巧住在它们附近，这种商业集群非常少见，这是我在下一章要谈到的现象。我们大多数人很少购买斑马饰品、沙发或油画。我们去这些店的频率比买杯咖啡或下馆子要低得多。因此，在一座典型的美国城市，餐饮服务店的数量大约是家具店的 14 倍。[5]

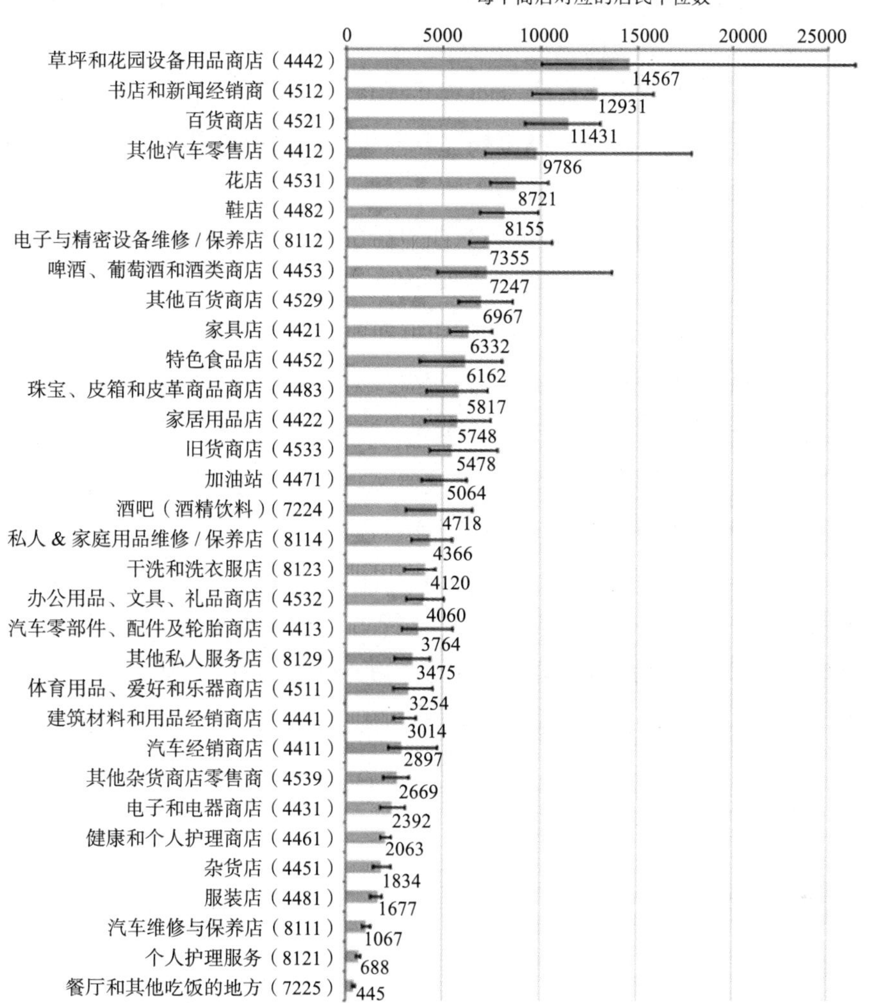

图 15　2010 年美国人口最多的 50 个城市中每家商店对应的居民人数中位数，每个行业类别后括号中的数字为其 NAICS 代码

数据来源：Infogroup 2010 Business Listings（ESRI Business Analyst 自带数据），2010 年美国人口普查。

图表的顶部显示了最需要居民才能实现收支平衡的企业，其中包括草坪和花园设备供应店（每 14567 名居民对应一家）和百货公司（每 11431 名居民对应一家）。这些场所要么很少有人光顾，要么就像百货商店一样，面临高昂的固定成本。不幸的是，在美国城市中，即使是书店和新闻零售店也在变得越来越少——平均每 12911 名居民才对应一家。[6]

图表中的误差条（error bars）表示不同城市中位数差异的变化范围，显示 25% 和 75% 分位数。出现较大的偏差表明：在不同城市之间，经营一家商店所需顾客人数的最小值有很大差异。产生这种差异主要有两个原因。首先，图 15 描述了美国 50 个最大城市在商品和服务供应方面的实际差异。有些城市的人均家具商店的数量较多，有些较少；有些城市餐馆较多；有些城市汽车销售商较多。其次，由于数据只显示了每个城市商店的数量，并没有考虑到商店的规模大小。因此，在某种程度上，这种差异受到商店类型和商店建筑面积的影响。那些以大型商业建筑为主的城市与小规模商店居多的城市相比，零售企业的数量可能少，但零售业所占的建筑面积未必会少。

美国各城市中，变化最大的零售行业包括草坪和园艺设备商店、汽车和汽车零部件经销商、加油站、酒类商店和百货商店。园艺商店数量的差异可能与城市的气候有关——在干旱沙漠气候或严冬的城市以及人口稠密的城市中，居民大多住在公寓里不出去，所以对此类商店的需求量较少。与汽车有关的企业的变化性反映了汽车出现之前和之后建造的城市之间的差异。汽车时代之前的城市（Pre-automobile cities）往往更密集，更以公共交通为导向，对汽车及相关产品的需求较少。

事实上，每家企业都需要足够的顾客达到收支平衡，这一现实最终会限制城市中存在的店铺数量。如果经营一家企业不需要成本，我们可以在每个城市街区都开设一家咖啡馆、动物标本店和其他类型的商店。但是成本是真实存在的，可以招揽多少顾客对一家商店而言非常重要。市场区的大小不仅决定商店是否能够达到收支平衡并维持经营，还决定了可以有多少同类商店共存以及同类商店之间的距离。

中心地理论与竞争商店的空间分布

地理学家瓦尔特·克里斯塔勒（Walter Christaller）和经济学家奥古斯特·勒施（August Lösch）分别在1930年和1940年提出了零售市场区的图示理论,称为中心地理论。动物标本店这样的专卖店在他们看来售卖的是“高阶”（higher order）商品。[7] 人们很少购买高阶商品和服务，要么因为不太需要，要么因为它们太贵了，只有少数人能买得起。因此，这些商店要想维持经营，需要更大的市场区，我们在周围很少看到此类商店。

虽然人们的购买频率是影响商店密度的重要因素——商店密度即单位土地面积内的商店数量——但相应地，人们去商店的频率又取决于交通成本。去购物并非不需要成本，人们需要花时间步行到商店，时间也是有价值的。车主需要承担燃油费、汽车保养费、租赁费和汽车保险费，人们乘坐地铁和公交车则需要花钱买票。不同的人对交通成本的看法不同，但是不可避免地影响到我们所有人。

中心地理论将购买频率和交通成本作为最小阈值——商店维持生存所需的最小顾客数量，以及范围——人们愿意前往商店的最大距离。克里斯塔勒提出一个图式，说明了范围和阈值的组合是如何导致最小市场区和竞争商店之间的距离呈规则的六边形模式。六边形大小由顾客的最大范围和商店所需顾客的最小阈值决定。同类商店均匀地划分市场区；每个商店与其邻近店铺的距离相等，如图 16 所示。

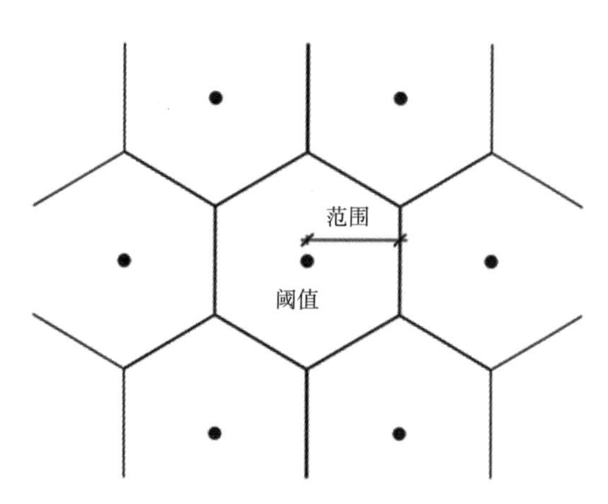

图 16　中心地理论中同类商店的市场区

类似的商店有相似的市场区，但商品购买频率较低的商店往往需要更大的市场区。例如，人们经常买面包，相对较小的市场区就可以满足面包店持续经营所需要的客流量。如果你在巴黎漫步，就会发现密集的面包店和糕点店，这个城市每天的法棍面包消费量可能比世界上任何城市都要多。另一方面，因为人们购买厨房用品的频率较低，所以厨房用品商店需要更大的市场区。因此，你会发现巴黎的厨房用品店比面包店的数量少得多。

克里斯塔勒通过重叠的六边形模型演示了高阶商品的市场区是如何跨越低阶商品的市场区（图 17）。高阶中心倾向于结合更多种类的商店，而低阶中心倾向于提供可以由较小顾客群支持的便利商品。克里斯塔勒的六边形重叠模型的一部分巧妙之处在于产生了中心规模的分层分布，即少数大型中心和数量远多于它的小型中心，这类似于十几年后齐普夫定律中对语言中单词位序与使用频率规律的描述。

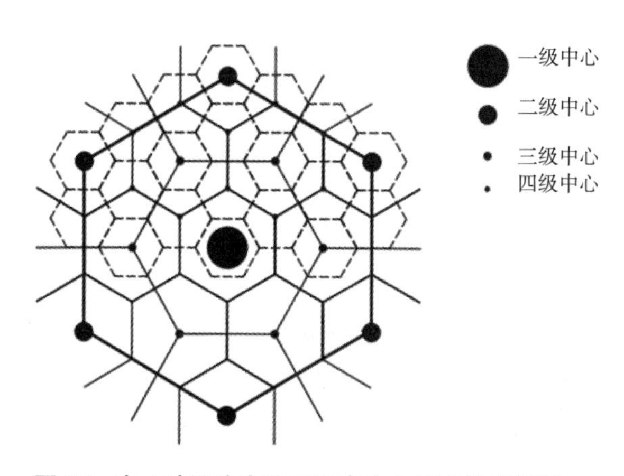

图 17　中心地理论中不同层次中心的重叠市场区

商业街往往会提供许多小规模的、低阶零售商业集群服务社区居民，同时还有少数为区域客户提供服务的较高阶中心（图 18）。不同类型的商店需要不同的市场区，便利店可以在几个街区的半径内吸引顾客，而服装店可能需要吸引整个城市的购物者才能覆盖成本。地毯专卖店需要的市场区更大，可能需要来自整个大都会区的顾客才能维持经营。

中心地理论激发了大量的实证研究。[8] 克里斯塔勒在他最初的出版物中首次对德国南部的中心地进行了评估。埃德加·康德（Edgar Kant）[9] 同时也在爱沙尼亚有类似的发现。芝加哥大学地理学者布莱恩·贝里（Brian Berry）则基于爱荷华州的农村地区和芝加哥城市地区的数据，给出了中心地理论在美国的证据。[10] 不过，中心地理论也受到了批评，因为它在理解零售市场区方面更像一个图示（schematic），而不是一个稳健的经济模型。它没有提供清晰的数学公式，也忽略了已知影响零售商空间分布的一些因素。

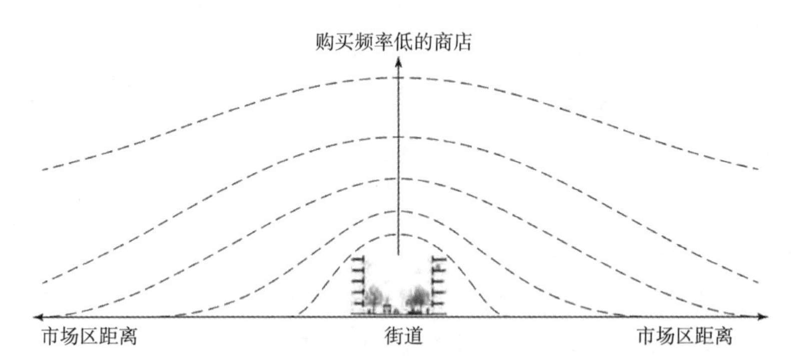

图 18　商业街上的不同商店需要不同的市场区，有些商店只服务几个街区，而有些商店则服务整个大都会区

结合其他因素

丹尼斯·迪帕斯奎尔（Denise DiPasquale）和威廉·惠顿（William C. Wheaton）对影响零售竞争商店分布密度的其他因素进行了综合分析。[11] 克里斯塔勒的模型确定了商店密度以具有等级关系的六边形模式分布在二维土地上，而迪帕斯奎尔和惠顿的模型侧重于对一条街上的商店线性密度的分析。这个模型假设顾客沿街道均匀分布，正如图 19 所示的那样，并且竞争零售商都以相同的价格售卖相同的商品。

这个模型从消费者的角度出发。正如我们前面提到的商店有固定和可变成本，消费也有成本，不仅有购买商品时的花销，还有去商店的实际交通成本和在家里储存商品的库存成本。该模型将购物频率视为一个成本最小化问题，认为消费者会调整他们的购物频率，使得交通成本和储存成本最小化。[12]

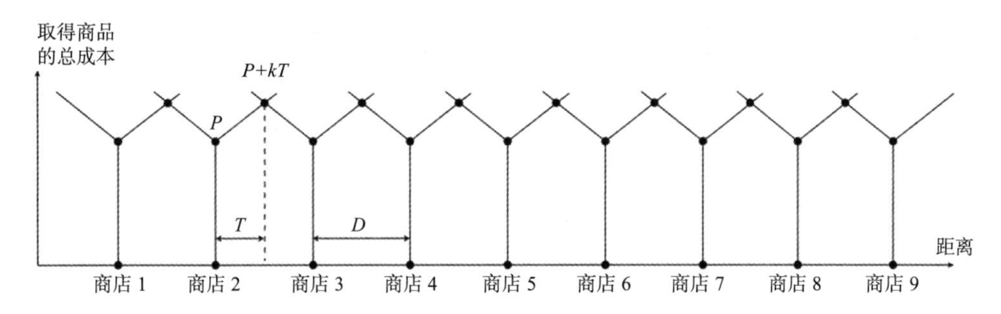

图 19　迪帕斯奎尔和惠顿的模型显示一条街道上的九家商店的零售市场区

在家储存商品的成本与购物频率成正比——当其他条件相同时，随着储存商品成本的增加，购买频率也会增加。对于卫生纸等体积较大、占地较多的日常用品，人们去商店购买的频率高于牙膏等其他小件商品。同样，乳制品等易腐烂商品的储存成本高于盐或者面粉等不易腐烂的商品。因此，人们购买乳制品的频率高于购买谷物的频率。购物频率还与年消费量成正比，即储存的成本是不变的，我们每年消费得越多，某种商品的购买频率就越高。我们去市场购买海鲜的频率要比购买法式马卡龙的频率更高，因为尽管两者在存储时占用的空间大致相同，但我们食用鱼类的频率高于马卡龙，并且海鲜 2 ~ 3 天内就会变质。

交通成本与购物频率成反比——交通成本越高，人们去商店的频率越低。如果你恰好居住在超市附近，那么你去商店的频率比距离超市有几英里车程的人要高。通过平衡消费需求、储存成本和交通成本，迪帕斯奎尔和惠顿的模型得出购买特定商品的最佳频率。[14] 预计消费者会以这个频率去总成本最低的零售商处购物——也就是去离他们最近的商店。[13]

该模型中最有趣的部分是关于如何计算出任何两个竞争商店之间的典型距离——图 19 中的 D 是多少 [14]。商店之间的距离是由 4 个输入项构成的函数得到的：购物的频率、交通成本、商店经营的固定成本以及沿街的顾客密度。即使不进行任何演算，该模型也能让我们知道，当任何输入项发生变化时，商店之间的距离必然产生的变化趋势。因此，这将告诉我们每个因素是如何影响城市中竞争商店的密度。

购买频率

我们已经看到了在巴黎，面包店、糕点店与厨房用品的购买频率是如何变化的——在这个城市，考虑到大多数人经常去面包店购物，面包店的数量多于厨房用品店，因此面包店之间的距离较短。同样，餐馆的数量多于艺术画廊，理发师多于算命先生，报亭的数量多于珍本书店。

顾客的需求也因一年中的时间而异。美国的零售店客流量受到假期、节假日甚至天气的强烈影响。图 20 显示了 2011 年美国各月零售额占全年总销售额的百分比。年初 1 月、2 月的零售额最少。美国的纳税年度在 12 月结束，人们在 3 月中旬之前完成税款的缴纳。上年待缴纳的税款和来年新的税款导致每年的前两个月的零售额明显下降。

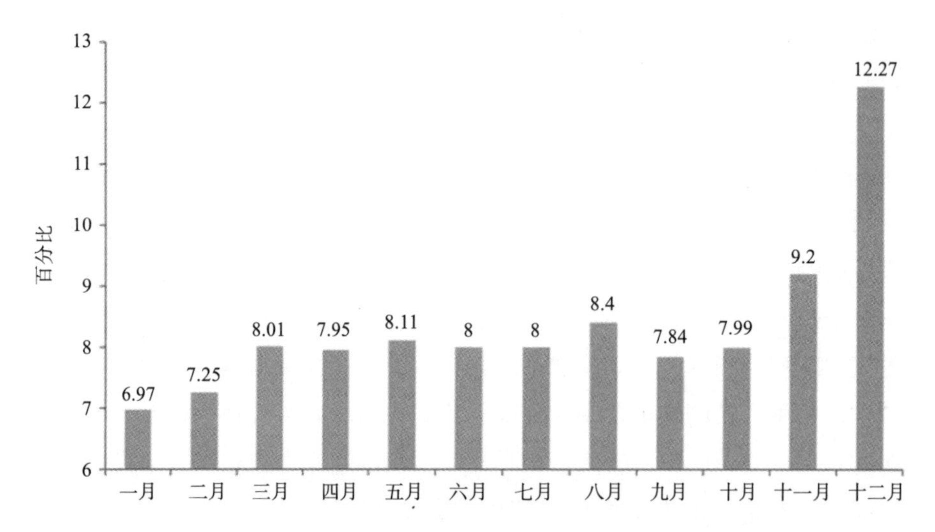

图 20　2011 年美国每月零售额占年销售额的百分比。零售销售定义为一般商品、服装、家具 / 电子产品和其他类似商店

数据来源：Niemira，M.P.，& Connolly，J.（2012）著 *Office-worker retail spending in a digital age*，获取自 https：//www.icsc.com/uploads/t07-subpage 获取 / ICSC-Spending-in-Digital-Age.pdf

12 月是一年中购物最繁忙的月份，销售额占年度总销售额的 12% 以上。对于普通零售商而言，12 月的销售额约为 1 月销售额的两倍。年底的收益是很多商店支付年度成本和偿还信贷额度的关键。11 月是第二个最重要的月份，可以部分归因于感恩节假期后的黑色星期五，零售商店会有大幅度的打折促销活动。许多人将大件商品的购买需求留到了这次促销，如新冬装、平板电视或露台烧烤架。

购物行为的季节性促使许多商店在节假日期间增加库存，并促使购物中心和主要街道协会组织临时活动和节日。在这些节日和活动中，通过流动摊贩、食品亭和临时店铺等暂时增加了商店的数量，这印证了购物频率越高，商店密度越大的原理。

人们购买某种特定类型商品的频率通常很难改变，当这一频率发生改变时，不太可能是由于规划师采取的行动导致。购买频率取决于人们的文化习惯和营销费用，而规划师、城市设计师和政策制定者对购买频率几乎不会造成影响。不过，商店运营成本、交通成本和购买者密度，即迪帕斯奎尔和惠顿的模型中的剩下的三个因素在很大程度上受到决策、规划和公共部门法规的影响。由于这些对规划师来说至关重要，所以我将更详细地研究固定成本、交通成本和购买者密度。

营业的固定成本

固定成本——每月租金、工资和水电费——与商店之间的距离成正比，与商店密度成反比。当经营商店的成本较低时，就会出现更多的商店。

在印度尼西亚，2015 年 72% 的就业机会在非正规部门，[15] 许多食品摊贩都是用连接在自行车上的移动推车（gerobaks）经营的。一个人通常可以独自完成整个操作——在推车上的便携式煤气炉上烹饪食物、端送饮料、收款，以及在地上的桶里清洗碗碟。与更耐久的室内商店相比，食品推车经营者的固定成本非常低——无需支付任何租金，水电费仅相当于燃气成本，并且只需要支付一个人的工资。

图 21　印度尼西亚，在两轮车和出租三轮车（Pejak）上的食品推车行业

食品推车商贩一大早就去市里的蔬菜市场购买蔬菜和香料。通常的做法就是将每餐的价格在原材料成本的基础上加价 100%。由于固定成本非常低，大部分利润可以用来支付操作员的工资。与北半球发达国家里大部分利润用于租金和水电费的餐馆相比，食品推车的利润率是很高的，不过其售卖的食物价格也很低。普通的一餐费用大约为 1.5 美元，由于竞争激烈，一位经营者每天大约只能提供 30 ~ 40 份食物。如果每天购买的顾客少于 30 人，经营者不会因为未付的租金或者水电费而陷入债务，只是他或她的薪水会受到影响。如果每天的食品原料有剩余，通常还可以带回家自用。这使得食品推车变成一个很灵活且有弹性的行业，除了经营者的时间和薪水外，几乎不需要承担任何风险。它进入市场的成本很低，很多找不到更高薪酬的长期工作的人，或者刚刚移居寻找机会的人们会尝试这份工作。

和一维模型预测的一样，由于食品推车的固定成本较低，导致它们在印度尼西亚街道上的数量越来越多。2014 年，我和学生在对印度尼西亚梭罗（Solo）进行的一项关于街道商业的调查中发现：我们在市中心碰到的所有摊贩中，仅有 22% 的人支付了租金；其余 78% 的人要么经营食品手推车，要么在他们居住或自有的房屋中营业。一些经营者每天都会出来，在一个固定的位置做生意，其他人则没有规律，常常在晚上、周末或者每月竞争较小的那几天营业，从而在日间工作的固定收入之外挣点外快。由此形成了一个充满活力的场景，食品零售商几乎布满市中心街道和小巷的每个角落。在梭罗的市中心地区，每 29 位居民中就有一个人是零售商——就算与经济发达的马萨诸塞州剑桥市相比，这里的零售商数量也明显胜出。在剑桥，我们发现每 90 位居民中才有一个人经营零售商店或者食品店。梭罗的居民习惯了这种便利：步行一两个街区就能找到食品推车、洗衣服务或者手机充值商店。市政府想出一个聪明的办法来从非固定的街头小贩那里收税——每天派出专人骑车收税。这些移动的税务员每天向他们遇到的每位食品推车商贩收取约一美元的税款。对于灵活经营者来说这是一个灵活的税收模式，只有卖东西的那天才会被征税。

为了支持小型商贩，后来当选为印度尼西亚总统的佐科维（Jokowi）市长，投资大量资金用于翻新和新建露天市场。在对小规模市场摊贩的一项重要特许政策中，他禁止在传统市场（该市有 49 个这样的市场）外的 500 米范围内建造现代零售店和购物中心，随后又通过了一项保护和维护传统市场的法令，承认它们对梭罗的文化遗产和特色的贡献。[16]

固定成本的另一个极端是世界超级明星城市的高端零售集群。[17] 例如，曼哈顿著名的苏荷区的布里克街（Bleecker Street）被称为是纽约市最时尚的购物街之一，常常与贝弗利山庄（Beverly Hills）豪华的罗迪欧大道（Rodeo Drive）相提并论（图 22）。与印度尼西亚的食品推车不同，布里克街上的商店承担着极为高昂的固定成本。

布里克街在 2000 年因热门电视剧《欲望都市》（*Sex and the City*）而闻名于世。剧中将布里克街描绘为城市时尚环境的一个片段：精英女性们会在这里的木兰面包店（Magnolia's Bakery）购买纸杯蛋糕和咖啡。马克·雅可布（Marc Jacobs）在布里克街开了一家服装精品店，随后其他品牌纷纷效仿——棉的衣柜（Comtoir des Cotonniers）、马吉拉（Maison Margiela）、橘滋（Juicy Couture）、玛百莉（Mulberry）、拉夫·劳伦（Ralph Lauren）等。旅游大巴将大量购物者带到这里，零售商店的租金也上涨了一倍、两倍乃至三倍。布里克街现在的租金约为每年每平方英尺 800 美元，几乎是波士顿哈佛广场零售商店租金的三倍。

图 22　在纽约市的布里克街

但在布里克街不断增加的经营成本最近产生了一个意想不到的结果：高端企业的枯竭。[18] 在布里克大街，即使对国际大品牌来说经营商店的成本也很高。没有第五大道的客流量，很多高端店铺已经关闭了，很多撤离的商家都没有盈利，甚至还亏损了。许多店主曾认为在布里克街上开店具有广告价值，但最近一波零售店的关闭说明广告价值是有限的，甚至许多国际品牌也认为，为此付出高昂的租金已经不值得了。大多数独立商店很久以前就离开了，因为它们没有足够的财力做广告。与此同时，房东却不愿意降低租金，希望找到愿意满足他们要求的新租户。布利克街价格高昂的零售租约说明了绅士化晚期泡沫效应带来的影响，即经营企业的固定成本太高，最终导致商店倒闭。

应对高额固定成本的政策创新

并非仅有布里克街陷入商业升级困境。不断加剧的空间供给不足，高端品牌或连锁店持续取代本地商店，这些不只是影响到富裕社区和传统零售集群——商业绅士化确实是一个普遍存在的挑战。在纽约市的五个行政区中，布朗克斯区的家庭收入中位数（AMI）最低，[19] 但在小商店被收购、连锁店增长比例方面却位居五区之首。[20] 商业绅士化与住宅绅士化对社区具有同样重要的影响，却很少像后者那样被讨论。

以社区为导向的独立商店通常由于难以负担高昂租金而倒闭。它们通常被成本更高的商店所取代。最终，收入较低的居民只能去更远的商店购买更便宜的日常商品，以至交通花费之高与其收入不成比例。

世界各地的许多城市都实施了包容性住房项目的政策，以应对住宅绅士化和动迁的影响，确保任何收入水平的居民都能住在新建的住房里。美国一项典型的政策是要求新住房项目的开发商留出 10% ~ 20% 的单元，供那些收入低于该地区收入中位数水平的家庭使用。政府规定了可负担的租金费率，租户最多只要支付其收入的 30% 作为租金。可负担销售价格则设定由此产生的抵押贷款和保险支出不超过业主月收入的 30%。经济适用房只提供给收入较低的家庭，例如低于地区收入中位数 65% 的家庭。在美国，计算中的“地区”是由美国住房与城市发展部（HUD）在联邦层面划定的，通常使用比城市更大的区域（例如郡）来确定地区收入中位数，因为人们经常跨市寻找住房。

类似于包容性住房项目，我们需要包容性零售项目，以支持创建符合社区利益的零售空间。除了美国的一些城市进行过零售租金管制的失败尝试以外，我不知道还有哪个城市实施过这样的政策，但我怀疑这种政策上的缺失并不意味着没有这样的需求（即政策介入或干预），而是反映了一项潜在的包容性零售政策及其实施机制的复杂性。在不忽视其明显的复杂性且无须提出最优解的前提下，我们仍然可以对包容性零售政策应考虑的因素进行推测。

新建或改造的零售空间可能要求零售建筑总面积的 20% ~ 30% 只出租或售卖给资质合格的商店，并且将租金限定在预先确定的可负担水平。商业房地产经纪人通常将 8% 作为可持续的入驻成本比率——入驻成本占销售总收入的百分比——这使得零售商能够持续经营。在房地产昂贵的环境如纽约或旧金山，商店通常需要支付 10% ~ 20% 的入驻费用。从长远来看，这种空间成本很少能维持下去，会导致商店的快速破产和频繁空置。

就像可持续的住房成本取决于家庭收入和家庭规模（较大的家庭有更多的人要养活，因此他们希望负担较低收入比例的租金），包容性零售空间的成本需要控制在一个范围内，这个范围具体取决于商店的类型和盈利能力。杂货店和其他营业额相对较高的商店通常产生的利润率最低。[21] 销售更昂贵商品或提供更高水平服务的零售商可以获得更高的利润，因此能够将更大份额的收入用来支付入驻成本。[22] 这就是为什么世界上最昂贵的一些购物街——纽约的第五大道（Fifth Avenue）、伦敦骑士桥地区的布朗普顿路（Brompton Road）和巴黎的圣奥诺雷街（Rue du Faubourg Saint-Honoré）——只有奢侈品精品店的原因。

一些专卖店的利润率比普通的便利杂货店高得多，设计师美发沙龙也比一般的理发店赚得更多。那如何决定哪些商店有资格获得包容性租金，哪些商店不能获得？一个方法就是建立一个包容性企业注册机构（inclusionary business registry），类似于旧金山的传统企业注册机构[23]（参见第 4 章）。其注册登记可以基于上一年的营业税文件，这需要呈报企业的毛利率。利润率较高的商店能够支付更高比例的入驻成本。每年都可以对纳入注册登记名录的商店进行审查和调整。在商店利润超过政策规定限额一到两年后，应当调整补贴。

一个更好的参照是保障性住房政策中的“联动基金”（linkage funds），这项政策允许城市从那些不同意在市场价格住房项目中提供经济适用房单元的开发商那里收取稍高的费用。城市也可以为可负担得起的零售空间（affordable retail space）建立联动基金。商业开发商不同意在新开发的房地产中安置可负担得起的零售空间，可以向基金支付一笔费用，用于在其他地点建设新的包容性零售空间。为开发商设置的联动基金的成本门槛应高于就地开设包容性空间，以防开发商完全规避就地设置可负担得起的零售空间。此外，联动基金可用于补贴现有的、早于这个政策建设的商业空间中零售企业的入驻成本。

评估这一政策的绩效是棘手的。一方面，将可负担性——相对于城中同类商品和服务的价格——作为一个重要标准是合理的。毕竟，这项政策的目的是为社区居民创造经济实惠的零售和服务选择。

然而，目前尚不清楚如何保证被许可的企业确实能够提供相对实惠的商品和服务，因为价格只有与提供的产品和服务质量相结合时，评估才有意义。一个经济实惠的有机农产品店无疑会比一个以极低价格销售即将过期的农产品的摊贩更昂贵；而一个使用当地种植产品的健康餐厅在价格上无法与不健康的快餐竞争。尽管成本更高，更健康的选择可能对社区更有益。

一个选择是让社区委员会每年评估包容性零售企业注册名录中每家企业的“社区效益”。这样的评估可能需要现场调查，并可能依赖于 Yelp.com 等平台产生的公众意见。但是达到公平的社区利益评级可能是困难的，因为委员会的偏好可能与社区的偏好不同。

另一个选择是参考商店的年交易量。如果一家商店有非常多的顾客，那么受益的人也更多。顾客可以用钱包为社区福利投票。在低收入社区，高档特色商店吸引很多顾客的可能性不大，就像设计师美发沙龙不太可能吸引那么多顾客一样。交易量证据可以作为年度审计的一部分提交给企业注册处。通过与全市同类企业的交易量进行比较，可以衡量一家企业是吸引了大量顾客，还是提供了少数人需要的豪华服务。

然而，即使是交易额也无法证明到底是哪些人曾经光顾了商店——在能够吸引大批顾客的热门地段，大多数顾客可能是游客，并非周围的居民或工人。应该同等对待所有的顾客，还是说当地居民和工人的喜好比游客的更加重要？更严峻的是，是否受到大众欢迎的评价标准可能会让那些为少数人群提供服务的企业遭受冷落。

然而，一些企业规模虽小却至关重要——药店对老年居民很重要，少数民族杂货店对少数民族社区至关重要，多语言税务会计师对那些在线上报税中存在语言和技术障碍的人也很重要。

我们需要更多的政策创新，来制定一个可行的包容性零售战略。马萨诸塞州剑桥市目前正在探索一项类似的政策，其他城市可能也在进行类似工作。无论哪个城市政府，能够制定公平合理的包容性零售战略，对于维持零售业的可负担性与支持街道商业中的社区效益来说，这都可能创造了一个非常有价值的工具。

交通成本

迪帕斯奎尔和惠顿的模型中，交通成本与商店之间的距离成反比。这意味着在其他条件相同的情况下，交通成本越高，商店之间的距离就越小，商店密度就越高。

交通成本中包含的内容因出行方式而异——汽车出行方式下包括汽油、保险、停车、购买车辆投入的沉没成本和车税；乘坐优步（Uber）、来福车（Lyft）或出租车需要乘车费用和城市税；公共交通需要支付车票和步行往返站点；行人步行也需要花费时间。事实上，时间是一个主要成本，开车、公共交通、步行和骑自行车等都会受到时间成本的影响。正是时间成本的缘故，在亚利桑那州凤凰城这样一座低密度的城市中步行时，起点和目的地相距很远，步行的交通成本通常比开车要高得多——步行 5 英里需要花费数小时，而同样的路程高速公路上的汽车只需要行驶区区几分钟。

虽然在凤凰城拥有一辆私家车可能是合理的，但每英里的驾车出行成本并非总是便宜的——出行距离同样决定了不同出行方式下的交通成本。对于短距离的出行（例如半公里），步行通常是最经济的选择。如图 23 所示，横轴上凸显了不同出行距离下最经济的出行方式。对于稍远距离的出行，自行车和公共交通更经济（假设相应的基础设施很完善）。对于更远距离的出行，开车更加经济；随着距离的增加，这一选择最终会被城际列车和航空旅行所取代。

鉴于个人出行方式取决于出行距离，图 23 还表明，一座城市交通模式的构成——使用不同交通方式的职住往返出行的总百分比（有时也计算所有出行类型）——取决于城市形态结构所影响的典型出行距离。从住宅到工作地点的距离越远，人们通勤时选择汽车出行的可能性越大。相应地，这些距离又取决于城市形态和土地利用模式的影响。

城市密度、交通模式占比和零售店密度三者之间的关系如图 24 所示。图的左侧描述了密集的城市形态、高度混合的土地使用模式和多模式交通系统如何促进短距离出行和更高的步行、公共交通模式比例。更大比例的步行和公交出行反过来有助于产生更高的零售密度，由此人们可以通过步行和公共交通到达更多的商店。

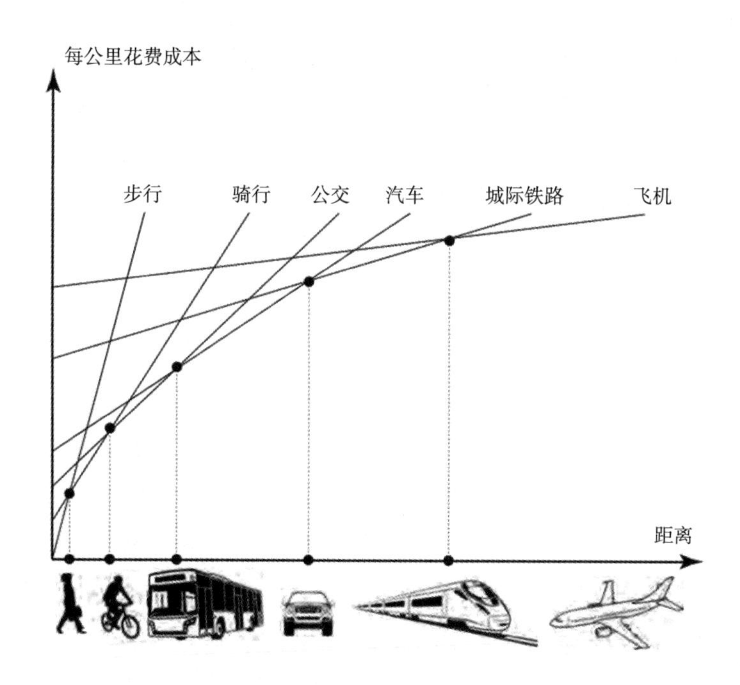

图 23 不同的出行距离下最经济的出行模式

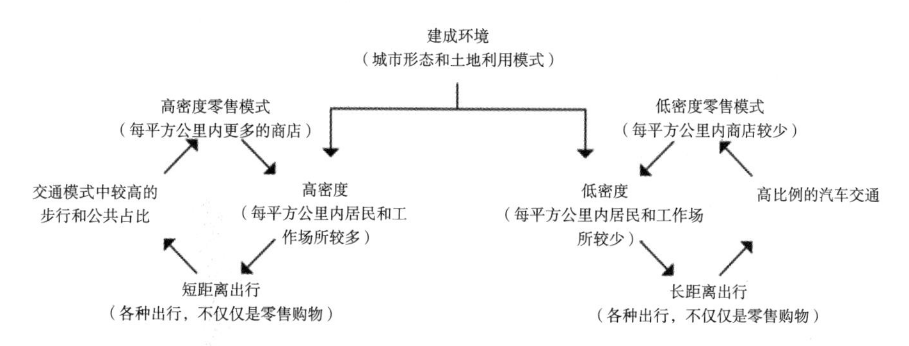

图 24 城市密度、交通和零售密度之间的关系

图的右边描述了在低密度的城市中出行的起点和终点往往相距很远，交通基础设施的建设状况更适合开车出行，平均出行距离越长，开车出行的比例越高。遵循图右循环模式的城市的零售密度较低，更多的商店集中分布在以汽车为导向的购物中心。

对于大多数居民来说，选择步行、骑自行车或乘坐公共交通出行，必须具备两个基本的先决条件。首先，城市密度必须相当高，这样平均通勤距离才会很短。其次，具备优质的步行、自行车和公共交通基础设施。交通供给往往会引发需求——如果一个城市能够提供比小汽车交通更快捷、更便宜的连接各处的高质量公共交通，那么人们自然愿意乘坐它。同样，当一个城市附近有很多目的地，并提供高质量的人行道、自行车道和十字路口与之连接，人们也愿意步行和骑行。

纽约、旧金山、伦敦、巴黎、东京和苏黎世等城市证明，若满足了这两个先决条件，不仅买不起汽车的人会选择步行或搭乘公共交通出行，包括富人和特权阶层的所有人都会如此。例如，那些在曼哈顿生活和工作的人中，53% 的人步行、骑自行车或打出租车去上班，[24]35% 的人乘地铁，7% 的人乘公共汽车，只有 5% 的人开车去上班。[25] 曼哈顿有高达一半的居民步行上班，如此高的比例却与收入几乎没有关系——曼哈顿地区的年收入中位数高达 9.3 万美元。曼哈顿并非例外，在其他一些高密度、强调用地混合的城市中，虽然所有的交通方式都很方便，但大多数短距离出行仍采用步行方式，距离稍长的话，大多数人们也会使用公共交通或自行车。小汽车则是用来应对长距离、较繁琐的出行及可能携带大件物品的情况。

另一方面，洛杉矶是一个正在不断扩张的城市，其人口密度远低于纽约，这里 80% 的人开车上班，10% 的人乘坐公共交通工具，3% 的人步行，其余的人乘坐出租车、骑摩托车或在家办公。[26] 因此，洛杉矶的零售店密度（每平方公里 26 家）也比纽约低得多。在纽约，每平方公里有 142 家零售店及服务企业。[27] 人们对汽车出行的依赖，导致低密度的零售店连同整个城市不断地向外扩张，住房、就业、土地价值——商店也不例外。不过，洛杉矶目前也在公共交通和可步行性方面投入了大量的资金，以提高洛杉矶县公共交通客流的比例。[28]

城市基础设施的改变会导致交通方式占比的改变，进而引起城市中零售商店格局的变化，这让我想起爱沙尼亚首都塔林，每年我都会去几次看望住在那里的家人。

在 20 世纪 80 年代初期，爱沙尼亚仍被苏联占领，每 1000 名居民中只有 85 人拥有汽车。在计划经济体制下，汽车拥有量受到严格限制，大多数人都选择步行和乘坐公共交通作为出行方式。塔林的零售活动集中分布在市中心呈辐射状的主干道和交通枢纽上。商店通常很小并分布在众多社区中心。唯一的购物中心是市中心的一家五层楼的百货商店，商店周边有公共交通站点。

1991 年苏联解体后，爱沙尼亚恢复独立并采用了资本主义市场结构。人们获得的财富和机会不断增加，购买小汽车的人越来越多，车也来越来越多。与此同时，国家和市政府开始将大部分交通预算投资于新的公路基础设施建设上，火车和公交基础设施建设上的投资则被忽略。在 20 世纪 90 年代中期的一段时间，小型非正式公共汽车（搭载 5 ~ 12 人的小巴士或旅行车）的横空出现，填补了公共交通系统衰退造成的供应缺口。我记得坐小型公共汽车去上学，需要支付几克朗现金给司机才能上车。车费的价格每月都在变化，而且没有预付费卡。

塔林拥有发达的轻轨和重轨交通系统。90 年代初，这座城市的轻轨网络已有 110 多年的历史。重轨线路将南部和东部的一些郊区与火车总站——波罗的海车站——连接在一起，而轻轨线则从市中心向四个方向呈扇形展开。在 20 世纪 90 年代的过渡时期，这两种系统都出现了衰退。轻轨穿过人口稠密的市中心，尽管车辆和轨道已经过时且急需维修，但是它从未停止运行。效仿英国的撒切尔政策，塔林重轨线被私有化，导致几乎没有新的铁路投资。在该市扩张最快速的时期，郊区铁路线完全被弃置了。

与此同时，与 1980 年相比，爱沙尼亚的汽车拥有率在 25 年内增加了六倍。到 2015 年，爱沙尼亚每 1000 人就拥有超过 520 辆汽车，高于欧盟的平均水平。这可能是欧洲有史以来汽车拥有量增长最快的一次。塔林市政府支持郊区发展，甚至自掏腰包修建道路和公用设施，以激励私人开发商在以前的环城地块上建造新的独栋住宅。与附近斯堪的纳维亚（Scandinavia）的城市斯德哥尔摩和哥本哈根不同，[29] 塔林因经济快速增长而引起的城市扩张，并未集中在与城市历史核心区相连的铁路通道沿线上。相反，新的扩张完全取决于汽车基础设施。现在，超过 50% 的出行都是使用私家车。很大一部分居民已经搬到偏远的郊区，需要驱车长途往返于仍位于市中心的工作场所或学校。[30]

仅仅在 20 年时间里，这样巨大的模式转变给该市的零售业格局留下了深刻的印记（图 25）。市中心以前的小规模商业已经被周边和主要交通干道交叉口沿线的大型汽车购物中心所取代。老城区中除了有一些满足游客需求的纪念品商店和餐馆外，市中心的店面和地下商店基本上都消失了。截至 2016 年，塔林的人均购物中心面积是欧洲所有城市中最高的（每人 1.35 平方米）。[31] 虽然这个结果与社会经济发展趋势、外国投资和国家政策有关，但基于汽车的交通基础设施的建设以及出行距离的陡然增加，在分散城市商业方面发挥了关键作用。

图 25　位于爱沙尼亚塔林的 Rocca al Mare 购物中心

照片由 Andres Haabu 拍摄

直到最近，塔林才开始对以汽车为导向的基础设施的额外投资进行广泛的公众批评。但以汽车为主的城市发展轨迹很难改变。这不仅需要思想领袖、政治家和城市管理者转变思维方式，还需要各级市政府改变制度文化和墨守成规的习惯。好消息是，其他几个城市之前也曾经历这种转型，并且表明改变以汽车为导向的交通发展不仅是可能的，从长远来看还可以带来很多社会、经济和环境效益。哥本哈根、斯德哥尔摩、苏黎世、墨尔本和慕尼黑只是其中的几个例子，这些城市有意转向一个更注重步行和公共交通的城市，在所有这些地区都带来了显著的改善，包括极大促进了街道网络的商业发展。罗伯特·瑟夫洛（Robert Cervero）的《公交大都会》（*The Transit Metropolis*）一书详细追溯了其中的一些先例。[32]

例如，在澳大利亚墨尔本，70% 以上的购物出行都是采用步行或乘坐公共交通的方式。[33] 这一非凡的进步并非凭空而来。几十年来，墨尔本市和维多利亚州一直在提倡集体交通和主动交通，使得很多机动车通勤者日益转向公共交通、步行和骑行。这反过来，又促进了更短距离的出行和更多步行交通——两者都是街道商业的先决条件。

20 世纪 70 年代，墨尔本市中心汽车交通堵塞严重。居民和工作岗位都开始远离拥挤的市中心；市中心的经济和零售商业街道都受到了影响。为了清除不必要的交通路线，该市决定将斯旺斯顿街（Swanston）和伯克街购物中心（Bourke Street Mall）改为步行街，从市中心的一个主要十字路口开始禁行机动车。城市建立了一个易于识别的、以步行为导向的“核心”，调整有轨电车使其与行人共享公共空间，并改进了有轨电车的频率和路线，这样人们不需要乘坐汽车即可到达市中心。该市在周边有轨电车线路和地区火车站附近修建了停车换乘车库，同时在市中心对停车实施了新的限制。

由于“公交优先”政策的实施，市中心所有穿行车辆的比例从 1964 年的 52% 下降到 1986 年的 8%。[34] 受到丹麦城市规划师扬·盖尔（Jan Gehl）的启发，该市进行了一系列城市设计改进项目：增加了铁路站台上的人行天桥，设置了滨水步行区，颁布建筑高度控制导则以确保街道获得阳光，保护历史建筑立面，在市中心周围设置新的景观要素等。这些项目和政策的实施都是基于这样一种理念：公共交通、公共设施和好的城市设计能够吸引新的私人资本到市中心，并让商业和市民生活重返市中心街道。

这些措施非常成功。雅拉河（Yarra）南岸吸引了新的住宅、零售和写字楼开发项目，并通过一条宽敞的滨河步行廊道相互连接。区划优先考虑了新的全日住区（full-time residences）和新的零售项目，而不是那些会有一半空置的高端投资住宅。这使得更多的居民回到市中心生活，居民的购买力又反过来促进了零售商的发展。超过 40% 的市中心上班族乘坐公交上班。许多市中心的居民步行或骑自行车上班，市中心的街道上逐渐出现了商店和服务企业。即使是那些最初被设计服务于穿过城市街区网格的历史小巷，现在也大量分布着小型商业场所如咖啡厅、餐馆、商店、美容院和画廊等。与充满活力的街头生活相伴的是令人羡慕的公共交通和步行比例，《经济学人》杂志连续几年将墨尔本评为世界上最宜居的城市。

世界各地还有许多其他城市的例子，这些地方的公共交通、步行和骑自行车交通政策和投资促进了街道生活和街道商业的发展。在苏黎世、哥本哈根、慕尼黑和库里蒂巴也发生了与墨尔本类似的转变。这些优秀的案例不仅限于历史悠久的城市，还包括新兴的城市，如麦德林、新加坡和珀斯。由于公共交通鼓励高密度、混合开发和步行，公共交通高占比的交通模式通常与繁荣的街道商业密切相关。如果能将公共交通投资与更少的停车位、更高的建筑密度与车站周围的混合用地开发、支持底层商业的分区以及人行道上的步行友好城市设计相结合，那么其影响将会最大化。市政府可以通过推进土地使用转换所涉及的法律程序，并简化审批程序，缩短等待时间，推动这一进程。规划师、商业租户和公民组织可以群策群力，组织主要街道上的店主，协调商店开放时间，安排户外活动——美食节、假日活动、无车星期天、音乐演出等——让所有商店都能受益。

塔林和墨尔本的例子说明了交通规划和政策与城市的零售格局密切相关。一旦你开始优先考虑车辆基础设施，就会增加人们对汽车出行的需求量，降低商店密度、增加建设以汽车为导向的购物中心。将步行和公共交通基础设施置于优先则会为街道商业创造一个正反馈循环——步行道和公交连接越好，城市街道的人流量越多，这些街道就会开设更多的商店，从而吸引更多的顾客步行前来。

顾客密度

影响竞争商店密度的第三个因素与空间规划密切相关，即顾客密度，在迪帕斯奎尔和惠顿的模型中指的是单位长度内的人数，或是中心地理论和实际建成环境中每英亩或每平方公里的人数。顾客密度与商店之间的距离成反比——当顾客密度增加时，商店之间的距离往往会减少、零售密度会增加。

城市不同地区的顾客密度对城市规划师和政策制定者来说是一个特别重要的因素，因为它可能会受到城市规划、区划和房地产开发的影响，尽管这些因素影响速度很慢。顾客密度可能受两个相关因素的影响——用于居住、工作等活动的建筑面积，以及建筑面积的利用率。当一个地区建筑面积增加时，无论是由于更高的结构、更大的平面图，还是由于更密集的建筑占地面积，顾客密度通常会上升。当越来越多的人涌入现有的建筑时，顾客密度也会上升。

例如，中国香港的人口密度比新加坡高得多，商店密度也比新加坡高得多。事实上，作为香港人口最密集地区之一的旺角，整个地区的人口密度轻松超过每平方公里 10 万人。相比之下，新加坡的平均人口密度只有每平方公里 7500 人，而纽约曼哈顿区的平均人口密度约为每平方公里 28000 人。旺角是世界上人口最密集的地区之一，其零售业景象自然也是不负众望。临街建筑的底层都是商店，零售空间还继续延伸到第二、第三、第四甚至更高的楼层（图 26）。在旺角，“请顾客走楼梯或乘电梯到 10 楼”的提示牌在大街上司空见惯。

图 26　香港旺角区

旺角可能是一个极端的例子，但在所有城市中，建筑密度越高，相应地，零售商店的密度也越高。图 27 展示了美国不同人口密度城市的零售店密度。两者之间的关系非常明显——一个城市的人口密度越高，其零售店密度也就越高。我还将新加坡和梭罗城中心放到图表中进行比较。高于这条虚线的城市超过了整体的趋势[35]——佛罗里达州的迈阿密、加利福尼亚州的旧金山和马萨诸塞州的剑桥，其城市零售店密度高于该城市人口密度预测的结果。这种现象可能是由于这些城市的特点造成的——很多人的出行方式是步行而不是开车；这些城市的人均可支配收入高于平均收入水平；这些城市的外国游客很多；这些城市都具有传统的商业模式，在汽车出现之前就已经很发达了。值得注意的是，上一章美国各城市的零售分布数据显示，人口密度较高的城市也往往拥有更大的核心零售集群和更大的市中心，这一点并未在此图表中显示。

旺角的例子表明，建筑密度实际上可以从两方面影响零售密度。首先，周边更高的建筑密度和土地混合利用，会让更多的潜在顾客进入到这个片区的建筑里，产生更多的购物出行，从而使得这里的商店密度较高。这是周边住宅或就业密度对零售密度的最明显和直接的好处。其次，较高的城市密度也会导致人们更倾向于步行前往该地区的其他目的地——公交车站、聚会场所、公园等，从而对商店产生乘数效应。商店不仅可以让更多来自附近办公楼、家庭和机构的人因为原有的计划前来购物，而且这些建筑的居住者也更有可能因为其他原因外出时路过这些商店，这使得计划外的冲动购物更加常见。

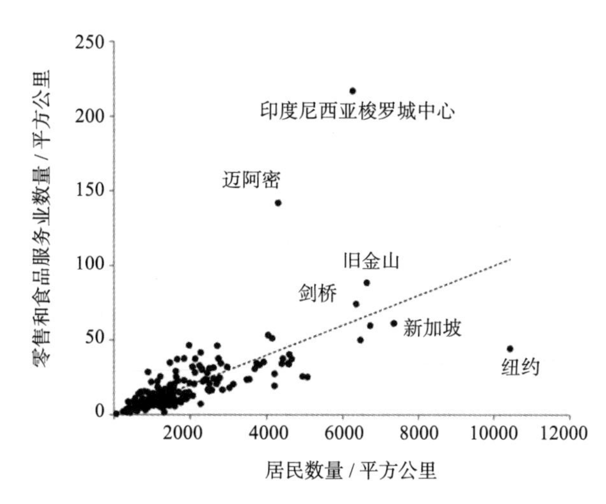

图 27　美国城市零售密度与人口密度之间的关系，增加了印度尼西亚的梭罗和新加坡进行比较

之所以会出现这种情况，是因为像旺角这样人口密集的地方不仅会促进零售购物出行，还会产生非购物目的且很可能是步行出行。附近有学校、公园、公共机构或车站的地方，许多人愿意步行而不是开车前往这些地点。在密集的建成环境中，如曼哈顿、布鲁克林、波士顿、华盛顿或旧金山、西雅图、丹佛和洛杉矶的市中心，以及密集的欧洲或亚洲城市中心，拥挤的人行道就证明了这一点。在整体上步行活动较多的街道，沿街的商店中会出现更多的计划外或“冲动”购买现象。2012 年，购物中心行业的全球行业协会（International Council of Shopping Centers）对上班族购物习惯的一项调查数据显示：生活在零售商店密集环境中的工作者与周边零售选择有限的工作者相比，前者在食品和购物方面的花销是后者的三倍。[36] 路过的商店越多，人们就越有可能在其中一家商店消费。

大多数步行去商店的人都是来自附近的家庭、工作场所或公交车站——通常步行 10 分钟或更短的时间。随着步行距离的增加，人们去商店的可能性呈指数下降。这表明，当零售集群周边尤其几百米范围内具有较高的开发密度——住区、工作单位、机构、公交车站和娱乐设施等类型齐全时，对于商店是最为有利的。通过经济发展计划、土地使用计划或区域更新计划，使得新居民、工作岗位和公交站点离零售店和食品服务企业越近，商业集群的表现就越好。

对于交通工程师来说，密度和可步行性之间的联系似乎有悖常理。出行需求模型通常假设，随着交通需求的增加——即某一区域内员工和居民的密度增加——交通基础设施，特别是对车道、停车位和车库的需求也必定增加。依此逻辑，城市的高密度地区需要更宽的道路和更大的停车场来适应不断增加的交通量。

这个逻辑似乎很直观，如果你从一个人们大多都开车出行的地区开始，想象一下当该地区的交通量略微增长以及密度增加时，交通需求会发生什么变化。但是这种逻辑有个谬误，低密度环境之所以会有大量的出行车辆，主要是因为这样的密度难以在周边提供无需驱车到达的、多样化的目的地。人们需要开车去更远的地方吃饭、购物、到咖啡厅与同事碰面，或者去他们的工作场所拜访他们。另一方面，密集的混合用途区不仅让更多的居民和上班族彼此靠近，还促进了更多的商店、服务设施、餐馆和咖啡店在建筑一楼开设。正因为如此，对于吃饭的人、购物者、跑腿者或前往其他办公区开会的人来说，交通需求从开车前往转变为步行即可。当公共交通周边的用地开发变得更高密度与混合的土地用途时，这一地区的上班族与居民也会倾向于在日常“居家—上班—回家”出行的最初或最后半英里路程中采取步行方式而不是开车。结果就是，对于更大停车场和更宽道路的人均需求实际上减少了，而不是随着开发密度的增加而增加或保持不变。高密度地区实际上需要的不是更宽的道路和停车场，而是更宽的人行道、高质量的公共空间和能进行活动的建筑底层。

当一个社区的居民希望一家新的杂货店能开设在他们的社区时，需要考虑密度的两个影响因素以了解环境能否支持其所期望的杂货店持续经营。一个可以持续经营的超市，如乔氏超市（Trader Joe’s），通常占用 10000 ~ 15000 平方英尺的净出租面积，每天需要大约 1500 名顾客。在一个低密度的郊区环境中，每天要有 1500 名顾客光顾这家商店，就需要大约 2 万人的市场区。[37] 如果没有这么大的市场，商店就难以维系。一个无法支持像乔氏超市这样规模的杂货店的社区，也能从了解这些因素中受益，转而考虑开设一家较小的，也许是独立的杂货店，它不需要那么大的市场区来维持经营。

但在高密度的市区，同样一家乔氏超市只需要市场区内一半的居民就能维持经营。首先，高密度的环境让很多的居民离商店更近，降低了他们的交通成本并且他们去商店的次数会更频繁。其次，人们也可能因其他事情出行如去游乐场或坐地铁路过这家商店，从而会产生计划之外的购物。最后，高密度的混合用地环境也吸引了其他出行者来到该地区，如工人、前来开会的访客或被商店吸引的购物者，这增加了乔氏超市的客流量，使商店能够减少对当地居民的依赖，而更多地依靠外来客人。

图 28 进一步说明了同一城市内低密度社区和高密度社区之间的差异，该图描

绘了洛杉矶不同人口密度环境下到最近至少 25 家商店组成的集群的平均距离。[38] 在洛杉矶人口密度最低的人口普查区（第 20 百分位），人口密度仍低于每平方公里 1586 人，从住宅楼到最近的街道商业集群的平均距离约为 20 公里。在人口密度处于平均水平（2793 ~ 3843 人 / 平方公里）的地区，多数家庭到达最近的街道商业集群的距离在 3.41 公里以内。人口密度排名前 20% 的社区，多数家庭到达最近的街道商业集群的距离在 2.11 公里以内。即使在一个城市内，住宅密度和商业密度的变化也是密切相关的。但在洛杉矶高密度地区，居民不仅离商店很近，其步行路过商店的频率也更高，这些居民附近的商店比城市郊区同样类型的商店就有更多外来的客流量。[39]

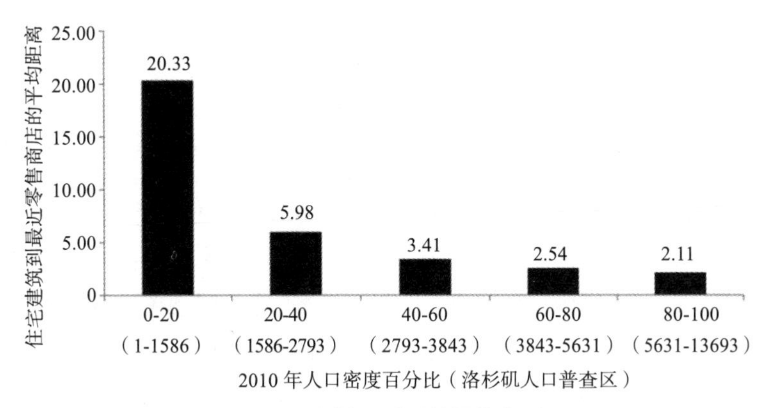

图 28 洛杉矶附近的零售集群

数据来源：Infogroup 2010 企业名录，为 ESRI 商业分析模块（Business Analysis software）自带数据。

影响零售密度的因素还有什么？

虽然到目前为止我已经讨论过迪帕斯奎尔和惠顿模型的四个关键因素——购买频率、固定成本、交通成本和顾客密度——在现实世界的零售分布中发挥着至关重要的作用，但中心地理论和迪帕斯奎尔和惠顿的一维模型还缺少对许多其他因素的考量。对顾客不平等的空间可达性、监管政策、品牌以及文化和技术趋势也在影响着城市零售格局的形成。以下几页将简要回顾这些因素，并着重讨论关于城市的零售模式实际上是简・雅各布斯（Jane Jacobs）所言的“组织复杂性”的一个范例。[40] 这种零售模式是由一系列复杂的因素形成的，其中一些因素受到城市规划者的影响，而另一些则是任何人都无法影响的。

一维的零售区位模型和二维的中心地理论均假设了一个没有街道、地铁线路或顾客访问变化的空间环境，这是大多数空间经济模型的典型情况。用威廉・阿隆索（William Alonso）的话说，“这座城市被视为坐落于一个毫无特色的平原上，所有土地的质量没有差异，无需进一步改进即可使用，并且可以自由买卖。”[41] 这种假设使中心在模型中的空间分布完全均匀。销售相同商品的商店平均分配顾客，每个商店获得相同的市场区，竞争商店之间的距离相等（图 17 和图 19）。

当然，同质环境的假设是一种粗略的简化，它能阐明分析并得出更简约的模型。该模型在分析时消除了不均匀的交通网络和城市形态的影响，并允许零售区位模式出现，以应对可以在空间中自由流动的市场力量。但现实的建成环境要更加复杂，街道网络和交通系统的几何配置形成了整个城市中不均等的可达性。对于顾客而言，便利性也参差不齐，这些差异对城市商业的空间分布产生重要影响。

惠顿和迪帕斯奎尔对于竞争商店的一维模型假设商店之间的距离是相等的。如果一家商店为了抢占更大的市场区而向右或向左靠近下一个竞争对手的商店，那么其他商店也会采取类似的行动。这种行为会继续，直到重新建立平衡，每个商店有相同的市场区。

但如果考虑一个具有不同空间结构的类似模型，其中商店不再沿一条直线排列。例如，如果我们将图 19 中的 9 家商店重新排列在一个十字交叉路口周围，保持街道的总线性长度不变，那么在路网的不同位置，顾客的可达性水平不同（图 29）。假设顾客仍然只沿着城市街道走，所有街道上的顾客密度是相同的，那么位于中心的商店在给定的步行区域内可以接触到的顾客数量将是网络末端商店的四倍。这是因为中心位置可以从四个方向到达，而路网的端头只能沿一条道路到达。为了达到所有商店市场区相等的均衡状态，需要商店之间的距离在空间中可达性最好的中心位置附近更短。空间可达性越高，商店的密度也就越高。

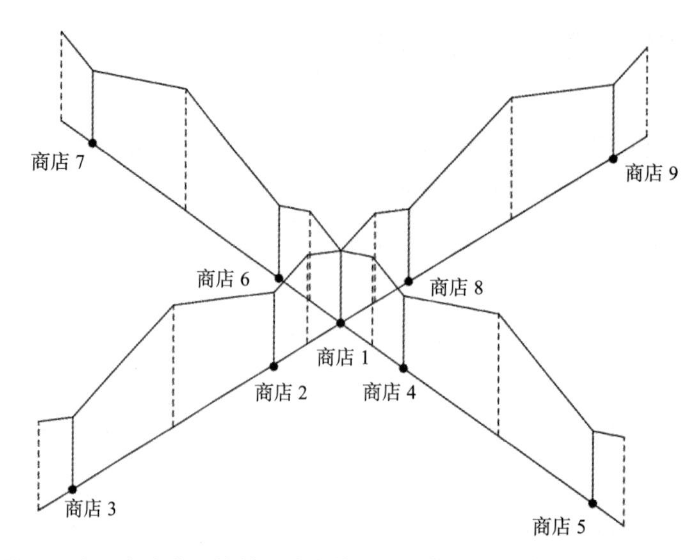

图 29　在一个十字形线性网络上的 9 家同等规模商店的零售市场区

这个十字路口的例子不是假设。在每个城市和每个社区都可以找到顾客可达性高的地方，而众多街道的交叉口往往提高可达性。世界上一些最具标志性的公共空间和零售集群——意大利的锡耶纳广场（Campo di Siena）、纽约市的时代广场（Times Square）或东京的涩谷十字路口（Shibuya crossing）——在各自的城市环境中都具有极高的可达性。锡耶纳广场的周围有 12 条街道可以进入广场，是历史名城锡耶纳中迄今为止可达性最高的地方。时代广场位于曼哈顿规则式街道网格内的一个特殊位置（图 30）。它不仅像曼哈顿的大多数街角一样拥有常规的四岔路口，而且还有斜向的百老汇大街。其处于市中心位置，无论从曼哈顿下城、上城，还是城市的东部和西部到达都很方便。此外，时代广场下面的 8 条地铁线路使之成为该市最繁忙的地铁站（MTA）。再加上只有一个街区远的港务局公交终点站，以及周围地区遍布的高层建筑，使得世界上鲜有能在可达性上与之比肩的地方。

图 30 纽约时代广场

中心地理论和迪帕斯奎尔和惠顿的模型都假设：在空间上，顾客密度是不变的和均匀的。这种简化使模型作为演绎工具变得更简练、有说服力。但在实际的建筑环境中，顾客密度当然是不同的，不同社区中的商店密度的差异很大程度上受此影响。

图 31 描绘了纽约市 15 分钟步行半径内居民的可达性。与同质化的环境不同，在城市的不同位置，居民的可达性水平明显不同。在高峰位置（第 95 百分位）——上东区、东村、上西区和布朗克斯的部分地区——步行 15 分钟范围内能够覆盖 6

万名或更多居民（在 83 街和 94 街附近的第一大道和第二大道之间，15 分钟步行范围内多达 11 万人）。虽然全市均值约为 24000 人，但可达性最低的地区（第 5 百分位）的 15 分钟步行范围内的人口很少——只有 2242 人。

人口密度本身受到很多因素的影响：建筑规模、建筑高度、建筑之间的间距以及建筑的居住密度。在人口密度最高的地区，所有这些品质往往最高。虽然在整个曼哈顿，其中一些因素是不变的（建筑形式和建筑间距变化不大），但在整个行政区内的居住密度变化较大（人均建筑面积）。例如图 31 中，尽管两个社区的建筑形式和街道网络基本相似，但是唐人街的居民可达性比林肯广场的最高。唐人街街角的一个普通商店，15 分钟步行范围内就有 6 万名居民，而在林肯广场附近，同一家商店的接待人数会少 20%，即 5 万名潜在顾客。造成这种差异的一部分原因是两个地区的居住密度不平等。唐人街平均每户有 2.4 人。在林肯广场，平均每户只有 1.5 人。这种较高的人口密度就可以反映出唐人街具有较高的零售商店密度，我们发现这里每英亩就有 4.8 家店铺，而林肯广场（Lincoln Square）每英亩只有 2.5 家店铺。除了人口密度的影响，这两个社区的零售密度几乎呈现两倍差距的原因也可能是：唐人街附近的游客和路过的顾客更多，那里有三座大桥可以进入曼哈顿——威廉斯堡桥、曼哈顿大桥和布鲁克林大桥，而林肯广场却没有与纽约市区联系的道路。

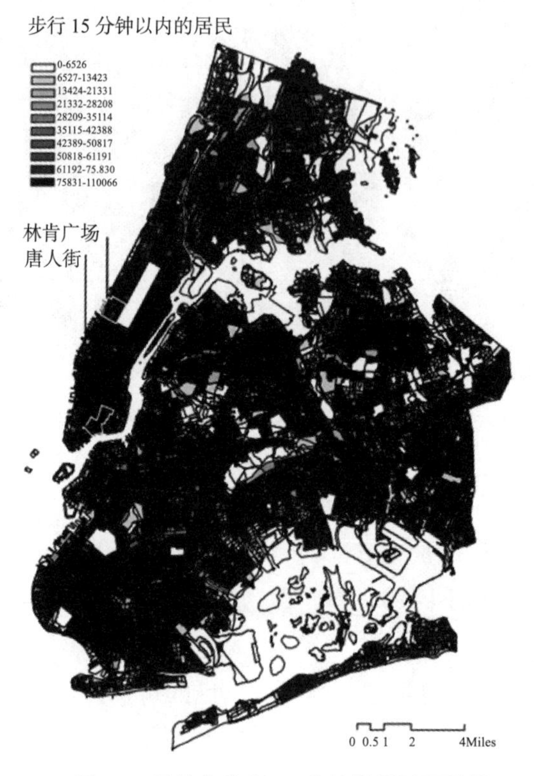

图 31　纽约市步行 15 分钟的居民可达性

即使在较小的城市，街道商业通常也分布在街道交叉口较多的地方，或有交通枢纽的地方，或者建筑密度更高、能接待更多顾客的地方。在没有监管力量限制发展的情况下，越来越多的零售商来到这里，直到便利的交通为商店带来的利润因商店之间的竞争减少。当有足够多的零售商进入零售集群，将利润降低到与下一个最佳替代地点相同水平时，集群就会停止增长。

规章条例

零售市场的监管环境也因城市而异。尽管新加坡的人口密度远高于大多数美国城市，但其零售密度仍低于图 27 中的趋势线。2015 年，新加坡 554 万居民总共拥有 4720 万平方英尺的零售空间。[42] 这意味着居民人均 8.52 平方英尺的零售空间。相比之下，2015 年，美国大洛杉矶地区，包括洛杉矶县、奥兰治县和“内陆帝国”（Inland Empire），拥有 4.697 亿平方英尺的多租户购物中心和单租户房地，是美国最大的零售市场[43] 这里居民人均 25 平方英尺的零售空间，远高于新加坡（并且高于塔林的人均 1.35 平方米即 14 平方英尺）。新加坡的人口密度比洛杉矶每个区都高出一个数量级，但它的人均零售空间几乎少了三倍。因此，前文讨论的经济模型不能用于解释这种差异。[44]

图 32　新加坡多佛建屋发展局一个住宅项目下的美食广场

新加坡的大部分城市结构是在过去 50 年中建成的。除了历史悠久的市中心可追溯到 19 世纪，超过 80% 的居民住在由建屋发展局（HDB）建造的较新的高层公共住房城中，并且大约65%的人口是乘坐公共交通工具上班。根据该模型，这样高人口密度与高公共交通出行比例的城市，应该具有较高的零售密度。

新加坡的人均零售密度相对较低的原因可能是：与美国或欧洲的老城相比，新加坡的城市发展时间较短。考虑到新加坡的大部分建筑都是在1965年从马来西亚分离后建造的，其零售密度或许还没有足够的时间发展成熟？这可能是现状的一部分，但这个国家自上而下的发展模式和严格的监管政策也发挥了作用。

新加坡政府已经规划、开发整个岛国腹地的大片公共住房，并在其建成后继续严格监管。这些住宅城是1933年《雅典宪章》（Athens Charter）中规定的现代主义城市建设原则的完美范例。[45]它们几乎全部都被设计为住宅用途，充分体现了土地用途的分离：它们的建筑类型主要是由大型开放空间包围的塔楼，大多数塔楼的地面层是架空的，在新加坡称为架空层（void-deck）。这些架空层是为户外社区活动保留的。建筑的空间布局和住宅区的建筑类型在很大程度上不适合零售业的发展。建筑在远离人行道的地方，人们需要从人行道步行20码才能进入一楼的商店，这段过长的距离使得商店橱窗中展示的商品很难被看到。在第6章中将有关于建筑类型对街道商业影响的进一步论述。

新加坡的零售业也受到各种规章制度的制约，包括许可用途分区、城市人行道条例、建筑用地导则、社区委员会的决定等。新加坡是世界上规章制度约束最严格的城市之一，不仅以其关于城市空间使用的广泛协议（extensive protocols）而闻名，而且通过一套复杂的许可和罚款制度对违规行为严格处置。

建屋发展局开发的新城在区划中主要为住宅用途。商业分区仅限于少数指定地点，主要是城镇、社区和区域中心。作为公共业主，建屋发展局规定了每个商业中心内准许的商店和服务的具体类型。它为许多商业空间专门指定了特定用途——如便利店、餐馆、医疗服务等。例如，公共汽车站周围的商业空间通常邀请餐馆和便利店参与竞标；相比之下，饮食场所、饮品店、娱乐场所或零售店（出售小型便利品的除外）则在大部分组屋的架空底层是禁止经营的。即使是多层购物大楼中的店铺组合也由建屋发展局进行管理，以确保一定比例的空间由所需类型的商店中标。强势的政府有助于确保居民在较短的步行距离内获得基本的商品和服务，但过度监管也阻碍了以市场为主导的零售环境的进化，导致整个岛屿的零售密度低于基于人口密度预测的水平（图32）。

大多数美国城市还使用分区条例将零售空间限制在特定的街道和地块上，这是20世纪现代主义规划的遗产，促进了土地用途的空间分离。这些规定通常禁止在住宅街道上规划商业用地，反之亦然。它们经常将工作场所集中在城镇的某个区域，甚至办公室和零售商也在不同的建筑中。这可能会使土地核算更容易，却无益于街道商业。

只有办公空间的区域和纯粹的住宅区只在一天中的有限时间内被使用。工作日的一天通常从早上 8 点开始，一直持续到下午 6 点。住宅建筑使用的时间则相反。公园、剧院、体育设施和其他娱乐场在晚上和周末使用较多。只有单一功能的社区内发生的往返活动集中在特定的时间段，其他时间中街道和人行道则都是空的。

良好的街道商业需要全天营业（图 33）。咖啡店往往是最早开始营业的，大约在早上 6 ~ 7 点，顾客一般都是在路上吃早餐的上班族。一些个体服务店（如干洗店、裁缝店、发廊和美容院）也在早上开门，为那些需要在晨会之前完成相关事务的人和社区中喜欢早起的退休者服务。咖啡店的顾客大部分在早餐和午餐时前来，而餐馆的生意则集中在午餐和晚餐时间段。

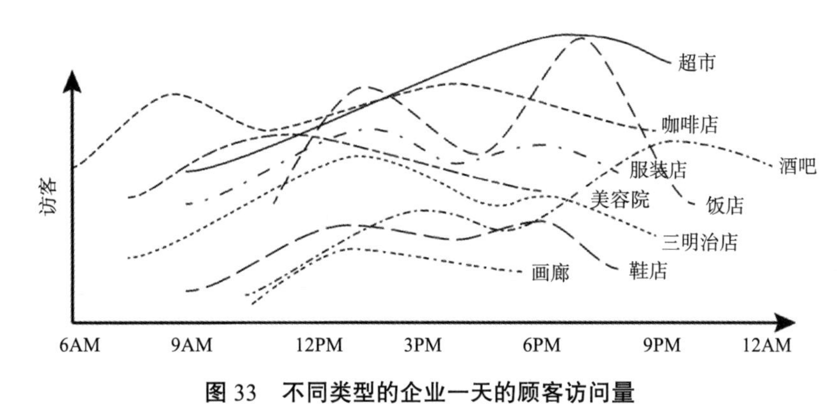

图 33　不同类型的企业一天的顾客访问量

数据来源：基于谷歌地点数据，通过机器可读接口获取谷歌地图上列出的企业信息。

职住分离会影响街道商业。人们在早高峰时间从住宅区出发，下班后回家之间的这段时间，商店几乎没有顾客。因此，住宅区内的大多数零售店接待顾客的时间段都集中在下班后的晚上和周末。

居住与就业功能混合的区域更适合开店。前瞻性地引导新的公共和经济适用房项目在主街上开发，有利于形成更多样的商店和服务选择。商店的多样性反过来又产生了充满活力的公共空间，人们可以在街上遇到来自不同收入、种族和阶级背景的人。如果学校、日托中心和娱乐场所也在附近，那就更好了。员工们每天都会去餐馆、咖啡馆和商店，从上班前的早餐开始，到晚上的购物、观影和晚餐结束。上班族在午餐期间会非常集中地去有餐饮的地方，如果附近有便利设施，有时还会在下午处理一些私事或逛逛商店。没有孩子的年轻职场人士和孩子已经长大的职场人士也很重视在一天工作之余与同事或朋友见面吃饭或喝酒的机会，这导致下午 5 点或 6 点之后商店的访问量再次激增。晚上，杂货店、服装店、爱好商店、音乐店和书店也吸引着回家的顾客。混合用途的就业和住宅区都产生了更多的整体访问量，并形成了对当地设施的全天候需求。

然而，城市分区法规对土地用途的严格划分却与此背道而驰。小规模的街道商业无法形成足够的吸引力，像购物中心那样吸引人们去某个特定的地方。许多小商店依靠行人带来的客流而不是驾车而来的客人维持经营。因此，将零售商店限定在指定的购物区固然有利于大卖场和购物中心，但是对街道商业没有好处。街道商业在具有良好交通连接与可步行街道的高密度、混合用地功能区表现更好。

品牌和营销

中心地理论和一维零售经济模型都假设所有的竞争商店都是一样的，销售同样的商品。然而我们知道，质量、品牌和营销可以对商店的收入和客流量产生重大影响，并影响商店的密度。

如果你去过葡萄牙里斯本，你可能会尝过葡式蛋挞（Pastéis de Natas），一种传统的葡萄牙甜点。由于殖民历史的影响，它在东南亚的一些地区和美国唐人街也很受欢迎。在里斯本，最受欢迎的蛋挞店是贝伦蛋挞店（Pastéis de Belém），就在历史悠久的贝伦修道院（Belém monastery）旁边。贝伦蛋挞店的顾客，比城内其他任何烘焙店都多，本地人、外地游客均慕名而来。这家店的成功却与地理位置、价格几乎无关——位于历史悠久的市中心 4 英里以外而且价格略高于市场平均水平。不过，它提供了最著名的产品：稍微烤焦的蛋黄外皮，下面是奶油糊，周围是一圈完美的酥皮，就算在很多葡萄牙人眼中也是完美的蛋挞。包装好的这种蛋挞在里斯本机场也可以买到，只是不如贝伦店里的新鲜。贝伦蛋挞店自 1837 年以来就是里斯本的一个著名品牌（图 34）。

图 34　位于里斯本的贝伦蛋挞店

照片由 Paul Barker Hemmings 拍摄

很少有独立商店（independent store）能像贝伦蛋挞店这样获得品牌认可。它可能需要几十年、甚至几个世纪的持续高品质才可能有如此成就。品牌认知度往往是通过在全国或国际范围内经营许多连锁店来实现，并且由于其规模经济，它们可以在广告营销上投入大量资金。没有一家赛百味（Subway）三明治店像贝伦蛋挞店那样被追捧，但赛百味作为一家特许经营店，通过其在世界各地数以万计的连锁店吸引了更多的顾客。仅在美国，这家三明治餐厅每年在广告上的投资就超过 5 亿美元。人们并不是因为赛百味独特的品质或烹饪方法而认可它，但每个人都知道，赛百味的新鲜和自选式三明治在其遍布世界的任一连锁店都有，这让赛百味在其他三明治店中脱颖而出。[46] 即使位置不如竞争者的优越，品牌营销也有助于吸引顾客光顾。

一些商店和餐饮服务企业也通过提供符合当前文化和发展趋势的产品以及服务，在没有任何重金营销投资的情况下培养了一批忠实的粉丝。所谓的“酷炫”因素或“潮人效应”带来的顾客同花费昂贵广告费吸引的顾客一样多。许多时尚的咖啡店以精心设计的内饰、完美的咖啡以及似乎了解一切的服务员，吸引了比星巴克（Starbucks）、咖啡豆（Coffee Bean）或任何其他连锁咖啡店更多的千禧一代顾客。因为它们比其他任何连锁店都酷。在时尚酒吧中甚至有一种秘密酒吧，声称自己很酷甚至不想让顾客发现其存在，或者说他们希望顾客通过一些时尚且见识渊博的朋友的口耳相传而被发现。就像那些在美国禁酒令时期出现的秘密酒吧一样，这类酒吧的门上没有标识，有时像演员一样的门卫会要求提供密码。酒吧的密码每周都会向一小群 Facebook 联系人公布，然后这些人就会将信息传播出去。

其中一家名为 Library Bar 的酒吧位于新加坡时尚的恭锡路。从街上看，这个地方就像一个小型的设计师书店。但当你进入书店的时候，有些东西不会马上映入眼帘。在红色灯光的小展厅里有书架，其上摆放着书籍——但如果你询问书的价格，商店的工作人员就会告知你这是非卖品。如果你告诉他本周的密码，他就会将其中一个书架绕轴翻转过来，露出一扇通往酒吧的暗门。酒吧为熙熙攘攘的顾客提供了一份手工调制鸡尾酒的清单，上面各种酒的名称就像这家店的迎宾准备一样精致。

这些“地下酒吧”获得了大量的粉丝，但并没有遵照传统的营销方式，他们没有在营销上花一分钱——相反，他们让顾客觉得他们在做一件时尚而神秘的事情。保密是一种营销手段，就像高质量的葡式蛋挞或广为人知的赛百味三明治一样，帮助商店吸引更多的顾客，带来比竞争对手更高的收入。

价格

模型还假设竞争商店销售物品的价格相同。但是，打折促销会促使顾客不畏路远去购买更便宜的商品。

在20世纪90年代，基于这一原则出现一种新的购物中心模式——折扣直销店（也称奥特莱斯，outlet）。折扣直销中心（outlet center）通常位于地价便宜的远郊地区，并以很大的折扣出售品牌的积压商品和过季商品。比如，洛杉矶附近最受欢迎的折扣直销中心之一就是"沙漠山奥特莱斯"（Desert Hill Premium Outlets）。它在洛杉矶市中心以东90英里，靠近棕榈泉，大多数顾客要路过其他几个著名的购物中心才能到这。即使周边有其他购物中心，人们也会受到低价的吸引驱车更远来此购物。不过正如我在第7章中所讨论的，这种模式目前正面临来自电子商务的严重威胁，电子商务为人们提供了更优惠的价格和更低的交通成本。

社会、文化和技术的转变

除了建筑类型、监管政策、品牌和价格的影响外，零售区位模式还受到社会、文化和技术发展趋势的影响，没有任何商店、规划师或市政府能直接掌控这种趋势。再来看另一个例子，在过去20年里，美国精品咖啡店的数量迅速增长。精品咖啡与普通咖啡的区别在于：精品咖啡是由全豆制成的，在萃取前先磨碎，通常在小商店或工厂里使用传统的方法烘焙加工，而不是像普通咖啡那样使用大规模烘焙和包装。据美国精品咖啡协会统计，1993年，美国精品咖啡店的数量为2850家[47]，到2013年，这一数字已经上升到29300——20年内增长了928%，约12.5%的年增长率。换句话说，在这一时期，美国咖啡店数量的激增为全国各地的街道商业发展做出了巨大贡献。这是为什么？经典的零售区位模型似乎无法解释这一点。价格和监管制度同样也无法解释。

一方面，人们的口味发生了改变。在20世纪80年代，大多数人在家里用电动滴滤咖啡机煮咖啡。每天只有约3%的美国成年人去咖啡店购买精品咖啡。从那时起，对精品咖啡的需求迅速上升。现在，大约18%的美国成年人每天都喝精品咖啡。这不可能是由于某一个因素导致人们的偏爱发生迅速转变，也许部分原因在于星巴克、咖啡豆、唐恩都乐（Dunkin Donuts-甜甜圈）、皮特咖啡（Pete's Tea and coffee）和麦咖啡（McCafé）等新兴的咖啡连锁店进行耗资巨大的营销活动，"卡布奇诺"一词也因此在美国家喻户晓。

精品咖啡店的迅速崛起，部分也是由于通信技术的显著变化，使美国人的工作时间变得更加灵活。1989年，也就是里根时代的末期，15%的美国家庭拥有电脑，但还无法接入互联网；到2013年，大约80%的家庭有一台可联网的电脑。1988年，只有不到1%的美国人拥有手机；到2015年，超过92%的成年人拥有手机，68%的人拥有配备电子邮件、应用程序等功能并联入通用互联网的智能手机。[48]

互联网和移动通信设备的迅速普及，使越来越多的人即使不在办公室的情况下也能保持与工作的联系。我必须承认，这本书的大部分内容也是我在家和办公室附近的咖啡店里写的。由于我在这些咖啡店周围看到很多常客，所以我怀疑我并不是唯一一个围绕一杯咖啡完成工作的人。事实上，对一些人来说，咖啡店已经变成了实际上的办公室——不仅是暂时摆脱办公室的一种方式，同时也是除家中起居室之外，唯一可用的工作空间。笔记本电脑、Wi-Fi 和移动互联网使得在任何地方都可以进行工作，而同事和客户只需通过电话就可以联络。

图 35　马萨诸塞州剑桥市的咖啡馆（Broadsheet Coffee Roasters）

对于那些有办公室的人来说，无线网络不仅使他们能够在工作日转移到咖啡店进行工作，而且使整体工作时间更加灵活。根据全国家庭旅行调查数据（National Household Travel Survey）显示：非常规“住—职—住”出行的人数一直在上升，这表明人们在工作期间和下班后的出行次数都在增加。自 20 世纪 90 年代以来，与工作有关的商务出行、个人差旅出行和购物出行的比例都有所增加。[49] 咖啡店的发展受益于流动人口的增多，络绎不绝的人流中自然会有更多的人在途中光顾咖啡店（图 35）。

因此，零售经济密度模型只能描述影响单个商店生存能力或整体商店密度的有限的因素。虽然对于每个商店最重要的都是顾客到访频率，但固定成本、出行方式的选择和顾客密度对规划者来说才是最重要的，他们的工作是通过分区政策、社区规划、战略规划和城市设计导则直接影响这些因素。从店主的角度来看，品牌和定价也对商店的吸引力有重要的影响。所有这些因素结合到一起说明，没有一个民主的、以市场为导向的城市能够完全控制其街道商业——塑造街上商店模式的因素太多了。

每家商店的经营能力不仅受到很多因素的影响，而且类似商店的经营状况也可能因城市而异，甚至因月份而异。街道上每家营业超过一年的商店，都说明了它们在生存竞争中取得了胜利。我们今天看到的商店类型和模式反映了顾客的购物行为和店主的经营选择之间复杂互动的印迹，双方都足够满意，商店才能继续经营。当人们对商品和服务的偏好发生变化或者当经营成本发生变化时，商店都会发生变化。商店经营所需的每一项需求——顾客的购买频率、交通成本、商品价格、员工工资、房屋租金、顾客可达性，以及政府法规或城市形态——都会随着时间的推移而变化。因此，我们在城市街道上看到的商店模式每年都在调整，始终处于变化中。

第 3 章

商店集群如何形成

中心地理论和一维零售密度模型都描述了相互竞争的商店，然而并没有指出商店呈集群分布的原因。但是，两者均假定竞争商店之间的间隔距离是相等的，每一家都占据着相等的市场区，构成一种平衡的状态。克里斯塔勒的二维中心地理论暗示：在商店聚集的地方可以形成低阶—高阶中心，但它并没有解释为什么会发生这种情况。他的示意图给出的距离阈值和范围界定中，没有任何迹象表明商店可以从商店聚集中受益。

我们已经看到了商店聚集现象是如何始于交通便利之地——在时代广场、锡耶纳广场，或者就在当地地铁站附近。顾客越易到达的地方越会吸引商家，直到商店在此经营的利润与在其他地方持平时，商店数量才会稳定下来。这种类型的商店集聚是由外部环境因素引起的——主要交叉路口、主干道或中转站附近等交通便利的位置，这些地方对于顾客来说更加便捷可达。但另一方面，零售集聚也可能源于内部因素——商店之间的关系使得商店本质上就倾向于相互聚集。

图 36　位于巴黎圣米歇尔街的吉尔伯特 · 朱恩书店

照片由 Pascal Gobbi 拍摄

在巴黎塞纳河左岸的圣米歇尔街（Rue St. Michel）周围靠近索邦的地方，有着密集的书店集群。在这里可以找到各种书籍，从新出版的平装小说到精装的经典著作，从高度专业化的数学书籍到大部头的建筑石版画。这里有吸引大量顾客的大型多层书店，还有只提供英语、德语或拉丁语文本的专门语言类书店。在周末，街上甚至会有按重量出售书籍的露天书市（图 36）。

在不远处的圣塞弗林街（Rue Saint-Séverin），你会发现在午餐或晚餐时间，餐馆的客人络绎不绝。街道两旁有数百家餐馆，为背包客和高级食客提供美食——一家希腊回转餐厅挨着一家传统小酒馆，一家意大利餐厅挨着黎巴嫩风味的饭店。考虑到许多顾客都是游客，这些餐馆都在门口安排一位服务生拿着菜单，不时向行人招呼以吸引顾客。

在塞纳河右岸的玛莱区（Le Marais）是数百家服装精品店的所在地。在巴黎，购买时装的人可能会最先去逛玛莱区。这里没有百货公司（除了玛莱区在 Rivoli 大街上出售家用电器的 BHV 百货公司），在前奥斯曼大街交错密集的道路上遍布众多的小型服装店和酒吧。大多数商店与我们在大型购物中心常见的品牌店或连锁店不同，是法国或欧洲设计师自主设计的小众品牌商店。在这里，你可以找到设计师定制的价格不菲的 T 恤、手工制作的秋季大衣、日式木屐、用回收消防水管制成的袋子以及各种精心制作的珠宝。服装店和鞋店并排而立，似乎在争相招徕顾客。类似的竞争性零售集群在世界的各个城市中都可以见到。

早在 1937 年，地理学家马尔科姆·普劳德福特（Malcolm J. Proudfoot）就将 20 世纪初美国城市的商店空间格局划分为五种类型：（1）中央商务区；（2）郊区商业中心；（3）主要商业大街；（4）邻里商业街；（5）位置偏远的商店集群。[1] 这五种类型的零售集群一直延续到今天，还发展出了其他一些类型。在 20 世纪，以汽车为导向的购物中心，在某种程度上类似于普劳德福特郊区的商业中心，已经成为我们这个时代最重要的零售类型之一。许多关于零售商位置的文献研究都集中在这一类型上。还有沿公路商业带（strip mall）——类似于普劳德富特的主要商业大道，但是主要服务于私家车顾客，可能也会被列入 20 世纪重要的零售集群类型中。

为什么有些商店偏向于与其他商店组成集群？是什么让有些竞争商店相互吸引，而另外一些却相互远离？最初的地方为什么会形成零售集群？为什么有些商店的选址相对孤立呢？本章将解决这些问题。

多目的购物与互补商店集群

在第 1 章中，我通过对美国各个城市零售集群的分布图示，表明了零售和服务企业通常以集群的形式出现，每个集群可以小到 25 家商店，也可以大到上千家商店，由此形成一个连续的市中心零售集群。虽然在这本书中，我通常将零售集群称为至少包含 25 家商店的集群（图 2），但在本章中，集群将更广泛地用于描述两家或更多商店的集群动态变化。这些动态变化呈现的结果可以是我前文提到的巴黎大型购物区，也可以是仅有几家商店或餐馆相邻聚集在不起眼街角的商业集群。

新古典主义零售区位文献将提供各种产品和服务的商店集聚称为互补性零售集群或多功能购物集群：如剧院旁的冰淇淋店、蔬菜店旁的肉铺或服装店旁的餐馆。互补的零售集群通常包括餐馆和零售商。此外集群也会提供邮局、维修服务、银行和税务顾问、旅行社、理发店和美容院等。

推动功能互补的零售集群形成有两个重要原因。首先是顾客的交通和时间成本。举例来说，假如某人一次出行就可以完成购物、去邮局退亚马逊包裹和买一些鲜花三件事，比前往三个不同的地点完成这些事项更具吸引力。顾客去零售集群而节省的交通成本是促进互补性商店集群分布形成的主要“催化剂”。商品的种类越多，吸引的顾客就越多，两者建立了正反馈循环，从而激励商店在更大的异质性中心聚集经营。[2]

对人们的购物出行是单一目的还是多种目的的经验性研究发现：60%的出行是多目的出行。[3] 与非杂货类商店相比，多目的购物在杂货店购物中更少一些。[4] 多项研究表明：人们购物不一定选择最近的购物地点，而是经常在同一次出行中到不同地点的多家商店购物。对爱荷华州乡村地区的一项研究发现：只有 35%的受访者在最近的购物中心购物，这表明即使远一点，人们也愿意去更大的互补性商业集群购物。[5] 新西兰的另一项研究表明，随着目的地中心的规模增大，中心地理理论和前一章的一维零售密度模型所假定的最近中心惠顾假说逐渐站不住脚——大型购物中心使顾客为了获得更多的选择而放弃更近的选项。[6] 到小型购物中心的购物行程中，有 63% ~ 83% 选择了最近的目的地，而到较大购物中心的购物行程中，只有一半的购物行程选择了最近的目的地。这种差异可以通过在较大的购物中心地进行多目的购物能够节约交通成本来解释。

有关零售区位的文献表明，推动互补性零售集群形成的第二个重要原因是：互补商店可以为其他商店产生顾客溢出效应。假设商店之间的距离很短，高等级的商店可以提高周边商店的客流量。不同于互补性商店集群内发生的有计划购物，由于交通和时间成本的节省，顾客能够以较低的总成本购买到一系列计划之内的商品，顾客溢出效应使得低等级的商店会发生计划之外的购买行为。例如，一个人在街上逛服装店，可能会去同一条街上的一家咖啡店买咖啡，这样就可以避免需要单独去书店买书的可能。这就是我和妻子在伦敦的上街（Upper Street）所做的事情，正如本书开头所述，我们星期天早上完成购物计划后在那里买了咖啡。我们并没有专门去上街喝咖啡，而是事情办好后，在就近的咖啡店买了一杯。

顾客溢出通常具有方向性，从热门商店流向普通商店，或者从主力店（anchor stores）向非主力店（non-anchor stores）流动。因此，较小的非主力店是互补性商业集群的最大受益者。无论大型超市是否与其他商店聚集在一起,它都可能吸引顾客,而它周围的许多小型专卖店可能需要完全依赖于邻近大型商店产生的顾客溢出效应。然而，由众多小型商店组成的集群，也可能会在另一个方向上产生顾客溢出效应，即客流流向更高层次的主力店如百货公司。当一家百货公司位于繁华的商业集群附近，它不仅会给该地区带来新的顾客，还能受益于集群现有的顾客（图 37）。

图 37　纽约市布鲁克林区布什维克百老汇沿街的商店集群

注：这些相邻的商店有互补性，也有竞争性：一家巴西咖啡馆、一家卡拉 OK 餐厅、一家 99 美分的商店和一家中国外卖餐厅。

对购物中心的经理来说，顾客溢出效应是一个熟悉的话题，他们总会想方设法协调这些收益来达到最大化。有计划地把控购物中心溢出效应的影响可以最大程度地提高购物中心的整体收入。该理论是这样的：商店集群中的某家特定商店，它的销售额取决于店中的商品种类。[7] 当商品种类增加时，销售额也会上升。在互补商店溢出效应的影响下，销售额也可能依赖于集群内附近其他商店提供的商品或服务的多样性。如果附近的商店产生了积极的顾客溢出效应，那么随着附近商店因为提供更好的商品而增加了销售量，原本第一家商店的销售额也会增多。但如果两家店之间不存在溢出效应,那么邻近商店销售额的增加对第一家店没有任何影响。但是,如果集群包含多个相同类型的商店，那么这些商店之间的竞争可能会降低顾客溢出效应。例如，如果有两家鞋店，那么由于竞争，邻近商店销售额的增加可能意味着第一家店的销售额减少，反之亦然。

图 38　布拉格的 Arkády Pankrác 购物中心

照片由 Martin Vorel 拍摄

遵循这一逻辑，收集每种类型商店之间实际的顾客溢出效应的详细数据，对商店类型和商店占地面积进行有目的的规划安排，可以最大程度地提高整个购物中心的利润。事实上，在购物中心精心安排商店位置，以获取最大数量的计划外溢出效益（unplanned spillovers），从而提高顾客的总消费金额，已经成为购物中心行业的一门学科（图 38）。

与未经协调的街道商业相比，这种做法在集中管理的购物中心很常见，并且是购物中心盈利的主要原因之一。购物中心的业主可以选择租户，使得商店间的外部效应最大化，来提高整个商场的利润。对商业空间的共同所有权让购物中心业主有机会选择，并安排租户在合适的位置，避免不必要竞争，并且可以通过补贴政策吸引与现有商店互补的商店租户。

大量的实证研究对购物中心的顾客溢出进行了分析，其中一些研究考察了不同类型非主力店的"溢出效应"或"零售兼容性"（retail compatibility）的程度。[8] 其他一些研究则探讨了顾客溢出效应产生的利润规模。一项以美国 54 个区域性购物中心为样本、聚焦商店零售兼容性程度的研究发现，在能够为主力店租户提供更多空间的购物中心里，九种商品类型中有八种商品类型的非主力商家的销售额较高。[9]

规划型购物中心的租户混合盈利理论，也促使许多研究人员寻找隐含在租户租金合同中的顾客溢出效应的证据。购物中心业主普遍的做法是：根据商店对购物中心整体收入的预期影响收取租金。[10] 那些能吸引顾客的主要商店如百货公司，通常支付较低的单位面积租金，那些往往并非顾客计划光顾的商店则往往支付较高的单位面积租金，因为其客流量大部分来自其他商店。这种租金差异可以看作是主力店为非主力店带来顾客溢出效应的隐性证据。[11] 大型主力店（例如百货公司）往往在广告宣传上花费大量资金，这对商店本身和周围的所有商店都有好处。[12]

因此，购物中心和主要街道上商店的互补性聚集可以用两个相关现象来解释：一是顾客交通成本的节省，二是商店的顾客溢出效应。但是，正如我们在巴黎看到的书店、服装店和饭店一样，竞争激烈的零售商有时也会聚集在一起，他们销售非常类似的商品。在书店、饭店、服装店、配饰店之间也常常会看到竞争商店的集聚现象，有时甚至在商品几乎相同的竞争对手（如加油站）中也是如此。

根据我们在前一章提到中心地理论和的一维零售密度模型，相互竞争商店之间的距离应该远一些，使彼此之间的距离均衡。那么，为何竞争商店会选择同一地点开设商店？为什么某些类型的商店通常会与相竞争的商店聚集，而其他类型的商店则不会？

竞争商店的集群分布

我已经讨论了可达性优势是如何促使相互竞争的商店集中分布在城市交通最便捷的位置。一些位置出现竞争性集群的外部原因是更便于顾客到达，能够为同一地点的多家商店提供足够多的顾客。此外也有一些内在原因促成竞争商店的集群分布：（1）竞争商店搬迁的风险；（2）顾客对比相似商品需要付出交通成本；（3）竞争集群中的商品低价。

哈罗德·霍特林（Harold Hoteling）在 1929 年的论文“竞争中的稳定性”（Stability in Competition）中最早对竞争集群做出了解释。[13] 霍特林以海滩上的两个冰淇淋销售商为例，说明了对于这种完全非弹性需求的商品，[14] 卖家之间的竞争性价格和位置博弈如何产生一个平衡点，使得两个卖家在空间上聚集。

这个例子是这样的：假设在同一个海滩上有两个卖冰激凌的商家，顾客均匀分布在海滩上，且两个商家售卖的冰淇淋几乎一模一样。如果一个商家位于海滩中心和海滩一端之间四分之一的位置，第二个商家位于另一端的同一点，那么这两个商家服务的顾客数量相同，营收也是相同的。这就形成了一个对该海滩上商家和所有顾客而言的社会最优平衡状态，顾客到达商家所需要的步行距离最短。这意味着顾客交通成本最低，没有比这种方式更好的商家位置。

但是，如果其中一个商家向另一个商家靠近，那会发生什么呢（图 39）？第一个商家的市场面积增加了，因为它的新位置可以接触到更多的顾客。但该商家收入的增长是以另一商家营收降低为代价的，后者现在的顾客数量减少了。

当看到第一个商家的顾客数量增加，第二个商家自然也想向中间移动以吸引更多的顾客。因此，两个商家可以针锋相对地移动并最终相聚于海滩中心。在这种情况下，他们收入相等——两个商家都不会从更多的顾客中受益。实际上，只要其中一个商家从海滩中心离开，它的顾客就会转移到另一个商家。海滩中心是竞争对手都不愿意离开的唯一位置——无论其他商家如何移动，位于海滩中心的商家的营收都不会减少。因此，商家都不愿意离开海滩中心，因为这样只会导致销售额下降。这就是所谓的纳什均衡（Nash Equilibrium），以著名的普林斯顿数学家约翰·纳什（John Nash）命名，他因推广这一结果而获得了诺贝尔奖。在纳什均衡中，每个商家都能看到对方的移动，并且都没有动机改变自己的位置而不用承受负面后果。

但是对于顾客来说呢？如果两个商家都位于海滩中间，从海滩两端来的顾客需要比以前走更长的距离。当商家在我们开始所说的海滩 1/4 和 3/4 位置时，顾客行走的距离最短，且两个冰淇淋亭的顾客数量仍是相同的。从社会角度来看，这个案例中在纳什均衡状态下、位于海滩中间的商店分布显然更糟，但是竞争对手位置变换的不确定性显然会促使商家聚集在一起。

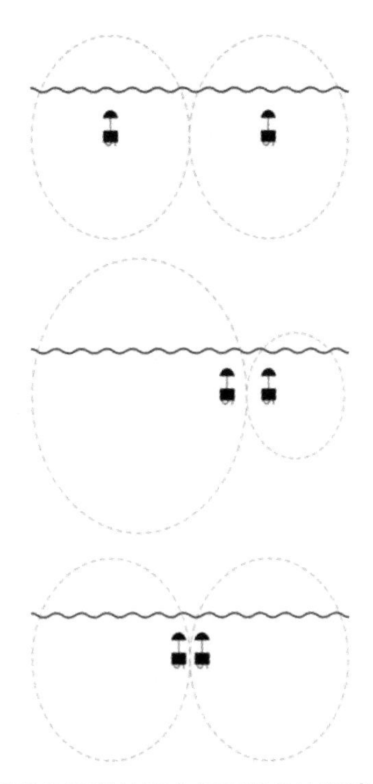

图 39　霍特林列举的两个相互竞争冰激凌店的案例

上图：社会最佳解决方案。中图：卖家之间的竞争状态。下图：纳什平衡下卖家聚集于海滩中心。

霍特林的竞争性集群的例子可能适用于可以移动且移动成本很低的冰淇淋亭。然而，商业房地产市场的搬迁成本是不可忽略的。实际上，实体店的搬迁成本可能非常高。零售商可以签订 5 ~ 10 年的租赁期，如果租赁中断，商家需要支付高额的违约金。即使商户拥有自己的店铺，搬迁到其他位置也同样麻烦。除了直接的搬迁成本外，那些营业时间较长的商店可能已经获得了一定的知名度——顾客可能已经将特定的位置与特定的零售商联系起来。如果商店搬迁，收入尤其短期内的收入可能会减少，即使从其他方面看新地点和旧地点一样好。迁店还可能会加重员工的负担，他们的出行可能由于通勤方式的变更而需要调整。对现有员工形成的不便也会增加招聘新员工、薪资谈判等方面的成本。最后，搬迁到新位置有不确定性。店主知道他们在现在位置的顾客量、营收，但是搬迁后顾客还会来吗？商店能否维持下去？——这些都是未知的。如果一家商店因为搬迁而失去了很多顾客，那么成本也无法收回。所有这些使得商店在城市环境中的搬迁与霍特林描绘的移动冰淇淋亭相去甚远。

霍特林的模型还假设，两家冰淇淋商店分布在沙滩上的 1/4 和 3/4 位置与都位于沙滩正中的营收是相等的，尽管从社会学意义上讲，前者位置最优，后者则产生了浪费。但这没有考虑到冰淇淋需求的价格弹性，产品需求的价格弹性表明了产品价格的变化会影响产品的销售额。对于非弹性商品，当价格按照一定比例增长，对应的销售量不会下降很多。例如，当电价上涨 10%，人们可能会稍微减少用电量，但并不意味着电的使用量会下降 10%，因为电能很难被其他形式的能源替代，因此对电能的需求相对缺乏弹性。霍特林的模型假设去海滩的人对冰淇淋的需求缺乏弹性，即增加购买冰淇淋的总成本（包括走更长的路）并不会减少冰淇淋的销售量。这就是为什么商家无论是聚集在海滩中间位置，还是处于社会效益最优位置即顾客步行时间更短的分布下，其营收可以被认为是相同的。然而，实际上对冰淇淋需求是有弹性的。作为一种非必需品，它有合理的替代品，如冰苏打水等。若增加购买冰淇淋的交通成本会导致冰淇淋销量的减少。因此，选址在海滩的中间并没有好处，所有商家的销售量都会减少。

同样，在城市中实体店的搬迁成本也很高，而且对大多数零售、食品和个人服务企业的需求也并非完全没有弹性。成本的增加，包括购买商品的交通成本，确实会导致销售量的减少。因此，若所有的商店都集中在一处，既不利于商店盈利，对顾客而言也是浪费。实际上，零售店确实分布在多个不同规模的集群中，如我在第 1 章所述。

其次，有关于零售区位的研究表明，另一个导致竞争商店聚集的内在原因是人们的购物行为。出售相似商品的竞争性商店聚集在一起，能够降低顾客比较价格、商品的时间和交通成本。[15] 霍特林认为，竞争集群是一种“社会性浪费”（socially wasteful），但实际上对顾客却是有好处的，因为它节省了顾客的搜索成本，无需去往不同地点找寻同类商店。但不同于之前提到的从主力店到非主力店的顾客溢出效应主要为单方向即有利于非主力店，由比较购物（comparison shopping）导致的需求增长通常对两家店都有利。

商店集群对于那些喜欢比较价格和产品的顾客而言可能有益的，但对于商店而言，竞争性集群可能会产生两个重大问题。首先，如果竞争商店离得很近，那么顾客必然会分散到不同的商店中。如果现有市场的顾客仅能维持一家商店的营业，那么新增一家商店可能会导致这两家商店都破产，从而对集群聚集产生强烈的抑制作用。

其次，相似商店之间的顾客竞争会迫使商店降低商品价格，从而减少收入。区位独立的零售商在其市场区内始终拥有一定程度的垄断权。当商店在空间上分散分布时，合理地抬高价格可以增加利润，且不会减少客流量。因为对于顾客们来说，次优选商店的位置相对偏远，缺乏便利性。从理论上讲，位置孤立的零售商家可以将价格提高到一个包括交通成本在内的总价格仍略低于次优选商家的水平（图 40）。

图 40　相互竞争的加油站销售相同的产品，但价格差异很小

在麻省理工学院的校园内，有一家名为 LaVerde’s 的超市。它是校园内唯一的超市，位于学生中心内，也是距离查尔斯河沿岸大学生宿舍最近的超市。下一家超市位于中央广场附近，沿着马萨诸塞大街步行大约十分钟（半英里路程）才能到达。大多麻省理工学院的学生，觉得 LaVerde’s 超市的价格略高于镇上其他类似的食品超市。例如，在 LaVerde’s，一加仑牛奶的价格为 4.89 美元，而在这条街上其他商店的价格为 3.99 美元。[16] 然而，对于那些不想步行到更远的其他超市的学生，LaVerde’s 仍然很受欢迎。如果麻省理工学院的学生按照马萨诸塞州的最低工资标准（每小时 11 美元）来估算自己的时间，那么步行 20 分钟（单程 10 分钟 ×2）相当于一个小时的三分之一，即 3.67 美元。只要在 LaVerde’s 的花费不高于其他超市 3.67 美元，它仍然是学生们更经济的选择。[17] 这足以激励学生在校园内进行小额消费。但是，对于那些购买更多商品的学生来说，LaVerde’s 方便的地理位置所节省的交通费用就没有意义了，去其他更远的超市可以省下更多的钱。

当零售商面对紧邻的直接竞争对手时，独立区位所产生的垄断优势就会消失。两家竞争性的零售商店可能形成双头垄断，根据各自的想法提高价格使两家商店都有利可图，但是竞争者之间的这种默契是脆弱的。随着商店数量的增加，垄断价格增加的可能性急剧下降。研究表明，竞争性集群通常为顾客提供更低的价格。[18]

较低的价格和允许货比三家可以吸引更多的顾客光顾竞争性集群，超过了独立店铺顾客的总和。因此，如果与竞争对手聚集在一起而增加的客流量超过了由于竞争而损失的客流量，那么竞争商店将倾向于集群分布。如果书店群、鞋店群、餐厅群或服装店群的顾客数量大到足以让每一家商店产生的销售额高于其单独经营的销售额，那么每家商店都愿意与竞争对手聚集在一起。巴黎左岸街区（Rive Gouche）的书店、玛莱区的服装精品店、剑桥的餐厅以及洛杉矶市中心的花店都与竞争对手毗邻，因为这样做比独自经营能带来更多的顾客。

但是，并非所有商店都同样看重竞争性集群。竞争集群在搜寻品（search good）中很常见，这些商品的价格和产品比较对顾客非常重要，而且无法通过电话或互联网等远程通信渠道进行比较，只有亲自到店比选才实际可行。早在 1952 年，出生于匈牙利的美国经济学家蒂博尔・西索夫斯基（Tibor Scitovsky）就观察到："当大多数买家都很专业，坚持在每次购买前都要检查和比较价格，那么为这种比较提供的便利就符合卖家的利益。例如，如果买方必须在五个选项中进行选择，其中四个很容易比较，而第五个不容易比较，那么他将集中精力在这四个中进行比较和选择，可能会完全忽略第五个。因此，每个面对专业买家的卖家都希望靠近竞争对手，使自己的商品容易与其他商品进行比较。"[19]

另一方面，便利商品（convenience goods）的卖方不太可能与竞争对手形成集群，因为到店触手比较没有什么意义。例如，通过手触酒瓶比较不同酒类商店的酒品对于购买决策几乎没有影响——每家商店的商品基本上都是一样的。但在鞋店试穿鞋子或在花店闻到花香则可能是决定是否购买的关键一环。这种差异解释了为什么鞋店和花店会聚集在一起，而酒类商店则不会。

比较购物在影响竞争集群方面的作用已得到大量经验证据的验证。研究发现，用于比较购物的零售商品种类是预测购物中心销售额的有力因素。[20] 提供更多可供比较的搜寻品会吸引更多顾客。另一项研究结果表明：购物中心内相互竞争的零售商家数量与购物中心的收入显著相关。[21] 同类商品的多样性可以成为顾客购物目的地选择的最有力预测因素之一，这也证实了这样一个假设，即存在内部竞争的集群比孤立存在的相同数量的竞争商店更能吸引消费者。[22] 针对美国六家购物中心 1200 人的调查发现，没有明确购物清单的访客和查看未来可能购买商品的访客占所有购物之行的 62%。[23] 约三分之二的购物中心访客没有立即购物计划，而是前来观察和比较他们将来可能购买的商品。

我们对竞争性集群的了解大部分来自对于购物中心的研究，而不是城市街头的商业。由于缺乏数据以及难以控制影响商店集群分布的内外因素，分析商业大街竞争性集群的实证尝试一直存在困难。在香港旺角区的街道上，鞋店的集群分布是由于商店之间内在的相互吸引？还是受到外部因素，例如周边商店密度或是能为竞争商店提供足够客流量的交通便利性的影响（图 41）？

图 41　香港互相竞争的鞋店集群

在最近一项关于剑桥和萨默维尔的城市零售集群的研究中，我预测了不同类型的零售商与竞争对手相聚集的趋势，这同时解释了区位产生的外部效应与类似商店相聚集带来的内生效应。[24] 表 6 展示了六种零售商店的聚类系数（Rho），样本量足够大。系数越大意味着这种商店与其竞争对手呈集群分布的可能性越大。这些系数是在存在其他协变量的情况下算得的，这意味着是在考虑了其他位置因素的影响后（如就业机会、居民、公共交通或该地区的行人交通），计算出的商业聚集的可能性。对于每一组类型，不管这个城市有多少家这样的商店，我都随机抽取了 90 家作为样本，以便在不同类别的商店中做出无差别的估计。[25]

出售体育用品、爱好用品、音乐和书籍的商店最有可能与竞争对手聚集分布（Rho=0.82）。这些商店出售典型的容易比较的商品，顾客倾向于从一个商店逛到另一个商店。人们喜欢在书店内看书，而旁边的书店通常能提供略微不同的书籍选择。例如，在哈佛广场周围，有八家不同的书店——一家大学合作书店、一家历史悠久的独立书店、一家诗歌书店、一家二手书店、三家漫画书店和一家儿童书店——每一家都有独特的风格与选择。

六类零售和食品企业的聚类系数 **表 6**

商店种类	NAICS 代码	聚类系数	z- 统计量
体育用品、爱好商店、书店、音乐商店	451（n=90）	0.82	***（6.50）
餐饮服务和饮酒场所	722（n=90）	0.56	**（2.44）
电子和电器商店	443（n=90）	0.42	*（1.86）
服装店	448（n=90）	0.33	**（2.06）
零售商店	453（n=90）	0.25	~（1.64）
餐饮店	445（n=90）	0.10	（0.70）
显著水平~ $p<0.25$，*$p<0.1$，**$p<0.05$，***$p<0.01$			

餐馆和酒吧的聚类系数紧随其后。餐厅相互之间几乎是完美的竞争对手——虽然有很多餐馆可以去，但是人们只在一家餐厅吃饭。虽然餐馆之间存在竞争，但作为一个集群的餐馆似乎比分散经营能吸引更多的顾客。英曼广场（Inman Square）和戴维斯广场（Davis Square）是剑桥和萨默维尔竞争性食品供应集群的两个案例，在这两个广场周围超过三分之一的零售、食品和服务企业都与食品和饮料产业相关。[26]

外出就餐通常是一种社交活动——很少有顾客独自去餐馆酒吧吃午餐或晚餐。可供选择的餐饮店越多，社交就餐就会变得越容易。也许今天一起吃晚餐的同伴不想吃海鲜，想去吃印度自助餐；也许有一家餐厅排队的人太多了，或者每个人都想在晚饭后吃个甜筒冰淇淋或喝杯小酒。同时提供这些需求的竞争性餐饮集群能够吸引很多的顾客。

这项研究还显示了电子商店和服装服饰商店之间的竞争性集聚。哈佛广场附近共有 33 家服装和服装配件商店，这些商店之间相距只有几分钟的路程。在周末，顾客通常从一家服装店逛到另一家服装店，他们会看看流行的款式，比较更优惠的价格或找找附近商店提供的配套穿搭：一双搭配新牛仔裤的鞋子、一双搭配礼服的手镯或一双搭配冬大衣的手套。就像餐馆、业余爱好商店和书店一样，邻近竞争对手的服装店也吸引了更多的顾客。

表 6 中最后两个类别代表便利品商店——杂货店、饮料店和其他零售商（例如，CVS 便利店、沃尔格林）。这些商店的聚类系数最小，完全符合竞争集群理论；从最后一列的 z- 统计数据来看，在实际统计上也不显著。两家或两家以上的超市距离很近没有什么好处。超市往往售卖相似的杂货用品，虽然商品的价格有所不同，但是顾客通常会提前知道价格的变化，因此顾客很少浪费时间在一家又一家的杂货店里挑选面包或蔬菜。然而，杂货店往往与配套的农产品商店聚集在一起——鱼贩紧挨着蔬菜店，冰淇淋摊紧挨着餐馆。诸如 7-11 或沃尔格林这类的便利店也逐渐倾向于销售标准化商品。这些商品在不同的商店之间差别不大，顾客几乎不会有比

较购物的想法。因此，我们很少发现便利店分布在竞争对手旁边。

就像氢键将水分子结合在一起一样，零售商是通过商店之间的聚集力联系在一起的。然而，氢键不能将景观中的所有水都聚集在一个大的水体之中——相反，不同大小的水体会分成水滴、水坑、池塘、湖泊和河流，在地球引力的作用下聚集在天然的盆地、峡谷和山谷中。同样，集群效应也不足以将一个城镇的所有零售商聚集在一个大的聚集区中。相反，正如我们在第 1 章中看到的齐普夫定律所描述的那样，这些集群被划分为不同的等级，向着每个城市中的有利位置聚拢。[27] 促使这些集群和个体商店转移的区位吸引力和场地特征就是第 5 章的主题。

但首先，我们需要先讨论另一种形式的商店集群。这种集群形式与商店间的外部性无关，与位于特定互补商店或竞争商店旁边的潜在倾向无关，但与商店集群的福祉和经营策略有关。

第 4 章

协调的集群：商业改进区、合作社与购物中心

在 20 世纪 90 年代初期，洛杉矶市中心并不像今天这样备受人们追捧的生活、工作和娱乐场所。1992 年，洛杉矶就曾发生过大规模的街头暴乱，当时居住在市中心区的有色人种居民因为遭受经济边缘化和低水平服务，而与警察和企业主发生了冲突。引发这场暴乱的导火索，是 1991 年四名洛杉矶白人警察在一起案件中殴打黑人司机罗德尼·金（Rodney King）却被无罪释放。暴乱中，数百家商店被洗劫，汽车被烧毁，还有 50 人死亡。两年后，洛杉矶又发生里氏 6.7 级地震，造成 57 人死亡，财产损失达数百亿美元。这两起事件使得市中心本就不安定的状况雪上加霜。[1]除了那些在市中心生活或工作的人，很少有人会在这里购物、用餐或者散步。

1995 年，地震发生一年后，市中心区的一群地产业主齐聚一堂，协力促成了洛杉矶第一个以地产为基础（property-based）的商业改进区（BID）的形成。在 56 号服装产业街区的近 60% 的业主签署了一份建立商业改进区的请愿书，所有签署该文件的业主都同意在原有地产税（property taxes）的基础上支付额外的费用来成立一个协会，促使他们的投资能够用于各自企业所在街道的管理和环境改善。在确立商业改进区之后，这里的街道安排了私人雇用的治安巡逻队，并组织了一些团队负责清除墙面涂鸦与清扫垃圾，同时开始将这一地区作为洛杉矶的时尚街区进行营销。商业改进区的成员们还成功地游说市政府通过了一项适应性再利用条例，该条例允许开发商将原本的工厂和办公大楼改造成住宅公寓。

新的企业开始入驻，公众对市中心街道治安的信心逐渐增强，游客也开始注意到这一地区。开发商将以前空置的多层工业建筑改造成了时尚的住宅，大窗户由铁竖框和方形玻璃砖组成。每天都有身着鲜艳衬衫的私人雇佣的工人涌入市中心，为这一片区提供安保、收集垃圾、清除涂鸦、清洗步道，保持市中心的整洁，以满足来自城市各处不断增加的游客。

在此影响下，附近还形成了其他的商业改进区。例如，艺术区（Arts District）与市区中心（Downtown Center）、南方公园（South Park）、小东京（Little Tokyo）和唐人街一起建立了商业改进区。到 2018 年，洛杉矶市中心已有 9 个商业改进区，全市共计 41 个，提供私人场所管理服务几乎覆盖了中心城区的每个角落。

洛杉矶的许多人都相信，商业改进区通过积极的设施维护和安保服务，帮助市中心区扭转了曾经荒凉的局面，而这些服务所需的费用是原本市政府无法负担的。不过，其他人则对商业改进区的做法持有严厉的批评态度，并告诫公众不要对公共空间进行私人管理。一些人认为商业改进区在早期的市中心街区复兴中确实功不可没，但现在已经成为不希望发生的绅士化的催化剂。他们认为商业改进区的主要受益者是那些已经成功的大企业，对于当地的小商户反而带来了不必要的负担。但是很少有人认为商业改进区在恢复洛杉矶市中心区街道商业方面没有发挥任何作用。

商业改进区通过在城市的特定区域提供协调的场地维护、市场营销和场所营造服务，弥补了原本格局不协调的街道零售和服务集群相较于高度规划的购物中心暴露出的一些缺点。在一些情况下，商业改进区帮助街道商业从先前由于落后的城市服务、商店间的不协调关系或缺乏有组织行动导致的糟糕环境中恢复活力。但是作为组织，其往往吸纳、偏袒一些成员，排斥其他成员，商业改进区也因此经常受到外界的批评和争议。

商业改进区

商业改进区（BID）是一种半官方组织（即公私合作伙伴关系），为许多企业和业主提供集体融资服务，而这些服务是城市政府无法提供的；同时还能提高组织成员的吸引力、竞争力或者公共福利。[2] 总部设于华盛顿特区的国际市中心协会（International Downtown Association），这是代表商业改进区在国内外利益的一个网络组织，该协会为商业改进区的界定设立了三项基本条件。

第一，商业改进区必须是公共授权区域（publicly authorized districts），即在明确界定的空间范围内，获得公开批准的非营利实体，且应包括两家或更多的企业。商业改进区的规模各有不同，通常在大城市中的规模更大。在纽约市，一个典型的商业改进区包含 343 家零售商和大约 1180 家企业。在美国大多数的商业改进区内，所有物业或者企业都必须要缴纳一些费用。这些费用通常由地方政府代表商业改进区出面征收，不过也存在少数商业改进区有权直接征税。商业改进区的征税是在固定市政财产税的基础上，采用与财产税相同纳税机制征收的附加税。在商业改进区地界内的所有业主都有缴纳税款的法律责任，无论他们是否支持设立商业改进区。许多商业改进区还拥有额外的资金来源，包括赠款、实物捐助和筹款收入等。[3]

与在美国市中心流行的自愿商业协会不同，商业改进区是由市政府正式成立的，通过征税为商业改进区提供资金来强制参与。在自愿商业协会中，存在部分“搭便车”的动机，因为个体商户无需成为会员或者缴纳会费就能够享受到协会服务带来的利益。比如街道清扫、安保措施和公共空间改善带来的整体效益，就难以轻易将

图 42　位于洛杉矶时尚街区（商业改进区）的圣提街

那些没有入会的个体商户排除在外。而一旦设立商业改进区，个体商户在财政上的参与是不可避免的，并且将由当地政府强制执行（图 42）。

第二，商业改进区是由一个非营利机构监管的，该机构拥有实质上独立的政策制定权。尽管商业改进区的资金通常由地方政府筹集，但这些资金是由选举产生的、企业主和市政代表组成的商业改进区委员会来管理。因此，商业改进区除了同大多数传统的非营利组织一样接受政府拨款以外，还拥有决定筹资额度、资金使用方式以及服务水平的重大权力。这种权力必须限制在每个州或自治市管理商业改进区的法律或契约范围之内。

第三，为了全体参会企业的利益，商业改进区会采取一系列不同类型的行动，包括街道清扫、安保维护和市场营销等。有些商业改进区还致力于吸引新租户，并为建筑外观的改造提供拨款。此外，几乎所有行动都是当地政府政策所推行的。这些服务和行动仅在商业改进区的空间区域内进行。例如在纽约市，人们可以循着标有商业改进区标志的黑色铁制垃圾桶来分辨曼哈顿商业改进区的空间边界，因为这些垃圾桶就分布在商业改进区范围内的街道边。

1970 年，在当地企业主的倡议下，第一个商业改进区在加拿大多伦多成立。到 1974 年，商业改进区已经传入美国，首先出现在新奥尔良。截至 2011 年，美国已有超过 1200 个商业改进区。[4] 其他设立商业改进区的国家还包括英国、新西兰、澳大利亚、南非、牙买加、塞尔维亚、阿尔巴尼亚、德国、爱尔兰和荷兰。强调公共空间维护的商业改进区更有可能在房地产业主认为市政府未提供足够公共空间管理、清洁和安保服务以造福企业的环境中成立。那些拥有良好安保和卫生现状的商业区通常不会形成商业改进区。例如，马萨诸塞州剑桥市的哈佛广场是波士顿地区的首要集群，其大部分由独立商店组成，而这一地区并没有设立商业改进区。这里确实存在一个自愿缴费参与的商业协会，会提供一些类似商业改进区采取的服务——栽植美观的街道植物，在繁忙时期增加额外的清扫等，最重要的是还会组织大量的公共活动、市场宣传和节庆活动帮助协会提高收入。不过在提供清扫街道、清除涂鸦、安全保障、基础设施和公共交通维护服务方面，城市所做的已经面面俱到，因此没有必要再私自雇用相关服务。除此之外，我们发现其他拥有类似高质量市政服务的城市也不需要设立商业改进区。

商业改进区能发挥多少作用?

目前还不清楚商业改进区的做法实际上取得了多大成功、产生了多大效益。大多数针对商业改进区的绩效评估都是由商业改进区自己编制的，这就带来了潜在的利益冲突和可信度问题。[5] 商业改进区通常不会定期提供具体的评估报告，事实上也没有法律要求它们这样做。[6] 其次，商业改进区内部由其本身直接引起的明确的积极影响很难被证明。即使在评估期间，商业改进区范围内的地产价值或收入明显提升，也难以将商业改进区提供的服务与影响该地区及其周边其他城市环境的空间、政策或社会经济趋势区分开来。为此，选用合适的计量经济学研究方法是必要的，尽管这已然超出了大多数商业改进区的分析范畴。第三，我们很难确定一个最佳指标来衡量商业改进区是否成功。商业改进区带来的积极影响包括企业营收增加、店面空置率降低、犯罪率降低、地产价值提升或是对该地区不同类型访问量的提高等方面。

兰德公司（Rand Corporation）在洛杉矶进行的一项广泛调查得出的结论说明，商业改进区的引入对于减少犯罪确实有微弱的积极作用。[7] 针对调查选定的商业改进区与洛杉矶市中心类似对比地区的犯罪统计纵向分析表明人际暴力犯罪率，尤其是抢劫率，在商业改进区设立后的确有所下降。尽管从统计学角度来看是显著的，但商业改进区发挥的作用较小——在 1994 ~ 2005 年的同一评估期内，商业改进区的抢劫案下降了 7%，而非商业改进控制区的抢劫案减少了 5.7%。[8] 正如预期那样，在安全方面投入更多资源的商业改进区也见证了暴力犯罪案件的大幅度减少。相比之下，其他类型的犯罪（如与财产相关的犯罪情况）在商业改进区和非商业改进控制区之间没有表现出差异。

来自哥伦比亚大学的斯黛西・萨顿（Stacey Sutton）研究了 2000 ~ 2008 年间商业改进区形成对纽约市零售销售额和就业情况的影响。[9] 她通过全国商业时间序列（NETS）数据库的纵向信息评估了三种不同类型的商业改进区的经济成果——包括大型企业聚集的商业改进区，如时代广场和弗拉特隆 23 街合伙企业（Flatiron 23rd

Street Partnership）；沿零售地带分布的中等规模商业改进区，例如曼哈顿 125 街和皇后区牙买加大道（Jamaica Avenue）；以及小型社区商业改进区，这些商业改进区通常在经济状况较差、零售空置率较高且人流量较少的市场运营。萨顿还对商业改进区与城市中相对应的非商业改进区的零售业集群进行了评估，发现商业改进区对零售销售额和就业的影响在三种类型之间存在显著差异。在大企业聚集型商业改进区中，零售销售额和就业率与控制区相比都呈现出因改进区形成而增加的趋势，而在社区级商业改进区中则表现相反。事实上，在商业改进区设立后，后者的销售额与零售业就业率反而下降了。萨顿认为，这一令人困惑的发现部分是因为社区商业改进区的预算较小，主要用于业务保留和街道维护；而大型商业改进区在市场营销、活动项目和企业招聘上花费了更多的资源。但与此同时，小型社区商业改进区也包含更高比例的当地社区成员所有的独立企业。考虑到社区商业改进区在纽约市的数量最多，萨顿警告说，“相对于可比较地区，社区商业改进区似乎阻碍了销售额和就业率的增长，没有为独立零售商的经济衰退缓冲发挥应有作用”。[10] 当所有商业改进区作为一个群体时，无论规模大小，与从未采用商业改进区的城市相似地区相比，无论是零售销售还是就业都没有统计学上的显著影响。考虑到业界普遍认为商业改进区对经济有积极作用，这一结果令人惊讶。

此外，另一项研究考察了加州商业改进区的形成，得出的结论是：与没有设立商业改进区的地区相比，改进区确实对房地产价值有积极影响，但这种影响在大型与小型房产之间的表现并不均衡。[11] 大型房地产所有者和主要大租户通常是最支持设立商业改进区的，同时也是因为商业改进区而获得房地产增值幅度最大的。[12] 纽约和洛杉矶的研究都表明，商业改进区往往更有利于连锁企业和大型商业运营商。关于商业改进区对小型独立企业产生积极影响的证据很少。《新共和》（*New Republic*）杂志甚至宣称“商业改进区是一种受宠的新自由主义实践，将混合收入社区变成了在全国任何奥特莱斯购物中心都可以找到的连锁商店”。[13]

在图 43 中，我比较了洛杉矶商业改进区与非改进区内零售业集群中的三种类型商业，即零售业、餐饮业以及个人服务业的人均年销售额横截面数据。根据图表显示，商业改进区内零售业集群的员工人均销售额与非改进区相比并没有显著提高。这说明从零售商的角度来看，商业改进区的积极作用似乎没有其自我报告中经常宣称的那么显著。这与萨顿对纽约的研究结果一致，也就是说在纽约商业改进区的设立并没有使小型社区商业改进区中的独立社区零售商受益。

协调商户组合

除了与独立或分散的零售集群相比有争议的优势外，设立商业改进区的另一个常见原因是为了加强零售集群同购物中心的竞争能力。与购物中心类似，一些商业改进区并不只是等待理想的商家加入他们的组织，而是会用一系列营销策略和激励方案来吸引商家。许多商业改进区在店面出现空置时会采取营销活动来招揽理想类型的商家。这种软协调的形式包括联系改进区需要的商业经纪人，以及通过各种媒体渠道发布店面空置的招商广告。国际商务区协会（IDA）是一个总部位于华盛顿特区的组织，代表着商业改进区在国内和国际上的利益。据估计，美国大约有 82% 的商业改进区开展过内部或外包营销活动，62% 的商业改进区采取直接招商形式。[14]

但购物中心与商业改进区的关键区别在于参与企业之间的金融租赁协调能力。正如我们在前一章所看到的，在所有规模的购物中心中，业主通常会根据租户预期的顾客吸引力以及对整个购物中心的财务影响，为不同租户提供不同比例的租金合同。这是一个关键优势，使购物中心能够在财务上规划一个可盈利的商户组合。区别对待的租赁方式在吸引大型主力商店方面极有价值，如果没有补贴，主力商店在城市街道上的固定成本可能会高得多。如果购物中心与闹市街道的人流量相同，大品牌商店就不会有什么动力去选择昂贵的商业大街作为店址，并支付每月数万美元的租金，因为它在购物中心内几乎可以免费获得一处店面。

我还未发现任何证据表明，任何商业改进区通过货币租赁的激励措施作为购物中心参与了类似水平的业务协调。要实现这一点，就需要向一个业主提供具体的货币激励，以较低的租赁价值接纳商家，而这将会对周边其他商家产生相当大的溢出效应，由此所得的额外收益将共同补偿第一个业主的损失。

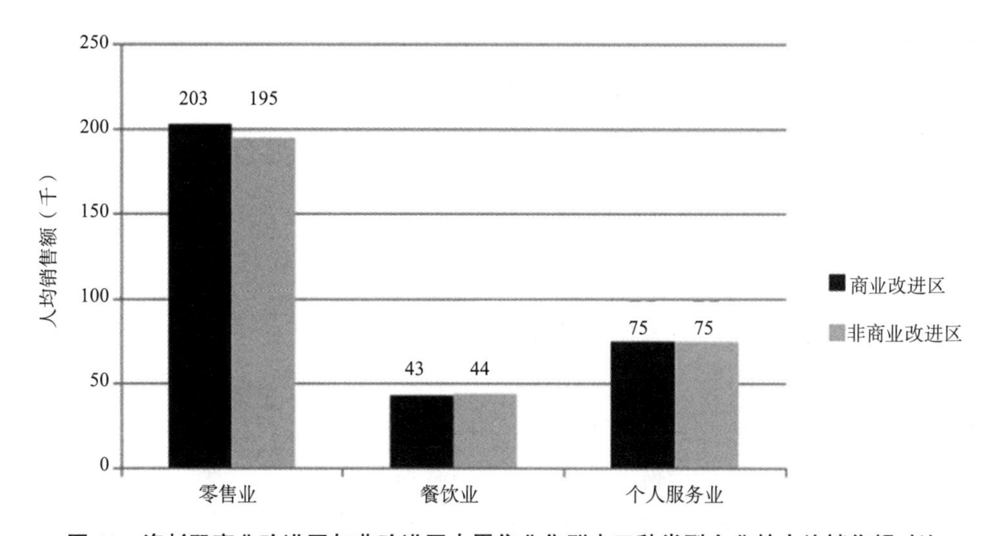

图 43　洛杉矶商业改进区与非改进区内零售业集群中三种类型企业的人均销售额对比

数据来源：ESRI 商业分析模块附带的 Infogroup 2010 年企业名录

因此，在一系列合作中，商业改进区介于独立和分散的商业集群与购物中心之间。不同于独立和无组织的商店集群，商业改进区确实提供了一系列协调商户的服务，使所有商家都能够获益。当涉及利用商业改进区进行财务管理时，通过选举产生的董事会将进行联合决策，所有商家的共同利益会优先于各商家单独的利益之上。但与购物中心不同的是，商业改进区通常不会采取合作的方式来进行私人业主之间的租赁协调。在商业改进区内，业主可以自由地向承租的商家收取任何租金。就像在分散的零售集群中一样，业主有理由向各租户收取尽可能多的租金。任何善意的租金补贴都不会直接惠及业主，而是会以顾客溢出的形式惠及邻近商家。

尽管如此，在商业改进区中，通过提供种子基金和一次性补贴来吸引理想企业入驻集群的做法越来越普遍。例如，在纽约州的韦斯特伯里村商业改进区（Westbury Village BID）就为签约协议的优质租户经纪人设立了三级奖金。一级奖金为 7500 美元，将奖励给在全国或地区范围内获得高度认可的连锁商店或餐厅。5500 美元的二级补贴金将奖励给知名品牌商店、服装商、地区 / 本地连锁商店以及其他备受欢迎的企业。3000 美元的三级奖金，会奖励给签约精品时装店、手工艺品店、专卖店或极受欢迎的初创企业经纪人。[15]

另一方面，位于田纳西州克拉克斯维尔（Clarksville）的两河公司（Two Rivers Company）采取了为期一年的租赁激励计划，并有可能额外延长 6 个月租期。商业改进区认为，“最初的几个月通常是商家花费最多、收入最少的时期”。[16] 在此期间，商业改进区能够帮助商家减免每月 60% 的租金或者每月补贴 600 美元，以较低者为准。申请这个有时间限制的补贴金必须是在克拉克斯维尔市中心特定街道上针对部分群体的街旁空置店面内开业的商家。但这种补贴仅限于最初 12 个月，并且与企业预期的积极外部性没有直接关联，这使其与购物中心的租赁协调模型有根本的不同。后者是永久性的、经过精心规划以使整个集群整体都能获益。

或许商业改进区协调集群内租赁最直接的策略就是拥有其管理的空间。尽管商业改进区直接拥有房地产的情况十分少见，但并没有法律禁止这种情况。位于明尼阿波利斯市东北部的东北投资合作社（NEIC）提供了一个有趣的案例。[17] 据该组织介绍，“东北投资合作社是由小部分社区成员创立的，这些人厌倦于看到自己在社区里的房产被滥用、等待传统开发商来修复，于是他们设想了一种方式，让社区成员成为房地产开发合作社的所有者和投资者，这样他们就能够在自己的社区内购买和修复房产”。[18] 该合作社成立于 2011 年，由众多成员组成，每人承诺以每股 1000 美元的价格购买合作社的股份。每位股东都有权作为董事会成员参与投票，并享有股息分红和资本账户分配的权利。在众多当地股东的支持下，合作社在中央大道买入了一幢商业大厦，超过 175 名会员成为大厦业主。合作社还与当地两家企业签订了租约——分别是公平国度酿造公司（Fair State Brewing Cooperative）和阿基面包屋（Aki's Breadhaus），该项目于 2014 年开始运营。合作社认为酿酒公司和面包店能够互补，同时合作社的领导层可以自主设定租金让两处店面能够成功出租并获利，最后租赁所得的收益又可以回馈给合作社成员。

尽管合作社的做法在住宅区很常见，但在零售企业中却很少。[19] 像明尼苏达的东北投资合作社这样一群成员通过协调的方式参与经营一系列零售和服务企业的例子其实很少。拥有多个销售点的合作性杂货商店很普遍，尤其是在欧洲，但这与零售合作社的模式截然不同。零售合作社在相邻的多栋建筑中经营着一系列不同的业务，类似于购物中心，但受益方的结构更广泛、更民主。虽然协调合作可以为商业改进区带来许多好处，但在现实中却惊人的罕见。

由于反垄断法通常不鼓励企业之间的合作，所以个人财产所有者加入合作企业在法律上可能比较麻烦。但一个独立法人，比如由某些独立业主共同拥有的并由少数执行成员参与经营的一家合作社或者有限责任公司（LLC），参与零售集群合作至少在理论上是可能的。这些选择让部分独立商店可以像购物中心一样采用租赁协调和激励策略。这么做让更多私人业主能够参与到协调中而不是竞争——这是购物中心的一个关键战略——并通过这种方式获得更高的利润。为了吸引顾客欢迎的品牌或主力商家，一些物业需要以折扣价进行出租。反过来，这些物业所有者的亏损必须从主力店邻近其他商家获得的顾客溢出效应中得到弥补。

举例来说，如果一栋建筑的业主免费出租一处店面，引入一家广受欢迎的杂货店（顾客最多的商店类型之一），那么这可能会使附近所有的零售和服务企业都能获益。如果能通过一项合作协议将这几处物业的收入和利润集中起来重新分配给业主，那么第一个业主就可以通过其他商店获得的额外收入来弥补损失。这一点与购物中心不同：购物中心内协调的收入所得被汇集到一个独立账户中，而这个账户越来越多成为游离于本地的不动产投资信托（REIT）。通过上述的这种合作协议，收益将被重新分配给众多业主或是合作组织成员，同时给当地社区带来直接利益。

市政府也可以担任协调者的角色。例如，伦敦哈克尼区（Borough of Hackney）就积极收购当地主要街道上空置的零售空间，并推销给理想的企业类型，以公平的价格出租。[20] 这并不等同于主力店与非主力店之间积极的租赁协调，但它确实表明积极主动的城市政府可以充当代理人。通过掌控零售空间的所有权，市政府能够更好地控制商户组合，并有机会为了更大的社区利益保留一些经济实惠的商家。

对租户组合的控制真的会影响购物中心和城市零售集群之间的商店绩效吗？这很难说得清，因为商店营收还受到除租户组合以外其他无数种因素的影响。但是从图 44 中的数据来看，该数据对比了购物中心内的商店与洛杉矶城市零售集群中商店的销售额[21]，并分别展示了零售业、餐饮业和服务业之间的销售额差异。

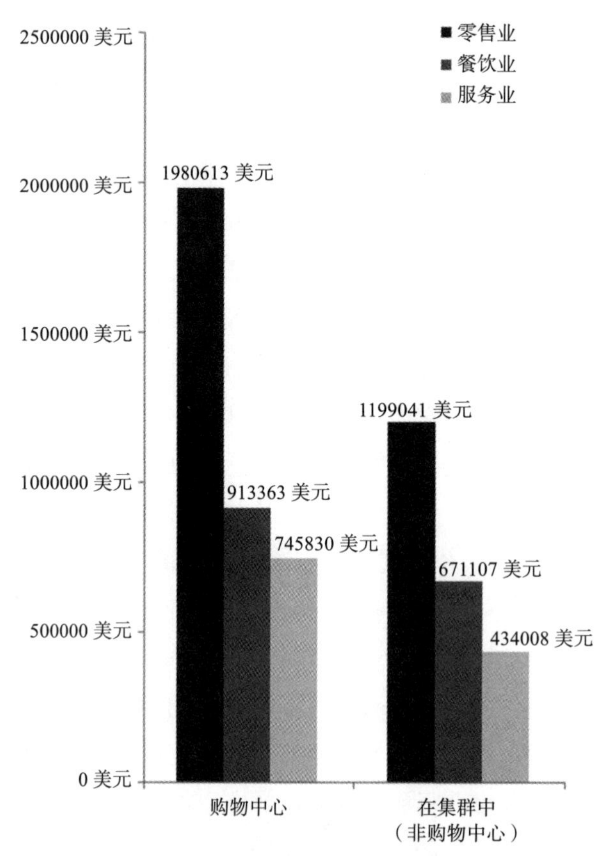

图 44　2010 年洛杉矶每家企业的平均销售额

数据来源：ESRI 商业分析模块附带的 Infogroup 2010 年企业名录

图 44 左边的三条数据描述了 2010 年洛杉矶购物中心内零售业、餐饮业和服务业的平均销售额。在购物中心内，平均商场零售商每年销售价值 198 万美元的商品。其中一家典型的食品服务企业每年的收入大约有该数目的一半——91 万美元。而一个典型的服务机构，包括维修和保养服务业以及个人服务和洗衣服务业，每年的营业收 入为 74 万美元。

右边的第二组数据显示了位于城市街道集群内各行企业的平均销售额。受益于购物中心租户组合优化的零售商家与缺乏统筹安排的城市零售集群相比能够吸引更多的收入：购物中心的商家通常比街旁零售商的销售额高出 65%。对于服务业来说，位于购物中心和街旁的零售商之间差别同样很大，在购物中心内的服务业平均销售额要比后者高出 70%。在餐饮业方面这一差距则要比其他行业小，约为 36%，但仍然是相当大的差距。

不过有几点需要注意。首先，购物中心和城市零售集群内的商店类型和规模可能有所不同——购物中心更有可能吸引占地面积较大的服装商店，而城市零售集群的店面可能没有那么大。其次，购物中心几乎只与公认的品牌企业合作，这些企业在营销上往往投入了大量资源。另一方面，城市零售集群包含更多经营规模小、缺乏大量广告预算的独立商店。此外，零售环境与公共空间的质量也可能有所不同。这些细微差别可能是造成购物中心和商业大街的商家销售额差异的部分原因，尽管如此，我们有理由相信租户组合优化的好处在其中也发挥着一定作用。

购物中心之外的协调零售集群

在协调的购物中心和分散的独立商业大街之间，我所见过商业集群中最有趣的例子之一是爱沙尼亚塔林的泰利斯基维创意城（Telliskivi），或者说“砖”的创意城。泰利斯基维位于前身是火车站的几个大型建筑之内，现已成为该城市中最受欢迎的文化、零售和餐饮场所之一。然而，情况并非一直如此。

泰利斯基维创意城位于塔林火车总站后面一处三角形的场地上，四周被铁路环绕，距离该市历史悠久的老城区仅有几步之遥。具体来说，创意城就建设在曾经 19 世纪中期的火车厂房建筑原址之上。在第二次世界大战之初，苏联占领塔林后不久，这些建筑被改建为塔林的电子电器工厂。就像许多苏联时期的电子厂一样在重重保密之下运作，人们不知道这家工厂在战后究竟生产了什么。根据至少一个都市传说的说法，苏联的人造卫星——历史上第一颗轨道卫星的一部分就是在泰利斯基维制造出来的（图 45）。

图 45　爱沙尼亚塔林的泰利斯基维创意城

图片来源：泰利斯基维创意城系列

苏联解体后，这家工厂开始衰败。许多大型建筑和仓库被遗弃，正在进行的建设项目也没有完成。这片建筑群仅通过两处大门与外界相连，完全不为公众所知。在20世纪90年代中期，只有向往冒险的青少年们才会去探索那片布满玻璃瓦砾的摇摇欲坠的工房。

到了21世纪初，一家房地产投资信托公司买下了这片建筑群。公司最初的计划是拆除所有的建筑，为新的建设发展腾出空间。但由于资金短缺与一系列不幸事件的打击，信托公司放弃了该计划。公司的一位基金经理决定重新组建一个投资合作组织，并独自买下了这片建筑群。他曾周游过欧洲各地，十分欣赏柏林充满活力的艺术家社区——这些曾经的医院、学校和综合机构被艺术家们接管，他们建立了半合法的工作室、画廊和商店，并向公众开放。于是这位经理和他的商业伙伴萌生了一个想法，类似这样的事情能否在泰利斯基维这片建筑上重现呢？然而在柏林的例子中接收地产是免费的，公共部门还提供了高额补贴；而泰利斯基维的改造必须做到商业和财务上完全的自给自足，因为市政府或国家不会提供任何帮助。

2009年，他的商业伙伴提出了泰利斯基维创意城的概念，设想了一个融合创意工作空间、零售商店、餐厅和娱乐场所的集群。起初，他们很难从租户那里获得认可，因为大多数人对这片地区及其历史并不了解。第一份餐厅的租约是在前F大楼内签署的，其业主决定以大楼的名字来命名这家餐厅。作为爱沙尼亚新美食的开拓者，F大楼在曾经宏大的工业空间中提供家庭友好的聚餐氛围，并迅速积累了一批忠实的顾客。目睹了这家餐厅在一个相对不知名的地方却能够蓬勃发展的经历，鼓励了许多新租户参与签约。设计师商店搬进了曾经工厂的行政大楼一楼走廊，这栋大楼后来成为著名的“购物街”。一个开放式舞台剧院在场地的后方开业，吸引着游客前往建筑群的更深处。更多的餐馆和商店紧随其后，一些创意企业租用了楼上的几个单元作为办公室和工坊。在一栋五层砖砌无电梯的大楼阁楼上，还开设了一家俱乐部和娱乐场所。

业主们细心地与每一位新租户或租户团体合作，按照他们的需求筹备店面空间，通常每次翻修一家。接纳新租户的唯一重要标准是，他们必须承担起创造的使命，并能够为集群的创造性氛围做出贡献。再后来入驻的是一家手工自行车商店，还有一家制作穆胡岛（Muhu Island）传统黑面包的面包店、一家印刷店、一些当地服装设计商店，以及更多提供精酿啤酒和国际美食的餐厅。泰利斯基维创意城还会在周日举办跳蚤市场，全年举办的音乐节吸引了不少当地人和游客。

大部分肩负推动集群创新使命的小企业都获得了优惠的租赁条款。但那些更资深的盈利企业想要乘此便利加入集群则需要支付每平方英尺最高的价格。在这里，娱乐场所提供的演出既有补贴又利润丰厚，泰利斯基维也顺势成为大公司举办特色活动的热门场所。如今，已有200多家企业入驻该园区。尽管他们中的许多企业缴纳的租金远低于市场价格，但来自最主要几家商户的收入依然能够弥补损失。众多极具创造力的小企业家营造出的氛围吸引了许多高盈利的主力企业，这使得创意城在维持集群总体预算平衡之外还要盈利许多。据业主们说，泰利斯基维创意城的利润远高于他们在市中心拥有的商业购物中心。

不同于传统的购物中心模式下，由少数大型主力商店吸引顾客并享受高额补贴的租赁条款，泰利斯基维颠覆了这种模式，转而补贴一些小型创意企业家。尽管他们的产品销售额很少，但是营造了一种吸引游客的创造性氛围，进而吸引了更多能够盈利的商业租户。业主对每位租户都表现出了贴心的管理风格，经常一次翻新一个房间来满足他们的特定需求。尽管这里仍有大量房地产未被使用，处于与 20 世纪 90 年代中期一样的衰败状态，但这种未完成、未装饰的感觉更有助于这片建筑群营造出创意性与真实性的氛围。

泰利斯基维创意城展现出了介于高度协调的购物中心和适度协作的商业改进区之间的一个有趣的混合产物。大多数管理决策都是在一个封闭的 Facebook 群组中讨论的，所有企业主都参与其中。独立商店的门面或室内设计不需要由业主来决定，每家商店可以自主选择营业时间，店主也不用按收入的一定比例支付租金。至少就目前而言，泰利斯基维创意城的管理层表现得既像一位和善的房东，重视创意集体的福祉，又像一位勤勉的会计师，需要确保整个园区在财务上保持可持续性并长久发展。

与商业改进区不同的是，泰利斯基维创意城的管理层不仅协调该地区的环境清洁、安全保障、停车管理、租户招商和市场营销工作，还像购物中心一样掌管租赁合同。但与购物中心不同的是，泰利斯基维有计划地向众多其认为能够推进园区使命的小型创意企业提供有利的租赁条款。不过，这并不意味着泰利斯基维创意城就是一家亏损的公司。恰恰相反：创意城的任何损失都能由一系列商家租户充分填补，这些高盈利租户虽然也符合群体的创新使命，但是被收取最高比例的租金来弥补其他补贴的花费。

遗憾的是，大多数城市不能指望依赖像泰利斯基维那样仁慈的开发商。但泰利斯基维创意城给购物中心和商业改进区提供了两个深刻的教训。首先，创意城的例子向购物中心证明了顾客吸引力不仅仅由大规模的主力商店产生。相反，一群规模不大、利润不高但极具创造力和趣味的企业家，也可以共同吸引比传统主力店更多的顾客。而对于商业改进区来说，泰利斯基维说明了并非所有的商业改进区成员都需要支付相同的会费才能对集群产生价值。如果那些小规模、低利润的会员能向集群其他成员提供销售量以外的东西（比如多样性、创造性或包容性），从而扩大集群整体的吸引力，那么降低他们的收费是非常值得的。

购物中心如何变得更像商业大街

尽管众多独立业主之间的协调零售集群仍然是一个设想，但在过去十年中，购物中心在规划商店组合与美学方面的趋势都朝着类似的方向发展。《卫报》最近的一篇文章指出：“一种新的购物中心正如此紧密地融入城市环境，以至于难以在城市空间与购物中心之间划定任何界限”。[22] 这一新的类型试图利用人们对一般购物中心的厌倦和对城市零售业日渐风靡的欣赏来进行投资，它被称之为生活方式中心（lifestyle center）。

美国摄影师瑟夫·劳利斯曾经记录和描写过废弃购物中心的景象，在他看来：“生活方式中心被宣传为那些不屑于传统购物中心的顾客所设计，通常是位于高收入地区的单层露天项目，模仿昔日的商业大街；步行友好的人行道和道路穿过其中，购物者如果没有把车停在中心正前面也可以在经过其间时辨认出目的地的位置。”[23] 波士顿郊外就有两个新的生活方式中心——戴德姆镇（Dedham）的朗格世广场（Legacy Place）和萨默维尔市（Somerville）的荟萃行（Assembly Row）（图 46），这两个生活方式中心都规划了密集的临街商店，很容易让人回想起传统的商业大街。自 2004 年以来，美国各地的生活方式中心数量增加了两倍，到 2015 年已有 412 家左右。与此同时，自 2007 年以来，没有一家封闭式购物中心开业。相反，一些购物中心如北卡罗来纳州的比尔特莫尔广场购物中心（Biltmore Square Mall）已经拆除了屋顶，开始“去购物中心化”。

图 46　马萨诸塞州萨默维尔的“生活方式”购物中心——荟萃行

事实上，生活方式中心最典型的案例已经出现在美国之外，比如在经济蓬勃发展的中国大陆、新加坡和中国台湾省的市中心地区。以“新天地”为例，这是位于中国上海中心地带的一个占地 7.4 英亩的零售业开发项目，由历史悠久的石库门建筑和狭窄的小巷翻新改造而成。这是一个无车开发项目，主要面向那些想要体验 19 世纪中国城市局部形态的游客和外籍人士。项目通过一系列户外人行道相连接，这些人行道两旁排列着高档餐厅、咖啡馆、精品店和酒吧。在翻新项目的南部是一个占地 25 万平方英尺的现代化休闲娱乐综合体，内部拥有电影院与健身中心，以及一栋豪华的酒店式公寓大楼。尽管一些保护学者认为，开发项目严重违反了历史保护原则——除了原始建筑的几何结构和装饰瓷砖外，什么都没有留下——但新天地确实给开发商带来了巨大的利润。新天地的人气还吸引了一系列由国际知名建筑师设计的超豪华住宅在其周边竞相开发，进一步巩固了这个地方作为一个 21 世纪城市购物中心的形象，在历史建筑的外表下被无缝融入了 19 世纪的上海社区结构。

生活方式中心通常以商店之间的户外流通为特色，让人联想起传统的商业大街。顾客能够行走在各式各样、独立的商店面前，而不是在空调下的室内有顶通道，尽管这些店面依然像任何传统的购物中心一样为业主所有。人们可以看到，大卖场前的停车位要比传统购物中心的少。取而代之的是密集的小商铺店面，通常分布在人行道两侧，许多商店和餐厅的入口都设置在游客能够接近的地方，方便游客将车停放在商店前面的路边，或者停在隐蔽的多层车库里，那里通常提供两到三小时的免费停车。

其次，生活方式中心往往比传统的购物中心提供更多样化的设施组合。这里的餐馆通常都是提供健康食品或有机食品的高质量企业，点缀在人行道和广场上，并在宜人的天气里，将餐品搬出来摆放到户外的餐桌上。这里也提供丰富的娱乐选择——电影院、儿童游乐场、酒吧、户外舞台以及冬季的溜冰场——吸引了许多家庭和休闲游客，他们来这里既是为了娱乐，也是为了购物。

这样的描述或许表明，生活方式中心类似于美好的商业老街，分布着各式建筑和商店。这确实是他们的意图。但生活方式中心与商业大街也存在不同，因为他们相当专注于服务高收入顾客。大多数商业大街通常都能为不同收入群体的顾客提供真正多样化的商店和餐馆，但在生活方式中心到处都是高档企业，很少为低收入家庭提供服务。事实上，大多数生活方式中心都出现在收入相对较高的郊区，靠近那些负担得起高消费的中上阶层家庭。位于波士顿大都会区戴德姆镇郊区的朗格世广场就是一个典型的例子。朗格世广场提供苹果（Apple）、J. 克鲁（J. Crew）、安家（Anthropologie）和里昂比恩（L.L. Bean）等高档品牌店，以及奶昔小站（Shake Shack）、阿基坦（Acquitaine）、华馆（P. F. Chang's）和全食超市（Whole Foods Market）等用餐选择。戴德姆地区的家庭收入中位数超过了 8.5 万美元，远高于邻近城市波士顿5.4万美元的平均收入水平。

尽管看起来生活方式中心位于一组独立的、面向繁忙的人行道的构筑物中，但实际上生活方式中心依然是所有权集中的、相互协调管理的组织。根据不同商店对整个中心的影响力，生活方式中心向商户提供不同的租赁合同，以此来发挥商户协调的财务优势。生活方式中心的主力企业仍然可以获得优惠的租赁条款，而那些受益于顾客溢出效应的不知名小商店，如珠宝店、服装店、报摊或纪念品商店，则需要支付每平方英尺最高的租金。利用联合租赁协调的优势，生活方式中心能够将城市居民对于街道商业的新需求与购物中心的财务效率相结合。其高质量公共空间、功能复合特点，以及对街道通达性的依赖，可以说，生活方式中心比过去封闭内向型的购物中心对城市环境的贡献更大。

但从社区的角度来看，街道商业相对于所有权集中的购物中心依然具备很多优势，包括能提供更多的城市生活方式中心。举例来说，多个独立商业地产的集合与单一业主的购物中心相比，更能在经济低迷和市场变化的环境中保持韧性。如今的购物中心越来越多地由房地产投资信托基金运营，这些购物中心通常都属于高举债经营，每月需要偿还大量贷款，因此需要稳定的营业收入。在经济形势好的时候，商业贷款可以增加开发商的回报，但在经济不景气的时候，情况则截然相反。在高举债经营的开发项目上，即便微不足道的收入下滑也可能会引发巨额亏损并陷入无力偿还的贷款债务危机。这可能会导致管理层采取削减亏损和关闭中心的严酷决定，就如过去十年中在美国数个城市所目睹的那样。[24] 一些评估表明，到2022年，美国四分之一的购物中心可能会倒闭。[25] 房地产投资信托基金的管理者经常通过远程查询其资产的表现，而没有直接与当地租户、顾客以及受影响的社区沟通交流，这一事实加速了购物中心的衰落。当购物中心离开社区时，当地就业情况受到的影响最大。自2002年以来，全国各地的百货公司关闭导致44.8万人失业。在购物中心之外，本地企业往往倾向于扎根在一个地方，为当地经济产生了长期的乘数效应。

城市零售集群往往还能够促进商店之间形成更民主的公共空间。很多购物中心都组织社区活动、庆祝活动和聚会，这些活动通常都是经过精心策划和安排的。购物中心的公共空间始终是私人所有的——受到私人监管，由私人安保执行。另一方面，商业街道之间的公共空间通常归属城市所有。使用这些空间受到公共法规的约束，这些法规禁止基于外貌或信仰排斥游客，但也往往允许举办一些非计划的活动，如表演、售卖、闲逛、公共集会、滑板或骑车等。[26] 城市零售集群通过允许任何人在任何时间使用公共空间，给市民们带来了消费之外的好处。

不仅如此，城市零售集群中房产所有权的分散也倾向于产生一个真正多样化的建成环境，在体验上比协调的购物中心更丰富。购物中心开发商经常发现，在商店门面、标识、立面和维护方面的奇异风格（quirk）并不受到欢迎。但多样性和差异带来的好处远远不止于销售方面。奇异的风格透露出那个地方的故事性，店主的个性化装修或许会让商店的环境吸引住那些原本没有感受到邀请的人。即使在整体协调的购物中心，为实现多样性和真实性做出了巨大努力，也无法与包罗万象的城市零售集群自发产生的不期而遇的惊喜相提并论。由分散化决策所带来的真正多样性本身就是一种资产，这种特质吸引着人们来到某个地方，不仅为了购物，更是为了体验惊喜、差异和偶遇。

然而，与支持小型独立商店的策略不同，市政府通过基础设施、土地、税收减免和其他补贴的形式，向购物中心、生活方式中心和其他大卖场提供重要财务补贴的做法更为常见。根据“成就优先”（Good Jobs First），即促进经济发展中企业责任感的国家政策资源中心的估计，沃尔玛（Walmart）在过去的 20 年里获得了超过 12 亿美元的经济发展补贴，并且每年从地方和州政府那里以税收减免、现金补助和基础设施投资等形式获得价值 7000 万美元的持续补贴。[27] 沃尔玛在全国的 100 家配送中心中，有超过 90% 的配送中心获得了经济发展补贴，每家中心最高可获得 4600 万美元的补助。据无党派组织“美国税收公平组织”（Americans for Tax Fairness）声称，如果将直接和间接的员工补贴、联邦税收减免以及其他经济效益都算进这些地方额外补贴中，那么沃尔玛每年从美国纳税人那里得到的补贴总额可能高达 76 亿美元。[28]

沃尔玛并不是唯一的一家获得这笔意外之财的公司；大多数大型零售连锁店都获得了类似的激励方案。美国五大零售连锁企业——沃尔玛、好市多（Costco）、克罗格（Kroger）、家得宝（Home Depot）和塔吉特（Target）——在全国各地拥有数千家门店，每家门店都雇用了数百甚至数千名员工。2013 年，美国四大连锁百货——沃尔玛、克罗格、西夫韦和 Publix 超市（Publix Supermarkets）的销售额占杂货销售总额的 36%。家得宝和劳氏公司（Lowes）更是控制着美国五金和建材供应市场 45% 的份额。[29] 它们的议价能力之强，以至于各城镇难以脱离，否则可能会使整个社区陷入失业危机和遭受重创。[30]

然而，补贴这些连锁店带来的经济效益往往被夸大了。一项由城市经济分析事务所（Civic Economics）做的研究通过利弊分析了一家名为“博得”（Borders）的连锁书店与奥斯汀当地一家独立书店的对比，发现在博得花费的每 100 美元，只有 13 美元以业主利润、当地雇员工资、从其他当地企业采购货物和服务以及慈善捐赠的形式流回当地经济，[31] 而有 87 美元则离开了这个地区。然而，对于当地的两家书店——滑铁卢（Waterloo）和书人书店（Book People）来说，100 美元中有 45 美元留在了当地经济中。本地企业对该镇的经济乘数要高出三倍。

书店在这方面也不例外。大多数小规模的当地零售商更倾向于雇佣当地员工，并向他们支付比大型零售企业更好的工资和福利。一般来说，国内和国际的连锁零售企业依赖于全国各地的整合供应商和服务公司。例如，麦当劳的牛肉不是来自当地的肉店，面包不是出自当地的面包师，货品运输也不是雇用当地的物流公司。麦当劳通过其船运公司，将牛肉和面包从工厂和配送中心运送到世界各地的餐馆。类似地，沃尔格林（Walgreens）也不会从当地的卡车货运公司预定货运服务，不会从当地的印刷店订购广告横幅，也不会从当地的供应商订购货架和装饰品。其从柜台收入的每一美元中，几乎没有多少流回当地经济。

从附近的商家购买商品和服务是当地商店值得自豪的事情。马萨诸塞州的康科德是一个只有 1.7 万居民的革命历史小镇，我曾在这里参观过一家咖啡店，店里墙上的黑板自豪地展示着面包、巧克力、奶制品和蔬菜等的供应商（图 47）。在 11 家供应商中，有 9 家来自马萨诸塞州的邻近城镇。这说明在任何规模的城镇中，从当地采购物品都是可行的。

当遭遇经济困难时，当地的小型零售商不太可能抛售止损和解雇员工，因为他们的企业完全是个人投资，再加上与经营地区和当地居民的紧密联系，使当地零售商更倾向于在停业之前寻求某些财政援助和信用贷款。

图 47　在马萨诸塞州康科德，当地小贩供应高级咖啡

尽管小型零售和服务企业为当地经济带来了好处，但它们通常不会获得企业同行享有的任何补贴。沃尔玛在开设新的购物中心之前可能就获得了价值数千万美元的奖励和基础设施投资，与之不同的是，数十家本地的商店、餐馆和个人服务提供商一起雇佣了尽可能多的人，并为一个城镇产生了更大的经济乘数效应，却必须靠自己，并在与接受补贴的大卖场运营商的竞争中生存下来。政客和经济发展主管似乎更喜欢与一家大公司商谈大交易，因为这将成为头版新闻，而不是与几十家不知名的小企业谈判一些小交易。尽管这些交易实际上有利于当地的经济，但却从来没有机会成为头条新闻。

类似地，银行更容易向那些能够招揽一系列国内或国际知名品牌商家的开发商发放建设贷款和开发资金，而不是同等数量的本地商店。例如赛百味、H&M 和安家等企业都获得了“AAA”级的信用评级，这一评级向贷款机构表明他们破产的可能性很低，直接促进了零售开发商优先考虑连锁店。

在美国各地的商业大街和城镇中心都能发现这些偏好和激励措施带来的影响。不论在哪里，可供选择的商家都相差无几，街道商业不再反映一个地方的当地特色——在麦当劳旁边是一家雪佛龙（Chevron）加油站，后面是西维士药店（CVS pharmacy）、拉尔夫（Ralph’s）杂货店、帕内拉（Panera）面包咖啡店、奎兹诺斯（Quizno’s）三明治店、星巴克，还有美国银行分行。像这样的商业大街，很难区分出是在犹他州还是在新罕布什尔州。

除了较差的经济乘数效应外，连锁企业也不是能够为城市的宜居性和魅力做出贡献的商店、餐馆或服务供应商类型。零售产品的感知质量和舒适价值几乎完全是由小型的地方特色企业创造的。人们喜欢波士顿的街道，并不是因为那些在美国其他城镇随处可见的连锁商店，而是带有地方特色的本地商店、海鲜餐厅和咖啡馆，这是你在其他任何地方找不到的。同样，人们喜欢亚利桑那州的凤凰城，不是因为有塔可贝尔（Taco Bells）和家得宝，而是因为这里独特的餐厅、五金店、书店和服装店。

对于这些分布在各城市或地区的连锁企业来说，几乎不可能在当地就地生产或销售各种各样的产品。实际上，我们购买的大部分产品甚至不是在国内生产的，而是从其他生产成本更低或生产更迅速的国家运送过来的。如果我们购买的所有 T 恤和裤子都由本地生产，那么每次我们更新库存时需要支付的价格将是我们大多数人所能承受价格的好几倍。服装、鞋子、礼服、家居用品、工具、电子产品、书籍、游戏、健康和个人护理产品、汽车与零部件等尤其如此，杂货店和餐厅也是一样。许多连锁杂货商和连锁餐厅，如麦当劳和赛百味，其规模经济的低价是当地企业无法比拟。

我只是建议，城镇和州政府给予零售企业的财政补贴不应偏袒国内和国际巨头。相反，他们应该为所有商家提供一个公平的竞争环境，包括小型的本地企业。与其为城镇边缘的某家新超市承诺 10 年税收减免、修建新便道与污水系统，还不如通过减免税收、低息贷款、提供担保、支持拨款或街道升级投资等形式为当地企业分配等量的补贴。对小型本地企业的直接和间接支持，不仅能对当地经济产生更大的乘数效应，还有助于塑造独特的地方形象，吸引更多人来到这个城镇。

城市如何促成公平竞争环境

旧金山最近颁布了一项金融政策——J 方案（Measure J），该政策明确侧重于保护和支持那些已经存在了几十年并被列入传统企业注册处（Legacy Business Registry）名录的当地企业。根据帮助引入这项措施的非营利组织旧金山遗产（SF Heritage）称，该注册登记只对成立 30 年或以上并由监事会成员或市长提名的企业和非营利组织开放。被提名者必须在小型企业委员会（Small Business Commission）的听证会上证明他们对所在社区的历史或文化产生了重大影响。每年最多增加 300 家注册企业，并且所有申请人必须同意维持其企业的历史名称和制作工艺。对于被认可的企业，市政府每年会为每位员工提供 500 美元的补助来帮助降低他们的成本。而对那些同意将传统企业的租期延长至 10 年的房地产业主，市政府将提供每年每平方英尺 4.5 美元的额外租金补贴，最多可达 5000 平方英尺。该政策旨在弥补由于商业租金的惊人上涨，导致历史传统企业不断离开当地城市的现状。每个注册传统企业的年拨款上限为 5 万美元，业主的年拨款上限为 2.25 万美元。旧金山的 J 方案可以说是一个进步和远见的金融工具案例，支持了特定的街道商业，促使其他城市也开始效仿。

但这项政策也有改进的余地。首先，目前政策对于特色历史企业的关注是出于旧金山遗产组织的努力。而类似的支持也应该推广到其他类型的、被证实能给社区带来重要利益的企业，如杂货商店、平价餐馆、自助洗衣店等。比起一次性收录的注册方式，该注册名录可以每 3 ~ 5 年更新一次，根据一个代表机构的意见在必要时增加或移除某些企业。此外，现行每平方英尺每年 4.5 美元的补贴在小城镇里看似慷慨，实际上与旧金山的商业租金相比只是很小的数目。在旧金山的黄金地段，零售商家需要支付每平方英尺 100 ~ 300 美元的租金，而补贴金额只能抵消入驻成本的 1% ~ 4%，仍不足以维持企业经营。但市政府只对那些同意延长 10 年租期的业主提供补贴这点非常正确。即便签订 10 年租约的代价十分昂贵，但也给予了店主对未来的一些确定性，避免了经常令本地企业头疼的、威胁生存的短期租金上涨问题。

重定向和引导公共部门采购

市政府和其他公共资助机构也可以指示自己的部门从当地企业进行采购。市政府通常是城镇最大的雇主，每年都有相当大的采购需求。如果每天为各种活动、会议、会见和研讨会订购的所有早、中、晚餐都安排给当地的餐馆、杂货店、三明治店和披萨店，那么在餐饮方面投入的大量资金就会被留在城里。其他的采购需求也是如此，如办公用品、清洁用品、厨房和浴室用品等。

其他地区的大型"重要机构"（anchor institutions）也采取了类似措施，将物资与服务的采购要求转移给本地企业，并取得了积极成效。例如在克利夫兰，大学圈的三大重要机构——凯斯西储大学（Case Western Reserve University）、大学医院和克利夫兰诊所（Cleveland Clinic）——从 2010 年开始将年度采购需求转移到当地企业和社区。[32] 大学圈每年的商品和服务采购总额约为 30 亿美元，大部分都是源自社区。作为共同努力以及对可持续性和社区发展承诺的结果，这些机构从 2010 年联合起来开始向当地生产商、服务供应商和商店采购。一些以社区为基础的公司就是在这种转变中诞生的。例如，常青合作社建立了"绿色城市种植者"（Green City Growers）公司来为当地提供可持续食品的订单，还建立了经营大型洗衣和干洗服务的常春合作洗衣公司，这两家公司都从大学圈附近的、过去被边缘化的社区雇佣和培训当地工人。

鼓励商业空间的"共管化"

为了减轻不可预测的租金上涨对店主的影响，新的房地产开发法规可以鼓励店主拥有而不是租赁零售空间。尽管购买零售地产需要高额的首付，但通过固定利率的抵押贷款，月付款数仍能保持稳定，店家无需担心租赁合同到期时的租金上涨。特别是在可能承受高升值率的经济发展区，将商业地产成本考虑到最初的商业计划中，比起依托于不定时上调利率的租赁合同或许是更安全的策略。城市街道上那些经久不衰的传统商店之所以能生存下来，往往就是因为拥有自己的经营空间，没有被业主赶出去的危险。这就是我在第 2 章描述的位于伦敦埃塞克斯路动物标本店的情况。作为房产业主，店家对这个地方也会逐渐产生归属感。市政府可以通过要求新的多用途商业建筑的开发商将底层零售单元改造成可出售的商业公寓来支持当地企业，而不是将其出租。

促进商店之间的资源共享

公共部门也可以通过公私合作模式（PPPs）探索共同发展道路，来支持本地商业的发展，并与私人开发商分担经济成本和风险。尤其是在投资基础设施项目时，这种方法可能更加重要，因为这些项目往往体量大或成本高，公共部门难以独力承担。但这些项目的存在能够惠及商业大街上的所有企业，如果能共同承担将带来巨大利润。

在私家车出行比例较高的城市中，公私合作模式可用于开发多层车库，提供给该地区的企业共享。市政当局可以通过发行债券来为建设一处多层停车场筹集资金，后续停车场的运营则依赖于社区的一般税收或者停车费收入。在指定的多层地下或地上停车场集中停车能够减少用于停车的地面空间。相比之下，传统的规定是每家商店每 1000 平方英尺建筑面积提供 4 ~ 5 个停车位。

这类共享停车场的空间节约是通过几种高效措施实现的。首先，由于不同商家一天的营业时间不同，共享停车场可以让同一停车位在一天内重复使用，从而降低整体空间需求，提高车位利用率。其次，每层停车场都需要设置进出车道，尤其在大型多层停车场中这些车道可以共享使用。此外，由于多层停车场是通过支付站台收费的，因此还可以作为当地居民或商家夜间停车的场所。这也是一种回本相对安全的投资。佛蒙特州伯灵顿的教堂街（Church Street）和加州圣莫尼卡的第三街长廊（Third Street Promenade）就在距离商店一两个街区的多层共享停车场内实现了高效停车管理，为我们提供了街道商业的成功案例。

为商店提供培训和支持拨款

城市还可以通过向未来潜在的租户提供培训和资助项目来支持街道商业，例如，剑桥市的经济发展部门为小型企业提供了相应的资金用于物质提升，同时还提供创业培训和技术支持。

店面改进计划（Storefront Improvement Program）也是该市提供的一系列资助项目和服务的一部分，目的是帮助镇上的小型独立企业实现繁荣发展。这一计划面向寻求翻新或修复商业建筑外立面的业主或商业租户，为其提供技术和资金援助，以消除店面入口的建筑障碍，改善企业的外观。该项目能够帮助小企业主克服资金困难，升级他们的商业空间，从而吸引更多的客户。

该项目基于改造费用的 90% 提供资助，最高可达 2 万美元，用于改进商店入口，使其符合《美国残疾人法案》（Americans with Disability Act）的标准，包括设置坡道、电梯、门用五金和自动开门机、无障碍停车场和标识牌。该市还提供 50% 的配合补助金，最高可达 1.5 万美元，用于其他建筑立面改进，包括更换更好的窗户、镶板、优化建筑细节和历史特征修复等。第三种配合补助金足够商店支付总费用的 50%，最高可达 2500 美元，用于改进标牌、照明和遮阳篷。店面的改进设计可由市政府聘请的建筑顾问为申请人完成概念设计提供免费协助。

地方政府还可以向未来的企业主提供会计、企划或市场营销等方面的专业培训，包括与城镇各地经验丰富的企业主会面交流。另一方面，拥有能够帮助应对陌生商业环境的顾问网络，不论对于未来的零售商、技术创业公司或其他形式的初创企业来说都同样重要，在这些领域中同行互助是普遍存在的。培训有助于降低商业失败的风险，并帮助缺乏经验的企业主将业务发展到更加可持续的规模。

到目前为止，我所概述的每一项策略——财政补贴、小型企业资助计划、区划和公共交通投资——都能够帮助城市改善街道商业。但遗憾的是，现有的方法都不能为市政府提供足够的影响力来正面解决商业负担困难（commercial unaffordability）与绅士化问题。为此我们需要一套新的政策和规划工具。我在第 2 章探讨了包容性零售政策应该考虑哪些因素，在这一领域需要有更多的政策创新。

将新的商业空间划分得更小、更适合地方独立企业，并像旧金山那样为传统企业提供租金补贴，这些措施都能有所帮助。但过度限制的区划也可能会排挤所有的连锁企业。由于他们的商品定价低、营销预算大，对于吸引大客户来说非常重要。类似旧金山 J 方案中提到的租金补贴在以富裕的知识经济见长的旧金山、波士顿或纽约等城市中是可行的，但却很难在那些无法享受财产税和预算盈余的城市实施。归根结底，街道商业既需要连锁企业，也需要地方企业——关键是找到平衡。

对于那些正受困于市政公共空间服务问题或面临与协调的购物中心激烈竞争的城市和社区来说，商业改进区仍然是一个切实可行的选择。但为了更具包容性，商业改进区应该更多关注小型独立企业主的利益。同时还应该减少对公共空间私有证券化的过分关注，更多顾及商业集群作为一个整体的经济表现。

除了本章讨论的组织结构和商店间的协调机制，商店的经济福利还受到商店周围城市环境的影响。事实上，区位选择是商业成功的最重要因素之一，这点将在下一章详细展开。

第5章

区位，区位，还是区位：零售商如何吸引住宅、工作场所和行人

马萨诸塞州剑桥市有19家唐恩都乐（Dunkin Donuts）餐饮店。其中一家位于哈佛广场的中央，每天吸引了超过3700名顾客；另一家位于马萨诸塞州大道附近，每天只接待大约1200名顾客。两家商店几乎完全一样——它们以同样的价格销售同样的咖啡和甜甜圈。获取了特许经营权的唐恩都乐具有相同的品牌和市场知名度，但质量、品牌和价格并不能解释两家商店客流量差距三倍以上的原因。

第一家商店位于哈佛地铁站内，紧邻大学校园。哈佛广场周围有20多家竞争激烈的咖啡店，其中很多都比唐恩都乐更为当地人所熟知。但由于唐恩都乐店位于地铁站内，这一优越的位置使得每天乘坐地铁的2万名乘客都会在出站时注意到它。另一家唐恩都乐店位于马萨诸塞州大街一栋多层建筑的一楼，与一些餐饮店相邻。该位置的客流量与地铁站的相比明显较低，而且附近的写字楼和零售商店的密度也很低。仅仅相隔半英里，两处地方的房价与写字楼租金肯定不会有三倍的差异，但对于依赖人流的零售业来说却是如此。“区位，区位，还是区位”，这一道理对零售空间来说比任何其他类型的房地产都更真实。

为了占据一个好的位置，零售商需要出价超过其他竞争对手。建筑首层对办公、机构，甚至在适当的情况下对居住都具有吸引力。房东通常会把他们的房子租给区划允许用途中的最高出价者。 如果有办公室愿意为店面支付比零售商更高的租金，那么店面就会成为办公用途。医院诊所、设计公司、银行、会计事务所及很多其他非零售企业使用首层商业空间的情况并不少见。例如图48展示了著名的伦佐·皮亚诺（Renzo Piano）建筑事务所在巴黎玛莱区的一个传统店面。但就像所有其他土地利用类别被吸引到特定类型的地方一样，独特的位置也特别吸引零售企业、餐饮企业和个人服务企业。这些位置的优势可以为商店带来足够多的顾客和收入，从而在出价时胜过其他与之竞争的用途类型。

早在1916年，芝加哥城市社会学家罗伯特·帕克（Robert Park）就指出：“现在有一类专家的唯一职业是以类似科学的准确性，结合对当前趋势可能带来的变化的考虑，为餐馆、雪茄店、药店和其他依赖区位优势获取商业成功的小型零售商店

图 48　伦佐·皮亚诺建筑事务所在巴黎，店面被建筑工作室占据

发现并定位合适的地点”。[1] 一个典型的零售分配模型假设，店主应选址在顾客需求量最大的地点——尽可能靠近需要其商品的消费者，并在战略上考虑同其他商店竞争或互补以吸引期望的顾客。[2]

但是，尽可能靠近消费者定位到底意味着什么呢？这些消费者可能是谁，他们来自哪里？我们如何在一个城市中找到离大多数消费者最近且具有最大商业潜力的位置？选址决策还需要考虑竞争，并平衡与竞争对手聚集导致收入下降的风险，以及因远离竞争对手或靠近互补商店而导致的市场面积增加的风险。因此，区位选择直接影响零售收入。

测量顾客的空间可达性

测量某个地点与单一需求源的邻近性——例如到顾客住宅的距离——可以通过计算商店与住宅之间的直线距离或旅行时间这样相对简单的方式。但是，通过这种方式来确定距离尽可能多的顾客最近的位置或许并不可行，因为最大化的邻近性意味着需要与部分顾客保持距离，同时靠近另一部分顾客，使得总体上的邻近性最大化，而非只对于某些个体。为了获得这种总体效益，研究人员开始使用可达性测度。

如今，可达性已经成为规划、交通和经济地理学的核心概念，用于描述城市不同位置如何在空间上与周围的机会联系起来。人们普遍认为，土地使用位置的选择受到可达性的影响。根据经典著作《城市土地价值原理》（*Principles of City Land Values*）的作者理查德·赫德（Richard Hurd）的说法，“由于土地价值取决于经济租金，租金取决于区位，区位取决于便利程度，便利程度取决于邻近程度，所以我们可以省略中间环节，直接认为土地价值取决于邻近程度。”[3] 首次提出土地利用与可达性之间联系的沃尔特·汉森（Walter Hansen）认为：“[4] 一个地区对于社区中各种活动的可达性越高，其增长潜力就越大。”零售区位的选择基本上取决于对顾客的可达性。[5]

自 20 世纪 50 年代以来，大量关于可达性的文献不断涌现。尽管关于可达性的研究实际上可以追溯到更早的时间，[6] 但通常认为可达性和土地利用关联研究奠定基础的是汉森于 1959 年发表的经典论文“可达性如何影响土地利用”（How Accessibility Shapes Land Use）。[7] 尽管可达性在定义上存在相当大的差异，[8] 但最常见的定义是指某个人通过期望的出行方式到达期望地点进行某些活动的便利程度。例如，我们可以讨论从住所步行到健康食品市场的可达性。

用来描述区位优劣的一系列不同的可达性测度方法逐渐出现。[9] 在分析零售区位时，两种类型的可达性指标特别有用：引力可达性指数（gravity accessibility）和之间性指标（betweenness）。此外，美国地理学家大卫·哈夫（David Huff）将多种可达性指数巧妙地组合在一起，提出了针对零售惠顾的“哈夫模型”（Huff model）。接下来我将介绍这些可达性指标，并探讨哈夫模型如何整合这些指标以解释影响商店分布的区位因素，并预测某个位置可能吸引多少顾客。

基于位置的引力可达性指数

引力指数的名称来源于牛顿万有引力定律，该定律认为两个物体之间的引力与它们的重量成正比，与它们之间的距离成反比。引力指数可用于衡量从住宅、工作场所、公交车站、公园或学校等不同地方到达商店的便利程度。例如，我们可以讨论一个潜在的商店位置在 10 分钟出行半径内对于 25 ~ 35 岁人群的可达性。[10] 可达性的测量结果通常是由计算机自动生成的。[11]

想象一下，将一组橡皮筋的一端固定在一支铅笔上，同时你的手握住铅笔放在一张城市地图的上方。将这些橡皮筋的另一端分别系在地图上人们前往商店的出发位置，比如住所。每条橡皮筋都受到来自其对应住所方向的拉力。这时如果你松开铅笔，它可能会摇摆一会儿，但最终停留在一个拉力最小的原点——也就是所有系在它上面的橡皮筋所产生的拉力之和最小的位置。对于连接橡皮筋另一端的这些地点来说，这个位置就是引力可达性最大的位置。

虽然橡皮筋上的拉力是沿直线将铅笔拉向每家住户，但在真实的城市环境中，沿着街道网络测算出行距离更为实际，因为街道网络的几何形状限定了人们自由移动的范围。通常，我们不能横穿私人住宅，也不能穿过建筑物和城市街区。实证研究发现，人们到访便利设施的可能性并不是随着距离增加线性下降，而是呈指数级下降，因此该指数中的出行成本通常以指数形式建模。距离商店半英里的人步行去往商店的可能性不是距离一英里的人的两倍，而可能是两倍以上。[12]

细心的读者可能还记得，我在第 2 章中使用了一个类似的指标来衡量纽约市不同地区 15 分钟步行范围内的居民数量。例如，我们看到有 6 万居民可以在 15 分钟内步行到达唐人街的一个典型街角，而对林肯广场来说这个人数降到了 5 万人。但是，这种简单计算给定到访半径内可达人数的方法和引力指数方法之间有一个重要的区别。前者只是简单地将所有在给定范围内（例如步行 15 分钟）的居民人数相加，而引力指数则是将每栋住宅或每个人口普查区内的居民人数除以到达这些居民点的交通成本。[13] 这使得引力指数作为可达性的度量标准更加准确和可靠。

引力指数会因建成环境中的三种不同条件而增加。首先，如果在搜索区域内找到更多同类型的目的地，那么就会有更多的“橡皮筋”被拉动，由此产生的引力指数会增加。如果你家附近新开通一个地铁站，那么你乘坐公共交通的便利性就会增加。其次，如果目的地的权重更大或特征更具吸引力，会使得引力指数的分子增加，最终导致计算结果增加。如果我们比较两栋建筑，它们在相同步行距离范围内都有一个地铁站，但其中一个地铁站服务三条线路，而另一条只服务于一条线路，那么有三条线路的地铁站的吸引力会更强，靠近它的住宅有更高的公交可达性。最后，引力指数也会由于公式分母中交通成本的降低而增加。如果一栋建筑物离地铁更近，或者有更便于到达地铁站的选择（例如，免费公共汽车），那么这些更容易到地铁站的建筑会具有更高的可达性。引力指数需要同时考虑这三个条件。

图 49 显示了马萨诸塞州剑桥市每栋建筑 10 分钟步行半径内居民的引力可达性。[14] 在每栋建筑周围沿街道网络绘制一个假想的 600 米步行区域，对于该步行区域内的每个家庭，将居民人数除以他们到达所需的距离，获得更高结果的位置对于周边居民来说具有更好的步行可达性。

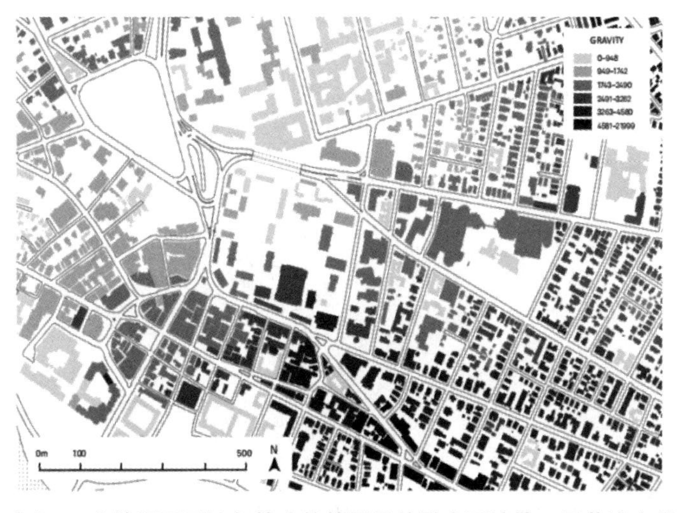

图 49　步行 10 分钟即可到达每栋建筑的居民的引力可达性，马萨诸塞州剑桥市

地图显示，在建筑更高、更密集或连通性更好的位置附近，居民的可达性更高。住宅密度越高或入住率越高的地方，可达性的值就会上升。地图底部颜色较深的区域靠近哈佛大学宿舍，这些相对较小的宿舍空间里住着数千名学生。由于出行成本在该指数中具有重要作用，因此在连通性更高的位置——街道交叉口周围和城市街区较小的区域——居民的可达性也往往更高。[15]

以咖啡店选址为例，周边居民的可达性是一个重要标准。大多数人都喜欢喝咖啡；总体而言，咖啡店选址看重的是能最大程度接近每位顾客的地点。某些年龄段的人，如 20 ~ 50 岁的职业人士和学生可能更喜欢喝咖啡，因此可以在指标中提高这些人群的权重，以找到最接近这些目标消费群体的地点。

对于一个需要出门办事的人来说，可达性取决于他从何处来、到何处去，以及有多少可用的时间。这些限制被称为时空约束，这个概念是由瑞典地理学家哈格斯特朗（Torsten Hägerstrand）推广普及的。[16] 哈格斯特朗的时空约束如图 50 所示，其中 x 和 y 坐标表示空间，z 坐标表示时间。时间只能从下到上沿着一个方向移动——因为一个人在一天中的活动是随时间逐步进行的。图中的垂直圆柱表示锚点，例如

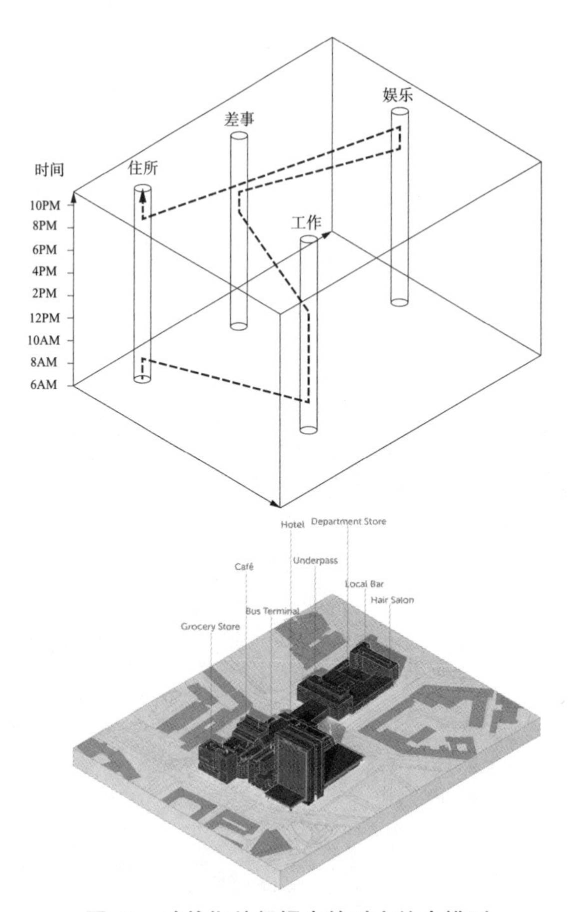

图 50　哈格斯特朗提出的时空约束模型

住所，是个人出行的起点和终点，它们之间的连线表示人们的行程。该图表明，人们可以从固定位置出发或在不同位置之间移动时前去光顾街道商业。

例如，图 51 的地图记录了位于马萨诸塞州剑桥市的达尔文咖啡店周围住户的可达性。该图展示了咖啡店周边 10 分钟步行范围内的家庭住宅。根据剑桥市人口普查数据显示，该地区有 2239 名居民是潜在顾客。由于距离衰减效应，来自更远地方的居民不太可能光顾该咖啡店，因此引力指数较低，估计在这 2239 人中，只有 1150 人可能会从家里步行到咖啡店。[17]

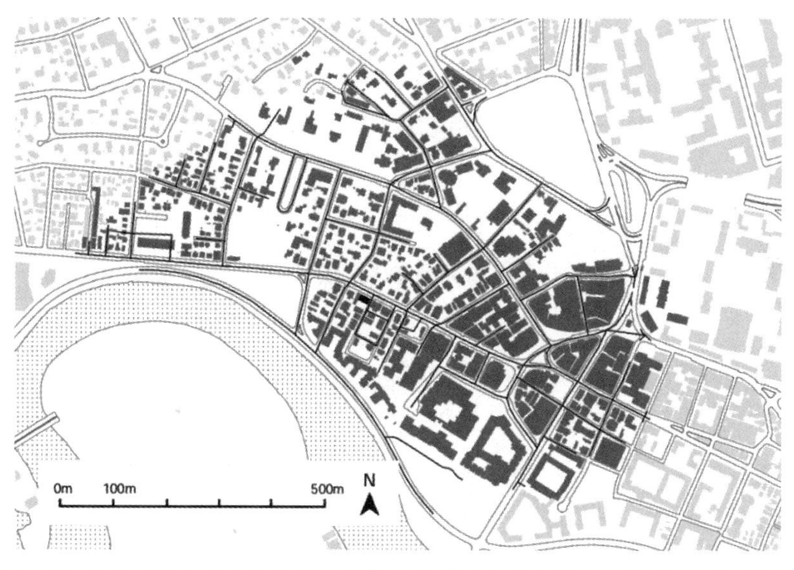

图 51　达尔文咖啡店周围住宅到访的时空棱镜，马萨诸塞州剑桥市。地图显示了距离达尔文咖啡店不到 10 分钟（600 米）步行路程（阴影）

但是，咖啡店以及大多数其他零售、餐饮和服务企业，并不仅仅看重来自住宅区的客流。尽管确实有一部分顾客可能会从家中步行到商店，但更多的顾客可能是午休时间从工作地点来的。[18] 因此，来自工作地点的需求也构成了零售、餐饮和个人服务业整体访问的重要组成部分。2012 年，美国的上班族平均每周花费 26.71 美元在工作地点附近的餐饮中，约占全国平均外出就餐支出的一半。[19]

事实上，街道商业往往选择从多个地方都最便捷可达的位置。除了家庭和工作场所，商店也重视靠近公交站点、公共机构、休闲场所或停车场，以及前两章中提到的其他商店。所有这些地方都可以添加到引力指数中。就像住宅一样，工作场所（如办公楼）的权重可以体现每栋建筑中的员工人数，而公交站点的权重可以体现车站每天的乘客数量。[20] 该指数的分母表示到达每一个目的地所需的出行距离或时间成本。只要我们拥有表示潜在顾客来源地的数据，所有这些地方都可以不受限制地添加到引力可达性指数中。

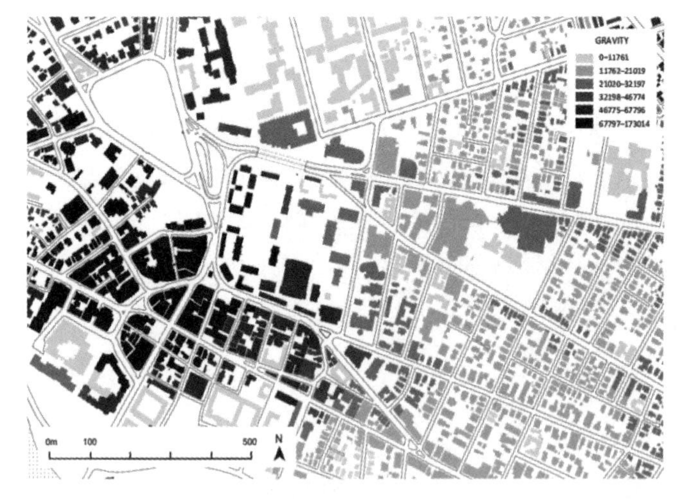

图 52 每栋建筑的综合引力可达性（居民、工作和中转站），马萨诸塞州剑桥市

图 52 显示了与图 49 相同的马萨诸塞州剑桥市某区域的引力指数结果，但现在除了家庭住宅，还包括对工作岗位和交通站点的可达性。[21] 需要注意的是，与上面的居民可达性地图相比，数值发生了变化。现在，可达性最高的地点位于地铁入口周围以及就业密集的地方，在地铁站周围的一平方英里内就覆盖有数万个工作岗位。每天都有大量乘客使用地铁站，在这种情况下，每天超过 20000 人。因此，靠近地铁可以极大地增加潜在顾客的可达性，没有哪栋住宅或商业建筑能拥有如此多的日常用户。此前在地图底部的学生宿舍周围的峰值，已经被更多人口密集的地方所取代。虽然该图仍然计入每栋住宅内的居民人数，但是与数量众多的职员和地铁乘客相比，不再是主导因素了。

即兴购物和企业如何定位才能吸引移动中的顾客

测量从住宅、工作地点和公交站点出发的可达性是检测某个位置是否有巨大商业潜力的有效方法。不过，即使是在一份完整的目的地清单中，许多到访商店的顾客可能并非来自一个固定地点，而是在前往该地区的其他行程中路过这家商店。如果恰好在商店附近，那么进入这家店比特地跑一趟要容易得多。这对步行者而言尤其如此，伦敦交通局的一项研究表明，行人在购物上的花费比经过商店的司机多 65%。[22] 这被称为即兴购物（impulse shopping）或途中购物（en route shopping）。在高密度的城市环境中，人们往往步行出行，即兴购物就尤为重要。城市中心商业区零售商 30% ~ 60% 的顾客通常是事先没有消费计划的即兴购物者。[23] 驾车经过的购物者也是商店客源需求的一个重要部分，这些商店往往靠近日常通勤者路过的城市干道或高速公路。

即兴访问的可能性可以借助另一个用以预测街道人流量的空间分析指数进行估算。美国社会学家和行为科学家林顿·弗里曼（Linton Freeman）于 1977 年提出的“之间度”（或之间性）（betweenness）指标在这方面特别有用。之间度与引力指数不同，引力指数将可达性定义为某个地点的周围顾客计划出行到达该地点的方便程度，之间度则能够帮助我们预测通过不同街道和经过特定地点的人流量，从而捕捉到潜在的即兴消费者。[24] 该指数的定义是在成对的地点之间步行经过某特定地方的比例。[25] 通过使用本身不是零售场所的起点和目的地点，该指数可以估计这些其他用地之间的行程可能的路线，以及最常经过的街段或店铺。

想象一下城市中的一条街道，其本身并没有任何步行目的地，但却是很多人通勤的必经之路——这就是一个具有高之间性的地方。历史上一些著名的桥梁，如伦敦桥、佛罗伦萨的维奇奥桥和威尼斯的里亚托桥——已经从交通繁忙的行人通道演变成为成熟的集市场所（图 53）。类似地，购物中心的顾客通常都会步行到商场的中心位置。大多数人流密集的地点位于其他热门商店之间，顾客很容易在行程的途中到访，不需要额外的行程，这使得某些不会特定前往这些商店的顾客发生冲动消费。因此，购物中心的中心位置每平方英尺的租金最高，人流量最大的街道沿街店铺租金也最高。[26] 当纽约市决定将著名的时代广场从十字路口改造为步行广场时，广场边缘零售商店的租金几乎增至三倍。[27]

研究零售模式的研究人员发现，之间度估计值可以有效地解释一个城市的零售区位模式。[28] 正如我在本章后面介绍的那样，之间度也是预测马萨诸塞州剑桥市和萨默维尔市零售区位的最佳指标之一。

图 53　意大利威尼斯里亚托桥上的商店

图片由 Jorge Royan 于 2009 年拍摄

就像引力指数一样，特定街道路段或地点的之间度本质上是由其周围的出行起点和目的地的空间配置决定的。街道周围的出行起点和目的地越多，或者周围环境能够自然吸引更多行人经过时，之间度数值越高，同时也有更多的行人流量。这对于规划师和城市设计师而言很重要，因为他们塑造了建成环境的空间结构，进而塑造了行人流量。

图 54 为理解之间度指数在地图上的表现提供了具体案例。图中假设有 5 个人从两个不同的住宅出发，沿最短路径到达同一目的地（中转站）。在两次行程的第一段，每栋建筑物都有 5 个行人经过，之间度数值为 5。但到了路上的某个地点，这些路径会汇聚到同一条街上，从这点开始，所有行人都经过每栋建筑，因此之间度为 10。如果将这个例子扩展到公交站点周围的数千户家庭，我们就能估算出行高峰期间所有街道的总人流量。

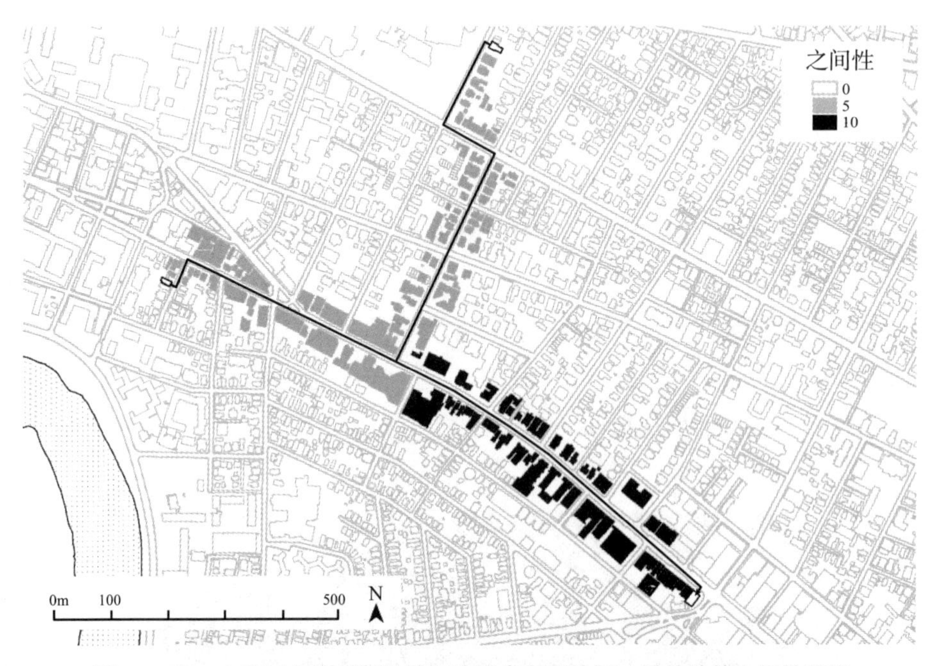

图 54　有 5 人从两个住宅通过最短路线步行到达同一目的地的之间性结果

传统的之间性指标的缺点之一是其假定人们的出行遵循最短路径的原则。[29] 即使存在多条看似合理的步行路径，如果其中一条路径比其他路径稍短，那么该方法就会默认选择最短路径，但这可能会夸大此类路径的重要性。最短路径确实在计算上更简单，但不一定是人们的实际选择。这也是我在图 54 中的假设。

研究人员通过分析行人出行行为发现，人们不一定知道或者偏好最短的路线，即使有更短的可选路线，他们也经常选择稍长的路线。平均而言，比最短路径多走 10% ~ 20% 的弯路是很常见的。[30] 这是常识，我们大多数人不会试图绝对精确地安排会议和差事的时间，而是至少为步行多留出几分钟的缓冲时间。当我们去开会的时候，这个缓冲时间使我们可以有机会选择其他的路径并参观沿途的地点。当然，绕行的距离通常在越短的路程上占比越大，在越长的路程上占比越小，因为总行程距离的百分比绝对值随着路线距离的增加而增加——步行 5 分钟多走 20% 只增加 1 分钟的步行时间，但 50 分钟的步行多走 20% 则会增加整整 10 分钟。

在我的研究小组（City Form Lab，城市形态实验室）中，我们将这些绕路情况考虑在内，开发了相关的空间分析和人流建模工具。[31] 图 55 展示的是与图 54 相同的两个起点到地铁站的路线，但现在将来自两个起点各自的 5 个人平均分配到所有比最短路径长 15% 的路线上。每条路线被赋予几乎相等的通过概率，同时每个起点的人数被分配到所有可行的路线中，并使较短路线的通过概率略高于较长的路线。[32] 行人的总人数没有变化——每个起点仍有 5 个人，并最终到达同一目的地。你可以想象是两个起点各 5 个人，没有经过事先商量，并按照各自的喜好选择任意路线走到目的地。有些人会选择最短路线，有些人喜欢安静的路线，还有些人会选择景色更优美的路线。在所有可行的路线中，某些路段的通过率会高于其他路段。例如，在行程的起点和终点，不同的路线会不可避免地在此汇聚（图 55）。更重要的是，将这些绕行道路纳入分析中可以确保我们不会忽视略长的路线，而是使它们与最短路线有几乎同样的使用概率。一些行人选择安静的路线，其他人喜欢繁忙的路线，有些人喜欢更多绿化的路线，还有一些人喜欢更有趣的路线。那些不能或选择不沿着主要步行干道设置的餐馆和商店利用了这些特点，沿着不同的街道选址。

图 55　5 人从两个住宅步行到达同一个目的地的之间性结果，使用的所有路径都比最短路线长 15%

在之间性指标中加入绕路场景相当于在步行路线周围添加类似于哈格斯特朗时空棱柱的一个缓冲区。如果最短的路线仅需要 10 分钟，但该出行者实际上有 20 分钟的可用时间，那么他就可以花 10 分钟的时间绕道顺便去处理其他的差事。将这些绕道添加到之间性指数中是一种可以解释行人随机行为的简单方法，因为行人不会像机器人那样预先选择最短的路线。

如果我们在使用之间性指数时将绕道情况考虑在内，并且不仅包括两个，而且包括数千个起点和目的地，我们就可以得到一个更真实的行人流量估计结果。我们不再假设每次步行都严格遵循最短路径，而是对多条可行路径的概率分布进行计算。[33]

即使是在一个城市的一个小区域内，预测人们的所有出行也是不可能的，但幸运的是，我们无需对人们的每次出行都进行建模来发现具有高即兴购物潜力的地点。产生最大行人流量的重要“出发点—目的地”配对的集合通常很小，可以建模，并且能够提供足够精确的人流量和购物需求。[34] 在密集的城市环境中，关键的“出发点—目的地”包括工作场所、公交站点和居住地点。其他吸引人的地方可能包括其他零售商店、机构、公园、公共空间和大型停车场。

行人出行模型的设置也可能因环境而异。地方政府交通部门开展的出行调查和出行记录可以用来检测最常见的行人出行类型。例如，在较大的城市中，公交站点是行人出行重要的起点和目的地。但是，人们步行前往公交站点的比例也取决于他们能否方便到达这些车站。就像引力指数有一个距离衰减函数，即行程距离增加会降低步行概率，之间性指数也可以设置为随步行距离增加而降低出行次数。[35] 例如，离地铁站步行 5 分钟距离内的住户可能花费 50% 的步行时间往返地铁站，剩下 50% 的时间则是去往住处周边的其他目的地——超市、公园、邻居家或操场等等。距离同一地铁站 10 分钟步行距离的住户可能只会花 15% 的时间用于往返车站。我们通常仅对主要的交通人流（例如从住处或工作场所到地铁）进行建模，并假设其余出行都是基于住户位置本身，而不是试图分别对其他每一类出行都进行建模。这种简化是合理的，因为其他所有的出行都是从住处开始或结束的。

图 56 中的地图显示了对马萨诸塞州萨默维尔市戴维斯广场地铁站周围早高峰时段的人流量估计。对地铁站周边 10 分钟步行范围内、从住处或工作地点出发的步行进行建模，所有使用的路线最多不超过最短路线的 15%。之间性指数的值表示不同街道人流量的估算结果。类似的分析可以用于一天中不同时间的出行。例如，午餐时间的外出去往公交站点的次数更少，去往工作场所、餐馆、咖啡厅和公园的次数更多。因此，通过之间性分析可以筛选出那些发生计划外的、即兴到访商店的人流量，而引力可达性指数则忽略了这一点。

图56　马萨诸塞州萨默维尔市戴维斯广场地铁站周围街道上高峰时段的步行人流量估计
（包括800米步行范围内从住宅到地铁站以及从地铁站到工作场所的步行）

马萨诸塞州剑桥市和萨默维尔的零售模式

几年前，我分析了马萨诸塞州剑桥市和萨默维尔市的零售和餐饮服务企业，通过建立了一个空间统计模型来检测哪些区位因素能够解释该地区的商店分布模式。[36] 利用引力指数和之间性的估计结果，我查看了这两个城镇中的每一栋建筑，看看不同类型目的地的可达性以及使用之间性指标预测的步行人流量是如何影响它们包含商店的概率。可以看到，许多商店聚集在剑桥市的广场周围——哈佛广场、中央广场，英曼广场和联合广场，或者沿着城市的主要街道分布（图57）。[37]

我测量了每个潜在零售建筑周围详细的区位特征，即从住宅到工作场所再到交通车站等的可达情况。此外，零售地点的选择不仅受到周围建成环境和人口统计的影响，还受到其他零售商区位模式的影响。正如前两章中所讨论的，无论在什么位置，商店总是与其他商店聚集在一起。为了将商店之间的集聚效应考虑在内，我使用了一种称之为空间滞后回归（spatial lag regression）的空间统计模型，以测量结果变量的变化——在这个案例中，结果变量为二进制指标（即0或1），用来标记某建筑中是否有零售商——是如何受到周边是否有零售商的影响。[38] 这种方法让研究者可以观察特定建筑物中的零售商店受到周围其他零售商的影响。[39] 该模型返回一个空间聚类系数rho，它描述了与其他零售商的集中分布如何影响商店选址。[40]

因此，该研究整合了影响零售区位选择的三个重要因素。首先，聚类系数评估了零售区位选择是否受到与其他零售商的集群效应的影响，以及如何受到影响。其

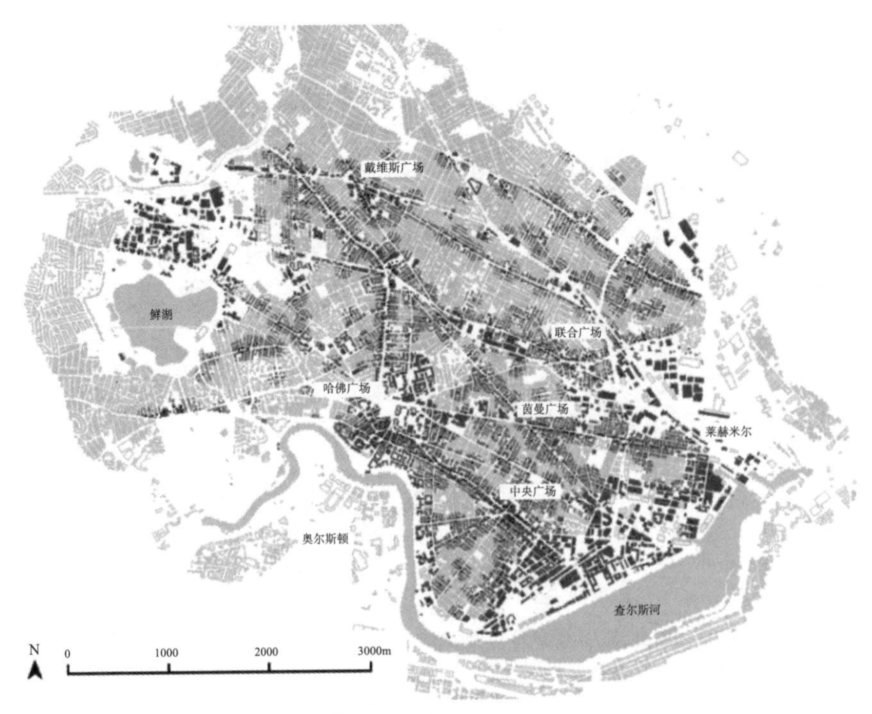

图 57 剑桥市和萨默维尔的零售和餐饮企业位置（标记为黑点）以及用于区位分析的建筑选择集（用深灰色标记）

次，引力指数反映了某个地点周围的交通可达性、城市形态和土地利用情况，而之间性估计值则反映了每个地点前的潜在人流量。[41] 第三组系数则描述了每个地点周围场地特征的影响，包括人口指标以及附近地块即时特征（immediate parcel characteristics）如可见度、人行道宽度和建筑规模。为了控制潜在的重要区域特征，我还考虑了每栋建筑周围人口普查区内的家庭收入中位数、房屋空置率、租房比例、非裔人口比例以及老年人的比例，结果如表 7 所示。

马萨诸塞州剑桥市 / 萨默维尔市零售和餐饮企业的选址变量的估计系数（n=14218）
二元因变量：每栋建筑中的零售 / 餐饮企业是存在（1）或不存在（0） 表 7

变量	空间滞后模型		
	W 矩阵 (d=100m)		
Rho（聚类）	0.28	***	（17.45）
常量	−1.458E-01	***	（−12.85）
公交车站（引力指数，r=600m）			
地铁站（引力指数，r=600m）	6.210E-02	***	（5.66）
建筑容积率（引力指数，r=600m）	3.004E-09	***	（3.41）
住宅（引力指数，r=600m）	−6.686E-06	**	（−2.37）
企业（非零售或食品，引力指数，r=600m）	9.813E-07		（0.67）

续表

变量	空间滞后模型		
	W 矩阵 (d=100m)		
之间性（权重 = 建筑容量，r=n）	3.254E-14	***	(10.38)
地块类型（直接访问的街道数量 1-5）	8.477E-02	***	(32.45)
建筑占地面积（1000 平方英尺）	1.579E-07	***	(3.73)
道路宽度	5.276E-04	*	(1.92)
人行道宽度	2.418E-03	**	(2.36)
家庭收入中位数（按人口普查区计）			
%空置率	-1.324E-01	~	(-1.31)
%黑色的			
% 租户			
% 60 岁以上	9.367E-02	*	(1.93)
R^2	0.147		
空间依赖性的似然比检验	313.720	***	
显著性水平~ p<0.25，*p<0.1，**p<0.05，***p<0.01			
单元格条目内为系数，括号内是统计量的 z 值			

聚类系数 rho 的结果表明，无论其他区位特征如何，零售商之间的空间聚类是解释这两个城镇零售分布模式的一个重要因素。如果在 100 米步行半径内的所有邻近建筑物都包含零售场所，那么给定建筑物也容纳零售商的概率将比在同一步行半径内没有零售商的情况高出 28%。在 100 米步行范围内，邻近每存在一家商店，平均会使该建筑内拥有商店的概率增加 1%。[42] 因此，正如第 3 章的理论所预测的那样，剑桥和萨默维尔的零售区位选择模式在一定程度上可以用零售商之间的集聚来解释。

但是，将所有的零售、餐饮和个人服务企业作为一个整体，就意味着无法确定这里观察到的集群性质是互补的还是竞争的。当我分别对每种类型的商店进行类似的模型测试时，可以很明显看出哪些类型的商店最有可能靠近它们的竞争对手——爱好商店、音乐商店和书店最倾向于与类似的商店分布在一起，其次是餐馆和饮酒场所、电子和电器商店，然后是服装和配件商店（参见第 3 章的表 6）。

表 7 中的下一组系数描述了周围地点的引力可达性与商店区位模式的相关关系。地铁站的可达性是商店选址的一个显著的正向预测因素，而公交车站的可达性则对商店选址没有影响，因此从最终的模型被中排除。距离地铁站步行 10 分钟距离内的建筑比距离更远的建筑容纳零售和餐饮企业的可能性高出 2%。在保持所有其他变量不变的情况下，当离地铁站的距离缩减到 100 米内时，这一影响程度增加到 5%。波士顿人熟知的地铁标志（T），对商店来说是主要的吸引力来源。[43]

商店周围建筑面积和就业场所的引力可达性与商店位置也有显著的正相关。保持其他变量不变，高密度区域（第 95 百分位）的建筑比低密度区域的建筑容纳零售商的可能性高出 3.8%。这证实了顾客密度的重要性：能够达到更大建筑面积的地点拥有更多的商店。并且零售商也往往选址于更接近就业场所的建筑内。就业密度与建筑密度高度相关，这解释了为什么当这两个因素都包含在模型中时，这种影响的统计显著性受到抑制。当单独考虑时，就业场所的接近程度与零售店位置有很强的相关性。

令人惊讶的是，周围居民密度较高的地方并没有很多商店。但是，相较于就业场所和建筑面积对商店分布模式的显著影响，10 分钟步行范围内的居民数量对商店分布的影响要小得多。大约有 80%的建筑为住宅建筑，因此商店位于不同的社区可能会造成居民可达性的一些差异，但这种差异远小于就业场所和非住宅建筑。随着远离肯德尔广场、中央广场或哈佛广场等主要就业中心，就业机会会迅速减少。因此，剑桥和萨默维尔的零售企业更在意工作场所的密度，而不是居住密度。

用以估算建筑物前行人流量的之间度系数，与商店位置呈正相关且高度显著。事实上，它是预测商店选址的最有力指标之一。位于交通繁忙地段（第 95 百分位）的建筑比位于交通稀疏地段（第 5 百分位）的建筑更有可能拥有零售企业，可能性高出近 6%。这证实了商店不仅倾向于分布在那些可以从周围建筑出发、依计划到达的地方，还会顾及那些有更多行人经过的地方——这些地方可能发生更多计划外的即兴购物。

表 7 中的最后六个系数估计了场地特征和人口情况对零售选址的影响。这些数据表明，零售和餐饮企业也倾向位于比较显眼的位置，例如两条交叉街道的拐角处，或者更好的是街区内的“端部地块”，直接面向周围的三条街道。多临近一条街道，建筑内有零售店的概率平均会增加 8.48%。为了描述这种常见的商业类型，许多语言采用了译为“街角小店”（corner shop）的术语。[44]

建筑占地面积、人行道宽度和道路宽度也与商店的位置呈正相关，这表明零售企业的选址倾向于在占地面积更大的建筑、面向更宽阔的道路和有人行道的地块。当人行道宽度扩大 3 英尺时，拥有商店的概率平均增加 0.73%。更宽的人行道不仅为行人提供了更多的空间，往往还有更多的树荫、街道家具以及更活跃的公共空间——这些都是对商店有利的环境品质。

住宅空置率对零售商店的分布有负面影响，但几乎没有显著影响；其他社会经济变量除附近老年居民比例外，对零售商店分布没有显著影响。人口普查区内老年居民的百分比与商店的存在呈正相关，这可能反映了老年人更喜欢居住在服务方便的地方。

总体而言，有关位置和可达性的一系列详细系数解释了为何商店模式如此分布，以及为什么某些商店聚集在特定的街道上。解释剑桥市和萨默维尔市的零售区位模式的最重要因素是可见度（“地块类型”）、集群、商店前的人流量、是否靠近地铁站以及周围的建筑面积。这些说明存在一个吸引零售和餐饮企业的区位力场，就像橡皮筋一样，以不同程度的拉力将商店吸引到某些地点，而其集聚力也确保大多数商店都集中分布在集群内。

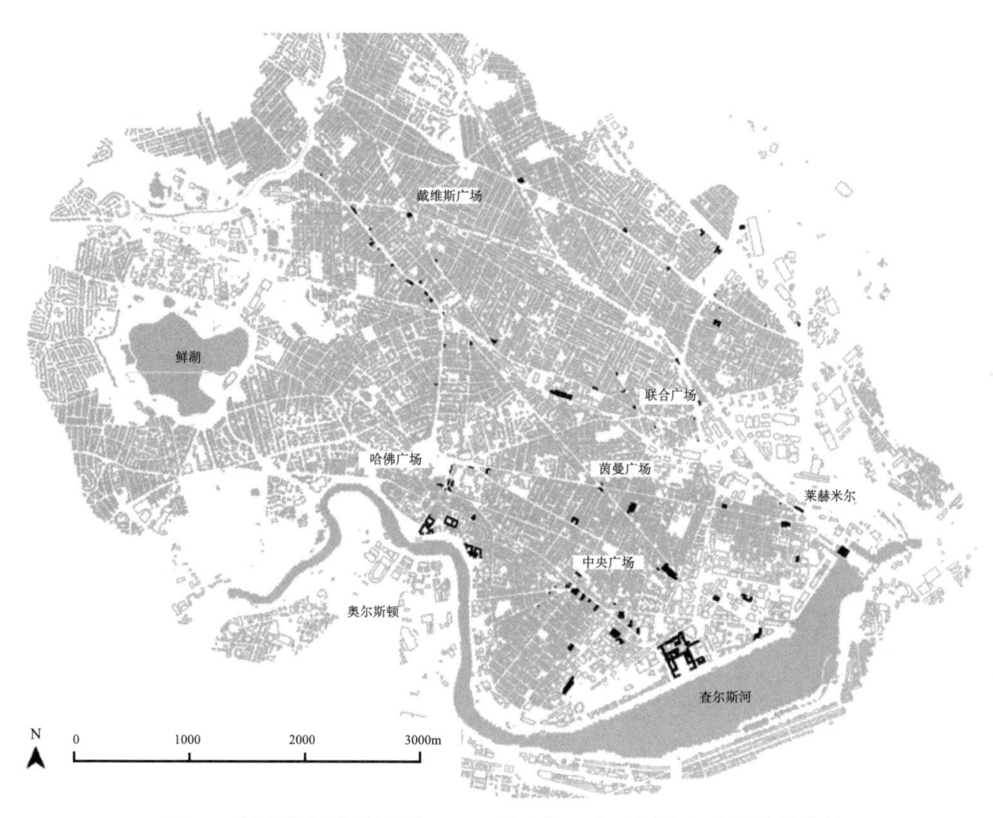

图 58　具有负标准化残差 <-1.5 的建筑，表示零售商店可能的选址

残差是这种零售概率的空间统计模型很有意思的副产品，它表示每个地点被高估或低估的程度。对规划者和决策者而言，负残差尤其值得注意，因为它们描述的是那些具有全方面优势区位特征、但目前缺乏零售商的地点。根据模型的预期，这些地点理论上应该会有商铺，但实际上却没有。这些残差可以帮助我们识别哪些地点可能适合用于零售业，并确定可能需要调整的分区规划以支持商业活动。图 58 显示了研究区域中的一部分地图，其中列举出了该模型认为适合于商业但是实际上却没有零售或餐饮企业的建筑物。

这里有很多原因可以解释这些地方当时为什么没有商店：其中一些建筑的底层是办公室、消防部门、学校、公共机构和其他用地，这些地方可能先于零售商占据这一位置或者在竞争中胜出；一些土地所有者或居民可能不希望这里有商店；或者某些情况下，即使这些地方在其他方面有巨大潜力，但由于历史价值保护和分区限制已经禁止在这里开设商店。然而，一些良好的零售地点可能仍处于休眠状态，因为它们尚未被发现或被证明其区位优势。

来自纽约大学和密歇根大学的经济学家安德鲁·卡普林（Andrew Caplin）和约翰·利希（John Leahey）阐明了高潜力地点由于“先行者风险”而长期未被充分利用的情况。[45] 第一个决定在先前几乎没有零售场所的地点开设商店的商家必须承受相当大的不确定性。如果该位置被证明不好，那么损失将由冒险者独自承担。然而，如果这一选址被证明是成功的，那么回报不仅是这个冒险者的，还会通过所谓的信息外溢效应（information spillovers）向潜在竞争对手表明该位置的价值。

两位作者研究了纽约零售商的先行者风险，并利用信息外溢解释了为什么第六大道下段（the lower Sixth Avenue）长期沉寂，但在 1992 年一家名叫 Bed Bath & Beyond 的商店在那里开业后，情况迅速发生了转变。Bed Bath & Beyond 商店承担了先行者风险，在一个不确定的环境进行了大量投资。这家商店的明显成功很快让其他零售商意识到该地点的价值，并导致周围零售业的迅速复苏。随后又有几家商店纷纷效仿。除了仍然存在的 Bed Bath & Beyond 之外，第六大道和 18 街的拐角处现在还有 Marshalls、Lowe’s、CVS、Staples、Men’s Wearhouse、Old Navy、TJ Maxx 以及许多其他商店、餐厅和个人服务提供商。类似的推理可以解释为什么剑桥和萨默维尔的地图中一些具有区位潜力特征的地点可能仍然未被商业利用。

上述统计模型有两方面的作用。首先，它告诉我们不同的商店和服务倾向于选择哪种类型的地点。服装店通常开设在什么地方？那么鞋店呢？或是餐厅呢？对于每种类型的商店，可以为其指定一个类似的统计模型，就像前面所示的、针对所有零售和餐饮服务企业的统计模型一样。[46] 其次，该模型还可用于发掘新的商店选址，正如残差图所示。但是，该模型无法预计每个地点有多少顾客会访问，也无法预测处于新地点的商店可能产生多少收入。这就是哈夫模型能够发挥作用的地方。

使用哈夫模型预测新店的访问量

确定商店位置后，我们可以使用哈夫模型估计每个消费者在所有可选商店中选择特定商店消费的概率。这一概率的数学公式可以在尾注中找到，[47] 简而言之，顾客去某个特定商店购物的可能性取决于这家商店对顾客来说是否相比于周围其他所有商店更容易到达。这种可达性是由引力指数决定的，同时取决于商店的吸引力与到达商店的距离。

该方法假设人们的选择存在一定程度的随机性，而且购物地点的选择并不遵循固定模式。该模型不是将每个顾客分配给可达性最高的某个商店，而是为每个人分配其到访周围各个商店的概率。就像引力指数一样，当目的地吸引力更强或距离更近时，这个概率也会增加。沃尔多·托伯勒（Waldo Tobler）提出的地理学第一定律认为："万物相互关联，但相近的事物比相远离的事物关联性更大。"[48] 例如，该模型可能给某一特定地点的居民分配 70% 的可能性去访问最具有吸引力或距离最近的商店，但剩下的 30% 访问被分配到该地区的其他竞争商店中。没有一家商店被分配到的概率为零，这反映了即使是位置最差、吸引力最低的商店，仍然可以通过随机选择获得一些顾客。该模型通过追踪分配给每个商店或商店集群的访问概率，从而得出每个位置会有多少顾客光顾的预估结果。它通过将商店对周边顾客的可达性以及来自其他商店的竞争因素纳入考虑，以此估计每家目标商店的客流量，或者说营业收入。

为了了解该模型在实践中的工作原理，让我们回到马萨诸塞州剑桥市唐恩都乐商店的例子。唐恩都乐在剑桥市有 19 家门店。这是一项特许经营业务，意味着个体店主申请在他们的店铺中使用该品牌时，唐恩都乐会从他们的利润中分得一部分作为回报。因此，我们所分析的咖啡店并非唐恩都乐所有，但唐恩都乐对于咖啡店可以在哪里经营拥有重要的发言权。他们的战略和营销团队会仔细分析哪些地方可能需要开设新店，以及哪些分店的特许经营协议到期后值得续约。

选择唐恩都乐商店作为研究案例并非巧合。保持目标零售店类型不变——同样都是甜甜圈店——使我们能够分析不同商店的客流量差异是如何主要归因于区位因素。如果我们在分析中保持目标商店类型不变，我们就排除了质量、品牌和定价这些因素的差异，只需要关注地理位置的影响。

同大多数零售企业一样，唐恩都乐没有公开其每家门店吸引的客流量。缺少此类数据可能会成为零售区位分析的重大障碍。在下面的例子中，我使用了一个替代方法来解决此问题。我们和哈佛大学设计学院的研究生一起，到剑桥市所有的唐恩都乐商店收集了他们的顾客收据进行分析。唐恩都乐商店的收据和许多其他的零售收据都带有数字编号，代表这家特许经营店顾客的订单顺序。例如，咖啡收据上的数字"169432"可能表示这是自该店开设以来的第 169432 位顾客。商店有几种收银系统，但是并非所有系统的收据都有连续的顾客编号。有些商店每年都会重新计数，有些商店在超过 10 万后会重新开始计数。但是如果收据上有交易编号，它可以提供方便的公共信息，显示有多少人光顾过这家商店。

我的学生们参观了剑桥市所有的唐恩都乐店两次，第二次和第一次间隔大约两个星期。第二次计数与第一次计数之间的差值告诉我们在两周内有多少人光顾了这家商店。如果第一个数字为 169432，第二个数字为 180982，那么我们就知道在两周内有 11550 名顾客光顾了这家商店，将其除以 14 天即可知道平均每天的顾客量。

图 59 显示了马萨诸塞州剑桥市全部 19 家唐恩都乐店的分布，以及每家商店每天的平均客流量。这些商店分布在不同类型的地点——有些位于哈佛和阿勒维夫（Alewife）的地铁站里，有些则位于主干道附近，还有一些则位于购物中心内。剑桥市大多数唐恩都乐商店都位于人流密集的地方、靠近其他街道商店，不过也有一家免下车类型的门店也吸引了不少顾客。[49]

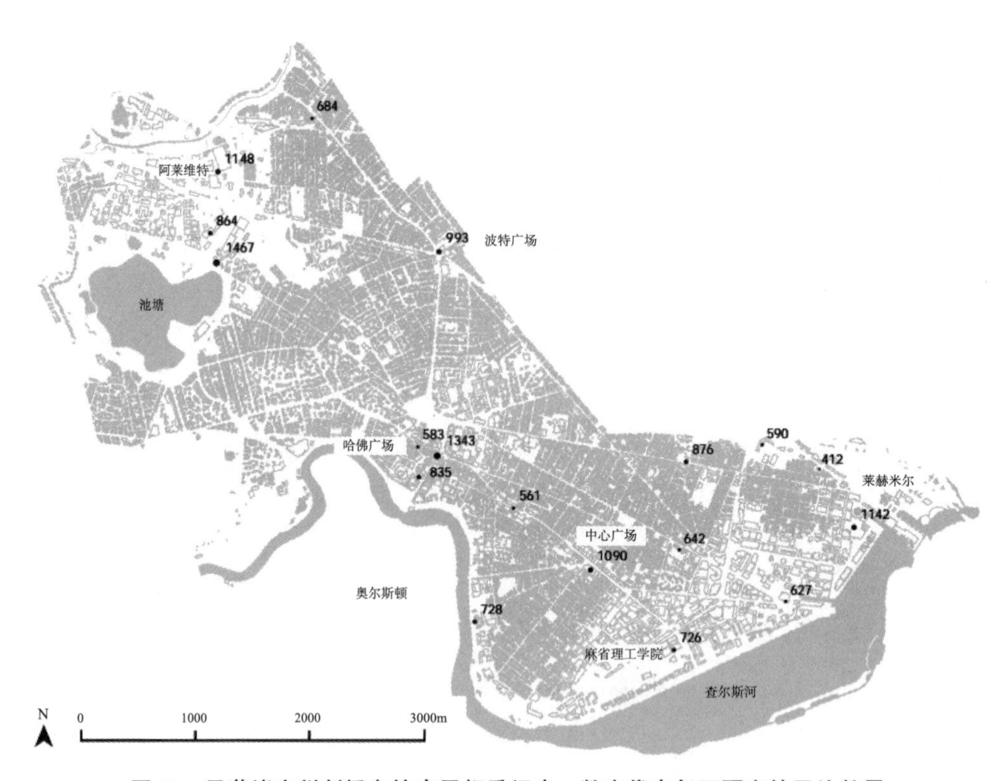

图 59　马萨诸塞州剑桥市的唐恩都乐门店，数字代表每天顾客的平均数量

在剑桥市的 19 家唐恩都乐商店中，平均每天的客流量在 400 ~ 1500 人之间，平均为 850 人。哈佛站和阿勒维夫站内的门店以及净水湖（Fresh Pond）的免下车门店每天吸引的顾客大约是那些位于住宅区、不太受欢迎的门店的三倍甚至更多。区位特征如何解释这些差异？是因为高绩效的门店位置周边有更多的顾客生活、工作和步行？还是因为它们周围的竞争较少，因此具有更强的空间垄断能力？

为了比较这 19 家门店的预估客流量与实际客流量，我们测度了剑桥周边一系列潜在的顾客地址到每家门店的可达性。这些地址包括住宅、工作地点和公交站点。我们还将一些来自住宅和工作场所的固定地点需求分配到通往其周围地铁站和公交站的步行路线上，使用之间性指标来捕捉潜在的即兴购物者。我们在哈夫模型中使用的全部因素包括居民、就业场所、公共机构以及每家门店周围的预估步行流量（图 60）。

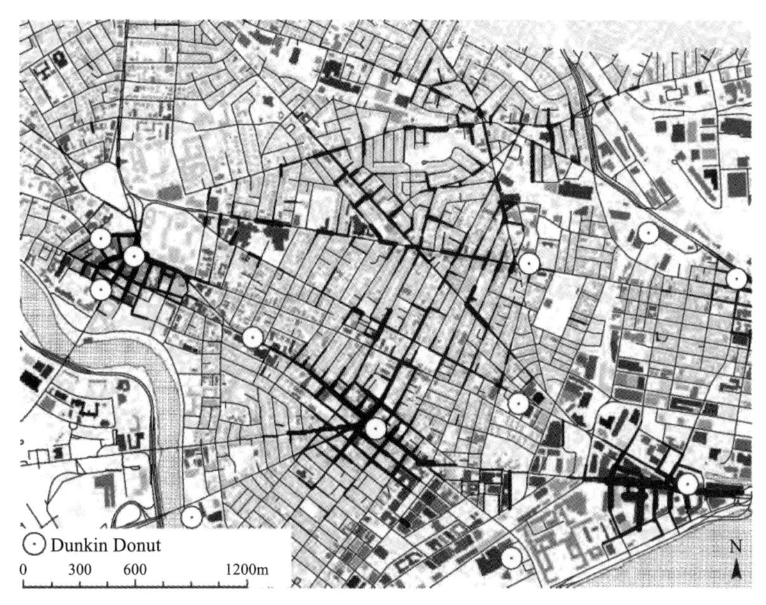

图 60　唐恩都乐在马萨诸塞州剑桥市的固定和移动需求来源的估计分布

比较哈夫模型预测的访问量与我们收集到的实际访问量，结果显示二者之间存在 80% 的相关性。位置的确是决定唐恩都乐咖啡店收入的关键因素。来自住宅、工作场所和交通站点的顾客到店的可达性，再加上估算的街道行人流量和来自其他商店的竞争，大致解释了剑桥唐恩都乐咖啡店访问量变化的原因。

更重要的是，哈夫模型向我们展示了如何在尚未有商店的新地点预测顾客数量和收入。虽然我在前文描述的空间统计模型残差可以提供关于新商店可能在哪里经营成功的见解，但哈夫模型可以估算在有竞争商店存在时，一个位置可能吸引多少顾客。然后，可以将估算的顾客量与该位置的预计固定成本进行比较，以确定在该位置经营是否在经济上可行。

然而，即使某个地点看起来合适并且预期收入良好，在这里开设新的商店和餐馆也不一定可行。如前文所述，先行者风险会促使商家持续观望。在第 2 章中，我还讨论了分区法规和来自其他用地的竞争是如何阻碍商店进入位置良好的建筑底层。但除此之外，街道和建筑的类型也会促进或阻碍商业的发展。有时即使是商业法规利好的、条件优越的地点，由于建筑楼层、立面、建筑类型和街道配置不适合商店，也会限制商业发展。这是下一章将要探讨的内容。

第 6 章

城市设计和建筑类型如何影响零售区位模式

在看似好的位置，特定的建筑或街道能否容纳想要迁入那里的零售商，部分取决于它们的建筑类型。并非所有建筑类型都适合容纳商业空间，也并非所有社区都同样地支持商业街道。我是通过在爱沙尼亚的安内林（Annelinn）进行的一次自然实验亲身体会到这一点——这片公共住房区是我长大的地方——在 20 世纪 90 年代初苏联解体期间，那里的零售环境从计划经济转变为以市场为基础的零售环境。

安内林是一个典型的苏联时期的住宅综合体，由 5 层和 10 层预制楼房构成。在 50 年的占领期间，苏联当局在爱沙尼亚的几个城市建造了一系列住宅区。安内林建于 20 世纪 80 年代，到 90 年代，约有 35000 人居住在这里。受勒·柯布西耶和沃尔特·格罗皮乌斯的现代主义城市规划理念的启发，[1] 这些独立的标准化住宅楼以正交之字形排列，以最大限度地增加阳光照射（图 61）。建筑与道路的间距很大，并且采用了非常经济的预制技术进行建造，在很多方面类似于我在第 2 章中提到的新加坡组屋。[2]

图 61　安内林住宅区鸟瞰图（左边的 U 形低层建筑是苏联时期的学校和日托中心）

图片来自托马斯·帕弗（Toomas Paaver）的收藏

除住宅单元外，安内林住宅区还设有一定数量的计划经济型商店，每家商店占地面积约 5000 平方英尺。随着该地区的扩大，杂货商店的数量也逐渐增加，最终整个住宅区有 4 家杂货商店提供服务，还有一家专门出售锅碗瓢盆等的家居用品店。这里没有街角的酒类杂货店、蔬菜店或香烟亭。由于零售商店稀少，大多数居民要走很远的路才能到达商店，然而到了店里却发现货架上的东西已经不多了。同苏联广袤领土上无数其他的住宅区一样，安内林住宅区的零售设施明显不足。

自 1989 年柏林墙倒塌、1991 年爱沙尼亚从苏联的占领下重新获得独立后，形势开始迅速转变。几乎在一夜之间，这个国家不得不从中央计划的社会主义经济过渡到拥有自由市场、私有财产和商业企业的资本主义制度。对于安内林的零售空间来说，这意味着市场调整是为了弥补苏联时期商店的供应不足。 居民渴望新的商店和更多样化的产品，于是新兴的创业市场做出了回应。

新零售空间的最初形式是跳蚤市场和售货亭。在露天跳蚤市场或路边的售货亭摆摊的启动资金很少，商人们都可以来试试运气。售货亭是从庞大的苏联工业经济遗留下来的、闲置的五金工厂中，以很经济的方式生产出来的。这些廉价的亭子虽然没有建筑物更耐用，但是店主承担的风险也更小，因此在整个城镇中的数量增加了数百倍。由于其移动性和临时性，经营者也可以避免向城市缴纳房产税（property taxes）。

在我家周边 5 分钟的步行范围内，大约就有 6 个不同的售货亭，使我家附近的零售供应增加了 2 倍多。这些售货亭由金属板焊接而成，前面有一个亚克力的大窗户，出售各种各样的杂货和其他用品——包括牛奶、面包、奶酪、肉类、果汁、糖果、香烟和酒精饮料（图 62）。有些亭子还售卖三明治、汉堡包和炸薯条。尽管售货亭的规模很小，但提供的商品却不亚于苏联时期的任何杂货店。后苏联小说作家维克多 · 佩列文（Victor Pelevin）在小说中，生动描绘了当时围绕这种售货亭发展起来的丰富的社会生活。[3]

图 62　20 世纪 90 年代在塔林开设的售货亭

图片由 Peeter Langovits 拍摄

服装和服饰很少在售货亭中售卖，而是在跳蚤市场上，在那里大约有 50 ~ 100 个商贩在铺满衣服的桌子边竞相兜售（图 63）。在离我家不远的一个停车场里，人们用木桌临时搭建起一个跳蚤市场。人们将塑料布铺在桌子上，以防商品被雨雪淋湿。由于波兰和土耳其等更大市场的涌入，衬衫、裤子、冬装和其他服装的种类激增。人们以前从未见过如此多样的衣服款式，带着对消费产品的新渴望，他们纷纷抢购这些衣服。商人们用现金交易，这样可以避免缴税。他们获得的利润吸引了更多的商贩进入市场。

图 63　20 世纪 90 年代的塔林跳蚤市场
图片由 Alamy 提供

售货亭和跳蚤市场都是临时的零售类型，启动成本低且位置灵活。但它们提供的购物体验与我们今天在爱沙尼亚看到的街道商业或购物中心还有差距。在气候相对寒冷的室外，商品和货币通过小窗口或市场柜台交换，通常可以还价但一旦交易完成就不能退换商品。

此外，还有更经久的地下室商店。安内林的住宅建筑是高度规整的预制混凝土板结构。一楼比地面高半层，这样使得地下室在地面上可以有一个条形窗户。在典型的 5 层楼房中，15 套公寓共用一个楼梯，每层有 3 个单元，并有一系列小型地下室。为了消防安全，地下室还设有一个后门。

这些住宅区的建筑类型和场地规划使得在建筑中设置商业空间变得困难。一楼是禁止入内的，因为它们与其他 14 户家庭共用一个楼梯。随着私有化发展，大多数建筑的租户很快成立了租户协会，他们往往会锁上前门以防止小偷、流浪者和破坏者进入。若为了便于顾客进入而开放楼梯门，自然与这一切相矛盾。并且由于一层的高度阻碍了视线，路人无法透过窗户看，因此即使允许居民开设商店，他们也难以展示商品。

地下室空间为商店提供了更好的机会，不过就视线而言，几乎和一楼的单元一样糟糕——只在高于地面几英尺处有一个小的条形窗户，显然不适合展示商品（图 64）。地下室空间的大小也是个问题——摊位被承重墙划分为 100 ~ 200 平方英尺的空间，即使对“夫妻店”类型的小商铺来说也很小。但事实上，地下室在街区的后面有一个楼上居民不会使用的次要入口，这能使得商店顾客与大楼居民相互隔离，解决了一个重要的安全问题。 在动荡不安的时期，随着次要入口的取消，消防工作的减少也并没有引起太大的关注。一些食品售货亭搬到住宅楼底下的地下室这种更为固定和永久性的空间。一些服装店、鞋店和礼品商店以及酒吧也在地下室开设。

图 64　爱沙尼亚塔林市拉斯纳梅亚住房区的地下室酒吧

图片由 Vladimir Ljadov 拍摄

事实证明，地下室商店的表现并不如售货亭好。一个问题是，住宅区分散在大的开放空间中，没有与任何街道或受欢迎的人行道明确对接。这种现代主义住宅区的建筑地面覆盖率通常在 15% ~ 20%，其余的土地为开放空间，包括草地、空地和交错纵横的行人通道（图 65）。由于苏联的规划人员从未想过会有这么多的居民拥有私家车，所以进入居住区的车行道路很少。但在 1990 年代，随着私家车不再是计划配给而出现数量激增，大部分开放空间也逐渐变成了停车场。这就意味着在地下室商店附近几乎没有人流。行人使用分散的人行道，只有当他们住在那里或相邻的住区时，才会路过某个特定的建筑面前。

由于附近没有工作场所或商业活动，而且楼上只有住户单元，除了居民出行的早晚高峰时段和在家的周末以外，行人活动很少。偶尔有儿童和老年人在营业时间使用附近的游乐场或长椅，但人数远远不足以维持地下室商店的持续经营，这些商店至少要赚足每月付给楼上公寓协会的租金。与位置优越的售货亭不同，地下商店的客流量很少。

图 65　爱沙尼亚塔尔图市安内林住宅区中的开放空间

图片由 Ivo Kruusamägi 于 2016 年 4 月拍摄

苏联时期的小区（microdistrict，相当于邻里单元）还包括学校和托儿所的指定用地（图 61）。在 20 世纪 90 年代，许多这样的学校被改造成了零售场所。这些学校建筑通常有两三层高，标准化程度很高，能够提供宽敞的内部空间，对新设立的商店、电子游戏室、美发沙龙和临时酒吧很有吸引力。这些建筑中的空间大小和数量可以促成小型零售集群的形成，并吸引比地下室商店或售货亭更大的顾客群体。但是学校建筑也并非零售活动的理想选择，它们没有落地窗来方便橱窗购物以及商店之间的流通，顾客逛商店必须穿过双边走廊或使用楼梯穿过楼层。就位置而言，学校虽然便于住户到达，却不一定靠近有大量人流的公交车站或人行道。

在这个新兴的市场资本主义时期，安内林的开发商也发现很难在现有建筑之间进行再开发。作为私有化的一部分，住宅区之间的开放空间所有权被分配给公寓协会，因此建筑之间的土地就同时属于周围的几家住户。要开发这片土地需要与所有存在利害关系的住户达成协议——这不是一件容易的事情。其次，这座城镇的现代主义“自由规划”格局中，能够为商店提供足够行人和车辆通行、停车空间的场地非常少。可用的建筑空间通常太小，或者就是货物运输过于繁琐。

除了售货亭、跳蚤市场和特定的地下商店之外，在后苏联的转型时期，安内林并没有出现真正的街道商业，尽管人们的需求是明显存在的。新的商业空间不是对现有的住宅建筑进行适应性再利用，也不是在现有的住宅区之间进行填充式开发，而是沿着更有历史意义的市中心街道出现，这些地方拥有更具韧性的建筑类型。这些面向繁忙的人行道的老旧街区建筑底层很快成功地转变为新兴的零售场所。大卖场出现在住宅区的边缘，靠近交通干线和公交车站。但是，安内林为住宅用途而特意优化的刻板格局至今仍不利于商业规划。温斯顿·丘吉尔曾经说过：“我们塑造建筑，建筑也塑造我们。”[4]尽管已经具备了必要的经济前提条件——购买频率、密度、低固定成本，以及较高的人流量和公共交通出行比例，但刻板的建筑类型和场地规划仍然阻碍了商店的进驻。

安内林的故事暗示了建筑形式和街道类型可以通过多种方式影响零售活力——室内空间的大小、底层高度、建筑与人行道的关系、建筑内部循环系统的特征，以及建筑立面的设计。我们在世界各地的城市和街道都能找到类似的例子，说明街道商业受到建成环境设计特征的影响。本章的其余部分将对这些特征进行详细介绍。

不同类型商店的占地面积

不同类型的商店需要不同的占地面积。并非所有规模的商店都可以成为街道商业的一部分——沃尔玛购物中心或家得宝家居店的体量就过于巨大而无法参与到街道零售中。然而，在世界各地适宜步行的城市街道上还是可以找到各种各样的商店，小到冰淇淋柜台，大到货品齐全的百货商店。

在一个公认的简化分类法中，街道商业的空间需求可以分为4种规模：小型、中型、大型和超大型。小型商店的面积为250～1000平方英尺不等，这种规模可以容纳咖啡店、干洗店、独立书店、发廊或其他小型经营者。这些商店不一定需要后门，它们出售的商品以及服务所需的空间相对较小，也不需要大型卡车每日配送。小型商业空间是许多本地餐饮和个人服务商家的理想选择，因为很少有连锁经销商争夺它们。这样的小型商店可以在车辆受限或者没有机动车通行的街道上运营。

中等规模的类别涵盖了1000～5000平方英尺之间的商铺。对于各种连锁经营者来说，这是非常典型的规模范围，可以容纳全服务餐厅、中型服装及服饰店，以及成熟的个人服务提供商如美容院等。购物中心中最常见的商店规模都在这个范围内——面宽30约英尺，进深约80英尺，证明了对这种规模的空间需求很高。许多国内外品牌可以在一个中型零售空间中舒适地经营。这类商店的货物运送和服务通常需要一个单独的后门。

大型商店的面积在 5000 ~ 20000 平方英尺之间。这类规模可以容纳空间需求较大的连锁店，例如 REI 户外用品连锁店或者乔氏超市（Trader Joe's）、维特罗斯（Waitrose）这样的超市。虽然这些大型零售店在购物中心很常见，但在城市街道上的数量比中型商店更少。部分原因是，购物中心对大型商店收取的单位面积租金通常比零售街道的个体房东更低，这在第 3 章和第 4 章已有讨论。[5]

超大型商店的面积介于 20000 ~ 150000 平方英尺之间。空间规模在这个范围的前一半就足以容纳梅西百货（Macy's）、萨克斯第五大道（Saks Fifth Avenue）或玛莎百货（Marks and Spencer）这样的百货公司。尽管超大型商店是地区商业的重要支柱，但它们在街道零售中却很少见。对于这类存在需要珍惜和支持，因为一家超大型百货商店可以为周围许多小型商店提供生命线（lifeline）。关闭市中心的一家百货公司可能会导致依赖于百货公司顾客溢出效应的一系列小企业倒闭。

第二次世界大战后，美国零售市场严重依赖以汽车为导向的大型实体店，也属于超大型商店。在美国的许多城市中，大卖场（big-box store）占据了城镇的大部分零售面积。这些商店不像街道商业一样可以步行到达，而是驾车通过商店前面的大型停车场进入。不过，由于电子商务兴起和城市人口增长，这种情况正在发生改变，关于这点我将在第 7 章中进行讨论。

那些无法提供上述 4 种规模中任何一种的空间的建筑，以及不能沿街开展建设的街道，均不适合进行零售活动。

视线通透的外立面

街道零售商喜欢通过大橱窗展示他们的商品和服务。安内林采用预制的承重外墙，你无法通过拆除部分墙体或在墙面上开口作为橱窗——这样做会影响到整个建筑的结构稳定性。如果是视线通透的外立面，则可以设置橱窗来提高商业空间内商品和顾客的可见性。人们不仅享受于看到商品，还喜欢在进入商店或餐馆之前看到店内的其他人。许多餐馆经营者都深谙此道，他们会将午餐和晚餐的第一批顾客安排在靠近街道的座位，这样路过的行人就可以看到这些顾客，并被吸引进店消费。

即使新建筑的底层暂时没有开设商店，随着需求的增加，恰当的建筑类型也会促进商店的引入。欧洲的许多城市中心仍然存在历史悠久的梁—柱式木结构建筑，覆盖着灰泥。在巴黎的玛莱区（Marais）或伦敦的苏荷区（Soho），你会发现到处都是这种类型的建筑。木梁的长度可以横越大约 12 ~ 16 英尺，使得较大的沿街开口成为可能。通过柱梁转换的方案，一楼的外立面除了门面两侧边缘外没有任何承重的墙体元件。欧洲城市中心的那些拥有底层商业的历史建筑证明了这种方案的灵活性。多年来，这些建筑容纳过许多不同类型的底层商业，今天仍然能继续优雅地承载着商业用途（图 66）。

图 66　伦敦一家帽子商店（一层外立面是由历史悠久的木框架结构构成）

美国的纳税人商业街（taxpayer strip）——沿着繁忙道路的廉价单层商业建筑群——也显示出了极大的多功能性，部分原因在于其灵活的沿街立面不承载结构负荷，可以根据需要进行改造。作为小型条形购物中心（small-scale strip mall）的前身，纳税人商业街的名称来源于其临时性质——这些建筑历来建在新扩张的城市地区，投机者很早就在那里购买了土地，然后等待几年，直到房地产价值上升后再建设永久性的多层建筑。在过渡期间，纳税人商业街提供了一种方便的方式，可以在等待地产价值上升的同时，赚取足够的租金收入用来支付财产税（property taxes）。但是，其中一些最初作为临时创收场所的商业街，随着人们习惯了它们提供的商店和服务，逐渐发展成为永久性的商业街。许多东海岸城市的街角仍然保留有纳税人商业街，那里的商店和餐馆都是一个世纪以前建设起来的。

现代建筑技术使更长的跨距和开间成为可能。采用钢筋混凝土和钢梁结构的建筑可以在街道底层实现 30 英尺、甚至 60 英尺的连续开间。大都会建筑事务所（Office for Metropolitan Architecture）在洛杉矶豪华的罗迪欧大道（Rodeo Drive）上为一家普拉达（Prada）商店设计了一组没有任何墙体的临街立面（图 67）。在看似悬空的二楼下面，一条露天通道全天都吸引着购物者。即使是商店关门的时候，也只是从地面的缝隙中升起一块厚板，恰好足以封闭入口，防止有人夜间进入。

图 67　位于加州贝弗利山的罗迪欧大道上的普拉达商店

图片由 Phil Meech 拍摄，由鹿特丹大都会建筑事务所（OMA）提供

底层高度

人行道和商店内部之间的视觉关系也取决于地面底层的高度。如果底层空间与人行道不在同一平面上，而是高出或低于人行道半个楼层的高度，或者在某些情况下完全被用于停车或通行，那么即使是大面积的门窗也无法与街道建立关系。如果商店有朝向街道的窗户但高于人行道 5 英尺，那么商店内部和行人之间的视线联系会被打破。人们从街上很难看到商店里的商品或顾客，只能看到顶棚上的管道（图 68）。如果必须上下楼梯才能进入的商店也会造成不便，尤其对于那些提着包、推着婴儿车或坐轮椅的人来说。

图 68　波士顿马萨诸塞大道沿线的高架底层

建筑的退让

建筑退让是指建筑立面距人行道或街道的距离。过去的纳税人商业街就是沿着人行道修建的。路人很容易透过窗户看到商店里面的商品，对路人也很有吸引力。虽然建筑退让一点距离对商店是有好处的，但在人行道与商店橱窗之间多留出一些空间对商店来说也不是坏事。波士顿最受欢迎的购物街——纽伯里街（Newbury Street）——位于历史悠久的后湾区，这里的许多砖墙立面距离繁忙的人行道大约 10 ~ 15 英尺。这使得餐厅可以在门前摆放户外座椅。一些店主还在店铺前面布置了花草装饰的小花园，有些店主则利用退让空间开设了通往地下商店的通道（图 69）。不过当建筑退让距离超过 30 英尺时，人们与商店之间的视线就会被隔断。行人不再能看到商店内部的商品，也不能从远处认出人们的脸孔。安内林住宅区的建筑通常退让 30 ~ 50 英尺，距离太远以至于不太可能有任何视觉联系。

图 69　在波士顿的纽伯里街 10 英尺的建筑退让

独立的通道和流线

为了能够在底层单元中容纳商业设施，商店需要有自己独立的出入口，以便与建筑中的其他活动分隔开。理想情况下，人们可以从街上直接进入商店。这可以确保顾客不与楼上的居民或员工共用走廊或门道。在某些情况下，利用公共大厅来分离顾客与居民的通行流线是可行的，但这通常需要设定某种形式的出入控制——如门卫或门禁读卡器，将私人住宅区域与公共零售空间分隔开来。

除了将住宅和零售顾客的流通路线分开外，商店独立的街道入口还有助于活跃街道，促进人行道上的行人活动。人们喜欢朝商店橱窗里看，也喜欢沿着成排商业店铺的人行道行走。对行人的研究发现,相比于步行单调乏味且缺少行人导向的设施，当步行过程带有趣味性并且包含众多商店入口时，人们对步行距离的感知会变短。[6] 城市民族志学家威廉・怀特（William Whyte）在研究了纽约市户外广场的使用情况后发现，吸引人们在户外空间打发时间的最重要因素是其他人。[7] 人们喜欢看到其他人，看他们的穿着或购买的东西，并欣赏人行道上与陌生人的偶然相遇。将商店转向街道可以促进这些行为的发生。

麻省理工学院的研究人员的一项研究发现，这种效应甚至在人们的地铁换乘选择中也很明显。[8] 当街道上有更多以步行为导向的商业设施时，人们更有可能提前下车，步行走完最后一段路程，而不是换乘另一条更接近目的地的地铁路线。当街道建筑前的临街区域环境不适宜步行时，人们更倾向于地铁换乘而非步行到达目的地。

从历史上看，走廊（hallway）作为建筑物内部流通元素的创新，使得建筑不必为建筑内不同的用户设置单独的街道入口。在 17 世纪建筑规划开始普及走廊之前，大多数建筑的内部都是围绕一种过厅系统（enfilade system）组织的，每个房间既是目的地，同时也是通往其他房间的通道。如果你曾经参观过欧洲的古堡，那你可能体验过穿越卧室或前厅，进入其他卧室、会客室和厨房的过程。几乎每个房间都可以穿越到其他房间。

走廊在现代建筑中是如此普遍，以至于几乎不被注意到，它为过厅系统带来了根本性的变革。有了走廊作为建筑流线中的主要通路，房间可以成为不通向任何其他房间的终点。这使得建筑的不同部分可以由不同的租户使用，从而产生了可以与不相关邻居共同使用的混合用途建筑。某个房间里的律师事务所可以独立于另一房间的职员或第三个房间的小酒吧运作。租户不必让其他商家的访客穿过他们的空间，商家因此可以在一天中的不同时间独立运营。

对于熙熙攘攘的人行道来说，室内走廊可不是好消息。人行道本身在历史上就被用作主要的流通通道，为建筑物不同部分的租户提供直接通道。走廊让人们可以在室内从建筑的一部分走到另一部分，而不需要使用外面的人行道。在早高峰时段，建筑物的不同使用者可以通过人行道从主入口进入；但在一天中的其他时间，建筑物内部的通行不再依赖于露天街道。对于 18 世纪和 19 世纪巴黎、米兰、伦敦或上海拥挤的人行道来说，这可能是一种福音，让人们可以避免在拥挤的人行道上摩肩接踵。但在 21 世纪的购物街上，拥挤的人行道很少成为问题。恰恰相反，城市往往想方设法让人们走上人行道。通过一系列直通的街道入口，鼓励商业化的底层设施，以此来提高街道活力。

除了建筑本身的建筑类型之外，一个地方是否适合零售活动还取决于相邻建筑物之间的空间关系。要使街道有利于商业发展,单个建筑适于零售商店经营是不够的,需要将成片的建筑连接在一起，以实现商家们重视的集聚动力和商店间的溢出效应。

人行道质量

在零售集群中，不同的商业、机构和交通目的地之间的良好连接需要高质量的人行道和公共空间，这可以通过多种干预措施来实现。从最基本的层面来说，人行道必须是安全的。这意味着行人需要远离危险和嘈杂的交通，人行道不仅要适合行人通行，还要让餐饮场所可以延伸到人行道上，从而降低人流速度并增加人们对街道的关注。沿路平行停车有助于在人行道和交通车流之间建立缓冲。景观元素，如固定或可移动的种植箱，也具有类似的效果。扬・盖尔（Jan Gehl）对世界各地的研究表明，行人舒适移动的最大容量约为人行道宽度每码每分钟 12 人，超过这个水平的人流量可能会令人感到不舒服（图 70）。[9]

图 70　马萨诸塞州剑桥市的布拉托街

良好的人行道还可以根据气候和地理位置的不同，帮助行人遮挡雨雪和日晒。在北方城市，漫长的冬季中缺少阳光，而大多数人都喜欢感受阳光，所以当春天的第一个好天气到来时，街道上往往挤满了行人。在这样的氛围中遮挡阳光可能会适得其反。即使是远在南方的巴黎，香榭丽舍大街（Champs-Élysées）朝南侧商店的零售租金也明显高于朝北的。但在地中海城市和热带环境中，阳光可能过于炽热，树冠或建筑拱廊形式的遮蔽物可以提高行人的舒适度。例如，新加坡和马来西亚的传统商店在建筑前面都有一条带顶棚的“五英尺通道”，这使得整个历史悠久的市中心到处都有长长的有顶走道。类似的建筑类型在意大利博洛尼亚的历史中心很常见。树木、悬臂式建筑和拱廊也可以在雨雪天气改善行人的舒适度。例如，苏黎世有几条可以为行人和商店遮挡雨雪的拱廊，但却不会遮住阳光。

高质量人行道的好处不仅仅是为行人提供舒适的步行空间。2009 年，纽约市长布隆伯格（Bloomberg）通过安装新的景观美化设施和街道家具，并为行人提供更多空间，将时代广场改造成一个步行广场，使得广场附近建筑的零售租金上涨了近 300%。公共空间的改善对行人有利，同时也会让商店受益。1962 年，丹麦哥本哈根的主要购物街——斯楚格街（Strøget）禁止汽车通行，随着公共空间设计的不断改进，市中心的人流量明显增加。今天，斯楚格街是欧洲最长的无车步行街，可容纳超过 55000 名行人。在宜人的夏日里，人们经常在街道上并肩而行。随着时间的推移，街道零售商店的收入成倍增长。对零售商店集群前人行道的投资往往会以财产税的形式回馈到城市的财政收入中（图 71）。

图 71　欧洲最长的购物步行街——哥本哈根的斯楚格街

图片由 Henrik Sendelbach 于 2005 年 7 月拍摄

方便过街的双侧街道

商业街道最好是在街道两侧都有商业，这使游客在较短的步行时间内可以到达的目的地数量翻倍。与冗长的单侧街道商业相比，双侧商业街道是一种更有效增加目的地访问量的策略。

要使零售街道的双侧商店共同发挥作用，必须让行人能轻松地穿越街道（图 72）。在一些优秀案例中，交通稳静措施（traffic-calming）使行人可以在街道的任何地点轻松穿过马路。近十年来，这种被称为“共享空间”的交通解决方案在欧

图 72　印尼泗水市难以穿越的 Tunjungan 大街

图 73　2012 年，共享空间项目开放后的展览路，伦敦南肯辛顿

图片由 Romazur 于 2012 年 5 月拍摄

洲越来越受欢迎。它使行人和汽车能够在同一高度的空间上共享街道，道路和人行道之间铺装相同、没有高差（图 73）。在司机进入共享交通区之前，会有标识提醒前方允许行人自由穿行。这里的车速被限制在 10 ~ 15km/h，并且取消了停车标志、交通信号灯和地面标志。这种做法将交通安全的责任从信号、标识转移到驾驶员和行人本身。有趣的是，一些采用共享空间措施的城市交通事故率有所下降，在某些情况下，交通流量还有所提高。不过，在交通繁忙时，行人与汽车竞争空间时也会感到更大的压力。

在更典型的情况下，两侧商店之间的道路会有过街斑马线的标记。人行横道上应该有行人优先权，要求汽车在任何时候都要给行人让行。在零售街道上，每隔约100 米设置这样一个行人优先的路口，可以让道路两侧的行人更好地通过。每个方向的机动车道最好都不超过两条，并且降低车速，这样对于行人来说是有益的。车道数量越多，人们在过马路时的安全感和舒适度就越低。行人安全措施有助于解决这个问题 ——街道中间设置行人岛可以让长距离过街变得更容易、更安全，延伸人行道路缘部分可以让行人在穿越马路之前更容易看见车辆。在人行横道上使用与人行道相同的铺装可以向司机传递行人优先通过的信号。近年来，美国国家城市交通官员协会（NACTO）做出了显著的努力，发布了新的北美城市街道设计指南，鼓励实施一系列行人优先的措施。[10]

有了步行专用街道，过街问题就消失了，游客在两侧商店之间可以自由漫步。洛杉矶的第三街长廊（Third Street Promenade）、伯灵顿的教堂街（Church Street）、哥本哈根的斯楚格街、米兰的但丁大街（Via Dante）、苏黎世的班霍夫街（Bahnhofstrasse）和墨尔本的伯克街购物中心（Bourke Street Mall）都是机动车禁行的城市购物街的典范。尽管步行街对零售商来说很好，但它们的成功取决于所处的位置，以及有多少人可以方便地进入。在北美地区，人们大多是驾车出行的，步行专用的购物街面临着可达性方面的挑战。美国的步行街很少需要人们步行或乘坐公共交通工具到达该地区，更常见的情况是，人们开车到达这个地区，然后把车停在附近，开始享受步行购物体验。[11] 洛杉矶的第三街长廊和伯灵顿的教堂街附近的商店都就近设有多层停车场提供大量停车位。要想在不影响区域密度和步行性的情况下解决停车问题，最有效的方法是让各个商店共同使用作为公私合作项目建设的多层停车场，而不是各自建设自己的停车场。尽管这些停车场确实需要靠近商店，但如果能将它们隐藏起来，那样效果最好。不过，在相邻的辅路上设置停车场入口会增加周边地区的交通流量。

在欧洲和澳大利亚的例子中，步行购物街非常依赖于城市中心良好的公共交通和步行通道。苏黎世的班霍夫街以城市火车站为起点，沿街环绕有世界一流的有轨电车线路（图 74）。墨尔本的伯克广场限制汽车通行，但在街道中间有免费的轻轨电车穿梭往返。米兰的但丁大道位于历史悠久的市中心，周围有大教堂、画廊和加里波第纪念碑等主要旅游景点。大多数成功的步行购物街都是得益于优越的地理位置和交通便利性。

购物中心内的主要购物通道实际上也是步行街，两侧都有商店。尽管购物中心通常是封闭的、配有空调，但开发商从传统城市中心的商业运作方式中获得启发，在室内也营造出了富有趣味的街道环境。经过一段时间的实验，购物中心的开发商确信，通道两侧商店之间的最佳距离为 9 ~ 12 米。[12] 这与世界各地许多历史悠久的汽车时代之前的城镇中心街道的宽度类似。

图 74　班霍夫街（瑞士苏黎世的主要购物街）

入口的线性密度

与连接街道两侧的人行横道一样，商业入口的线性密度也非常重要。更高密度的商业入口可以让游客在有限的步行范围内到达更多的商店、服务和餐馆企业。如果街区街道的一侧有 20 个商业入口，那么比 10 个入口为游客提供了双倍的选择和机会。如果在街道两侧增设相同密度的入口，则商店的到访机会也将增加至 4 倍。从历史上看，密集的商业入口模式是通过面向街道狭窄的临街地块实现的（图 75）。狭窄临街地块形成了狭窄的建筑立面，当人们步行走过街道，就会频繁地路过各种各样的商铺。在历史悠久的市中心，建筑立面在 5 ~ 7 米之间也是很常见的。

图 75　新加坡武吉士区的哈芝巷

位于马萨诸塞州剑桥市的哈佛广场，街道同侧店面之间的平均距离为 26 米。以正常的步行速度计算，从一家商店走到另一家商店大约需要 25 秒。在 5 分钟的步行中，一个人可以路过沿街一侧约 12 家商店。若能够任意穿行马路，那么人们可以在 5 分钟内经过 24 家商店。在哈佛广场沿着四周街区各个方向的街道步行 10 分钟，行人可以到达大约 325 家商店。

在新加坡的商业区武吉士（Bugis district），这里的商店密度比哈佛广场高得多。行人可以在相同的时间内到达 3000 多家商店。街道一侧的商店之间的平均距离仍然在 28 米左右，几乎同哈佛广场一样，但多层的零售环境实现了更高的商店可达性。在这里，商店可以高达六层，地下还有一到两层。武吉士区有一套极其密集且相互连接的人行道路网，将狭窄的商店连接在一起。

新的商业建筑类型比历史建筑拥有更大的占地面积和更宽的门面。商店入口之间的距离通常为 50 米或以上。从行人的角度来看，这意味着在 10 分钟的步行路程中只能遇到 24 个商店。宽敞而较少入口的建筑砌块，往往会形成未充分利用的立面，从而拉长了商店之间的步行距离。

位于福特角海峡（Fort Point Channel）对面的波士顿滨水区是波士顿市中心最新的开发项目之一。滨水区的街道网格由相对较小的街区组成，这些街区通常具有较高的步行潜力。但可惜的是，该地区的重新开发将非常大的地块交给了个体开发商，而且通常是以一个街区为单位——很多开发商都只开发了一幢建筑，这样不利于街道商业和商业活动的发展。例如，人们可能会发现大型单体建筑的大厅入口在街区的一侧或两侧，而车库和送货的入口则位于建筑的另一侧。这会导致许多临街地段没有入口和商店。

为了缓解建筑入口密度低和建筑临街面利用不足的问题，市政府可以引入城市设计导则，要求街区周围的底层空间包括直接通向街道的小面积商业空间。这样的规定可能会导致街道上的商业活动密度很高，即使是在那些包含大型建筑空间的新开发的商业区。

加拿大温哥华市在新开发项目上强制实施城市设计导则上已有传统，即使在新开发的港区，也实现了相对密集的商业立面（图 76）。高层住宅楼周围环绕着 3 ~ 5 层的商业裙楼，沿街排列着很多商业入口。建筑内部的交通流线与商业空间是分开的，商业空间可以直接从街道进入。进入高层建筑的大堂仍然存在——这对于最大化住宅价值很重要——不过它们只是街区周围众多入口中的一个。

新加坡的城市重建局（Urban Redevelopment Authority）除了采用分区规划和土地利用法规外，还使用城市设计导则来规划塑造市中心大部分地区的开发项目。这些导则包括一份“活动空间用途”（activity generating uses）分类，[13] 要求开发商在沿街为商店、服务企业、餐厅或其他类似的公共设施提供空间。无论指定的地点是

图 76　位于温哥华的建筑裙楼，在一层为零售商店提供直接通向街道的入口

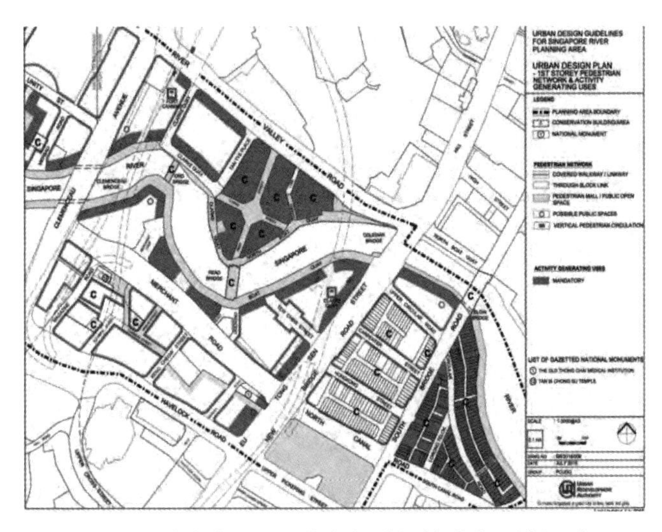

图 77　城市发展局围绕新加坡河的城市设计导则

资料来源：新加坡城市重建局

哪里，开发商需要提供直接通向人行道的底层活动空间。通过这项管理手段，城市重建局能够确保市中心内任何新的开发项目都会在重要街道沿线形成密集的商业入口（图 77）。美国的一些城市也为连锁店引入了最大临街面积，努力营造更加多样化和更密集的零售街道。[14]

零售商店集群的形态

最后，正如凯文·林奇所言，零售集群形态和功能之间的“契合度”还取决于整个集群的空间配置。[15] 有些零售集群更加紧凑，顾客在短时间内就可以到达很多商店；有些零售集群则沿街延伸至很远的地方。

源于空间网络分析的可达性指标为比较任何零售集群中商店（和其他建筑入口）的步行可达性提供了一个简单的衡量标准。[16] 它计算的是在指定步行范围内沿街道网络可以到达多少个目的地。例如，图 78 说明了一个特定的建筑如何在 5 分钟（250 米）的步行范围内到达 24 个相邻的入口。

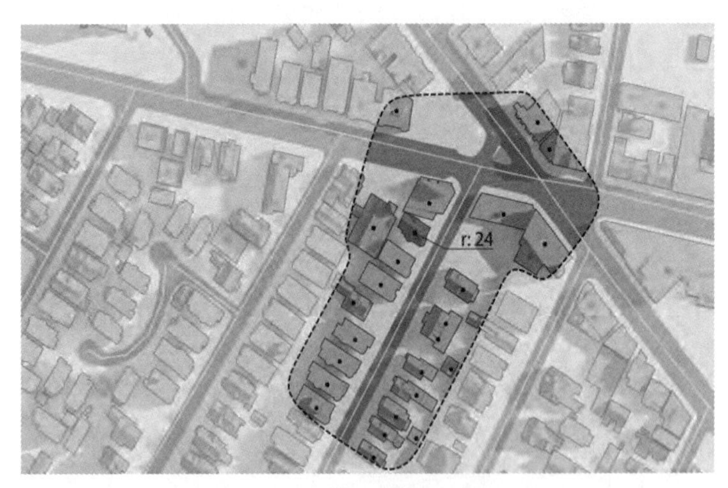

图 78　可达性指标的结果说明了某建筑在 5 分钟（250 米）步行范围内到达 24 个相邻入口的情况

图片来自城市形态实验室（City Form Lab）

乌节路（Orchard Road）是新加坡最著名的高端零售走廊，是一条长约 2.5 公里的街道，两侧都是购物中心。但由于其细长的形状，很少有人从乌节路的一端走到另一端。即使在温和的气候下，走这么远的路程也不容易，更不用说新加坡的热带湿热气候了。另一方面，伦敦的卡纳比街（Carnaby Street）形态紧凑，西面以摄政街（Regent Street）为界，北面是牛津街（Oxford Street），形成一个网格状的零售集群，使顾客可以在很短的步行距离内到达高密度的商店群。位于加州圣莫尼卡的第三街长廊周围也环绕着网格街道路网，东侧有布卢明代尔百货（Bloomingdale's）和诺德斯特龙（Nordstrom）两家主力店，沿着步行街的两侧还分布着各种各样的小型商店。这些商店沿着第二街和第四街两侧延伸到下一个街区（图 79）。

紧凑的零售集群在较短的步行距离内提供了更多的商店。网格布局，如圣莫尼卡第三街长廊周围的网络布局，在这方面做得特别好。[17] 广场也形成了另一种紧凑的空间布局，使街道商业更容易进入。这种模式起源于历史悠久的欧洲城市，是指具有商业边缘的开放空间——如一片空地（place）或者广场（plaza 或 piazza），在密集的城市肌理中形成的开放空间。现代广场通常出现在交通繁忙的十字路口周围。这些广场主要以盎格鲁 - 撒克逊人聚居地的名字来区分，但在世界上大多数城市中或多或少都可以找到这种类型的广场。一个高度连通的街角通常位于 4 个以上十字路口的交汇处，并作为广场的中心节点；街道呈放射状向各个方向延伸，街道的两侧是人行道与商店。正如在第 5 章所讨论的，商业密度最高以及租金最高的地段通常位于扇形街道的交叉路口附近——这些地方的可达性和可见性都很高。

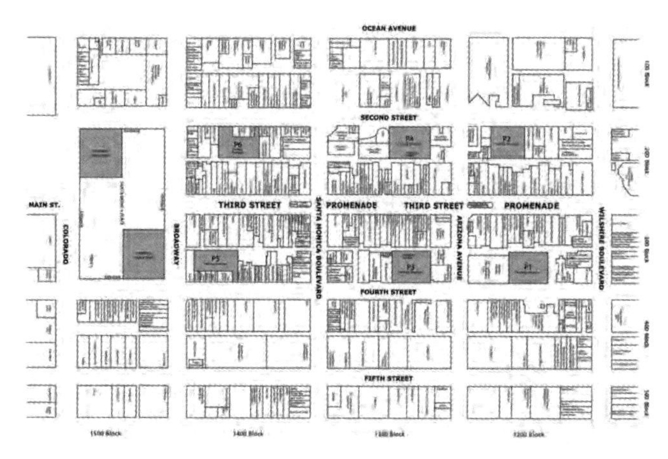

图 79　加州圣莫尼卡市中心和第三街长廊的平面图

在单侧街道上，以正常的步行速度 5 分钟就可以到达 300 米的临街店面；如果还可以轻松穿过街道去另一侧的商店，则相当于可以经过 600 米的临街店面。但若是站在一个由 6 条街道交汇而成的扇形交叉路口处，且街道两侧都有商店和方便穿行的人行横道，同样步行 5 分钟就可以到达近 6 倍的零售商店，也就是 3600 米的临街店面。如果街道的格局不仅包含向外的扇形街道，而且包含小尺度街区周围的交叉街道，那么商店的可达性还会更高。再加上城市街道网络中这些特殊路口的高可见性和可记忆性，就不难理解为什么我们经常会在连接度较高的路口看到密集的街道商业。世界上一些最具标志性的购物集群都分布在有 6 条甚至更多街道的交叉口——例如奥斯曼大道（Boulevard Haussmann）和安亭街（Rue de la Chaussée-d'Antin）交叉口周围的一排法国百货商店、柏林的波茨坦广场（Potzdamer Platz）、东京的涩谷十字路口（Shibuya crossing）、新加坡的莱佛士广场（Raffles Place）、布宜诺斯艾利斯的塞拉诺广场（Plaza Serrano）以及伦敦苏荷区的 7 条街道组成的七晷区（seven-dials circle）等（图 80）。

图 80 东京的涩谷十字路口

我在本章中探讨的建筑类型、街道和街道模式的城市品质在大多数零售集群中都有体现。因此，很难评估缺少这些设施会对零售业发展产生怎样的不利影响——因为商店往往不会被无法容纳它们的建筑或街道所吸引。但是，位于马萨诸塞州剑桥市麻省理工学院校园中心的肯德尔广场（Kendall Square）是一个特例，它具备了我在前几章讨论过的零售密度的所有经济先决条件——良好的顾客密度、可达性、公共交通、区位效益，但其零售业却受限于建筑类型和城市设计。

我清楚地记得，2004 年我作为研究生到剑桥肯德尔广场时对它的第一印象。我从机场乘地铁到麻省理工学院，在肯德尔下车。从地下通道拾阶而上，我看到车站周围有几座高大的办公楼和研究实验楼。当时是晚上五六点，很多人正朝我刚出来的地铁方向走去。我能听到周围建筑中工业质量暖通空调系统异常响亮的嗡嗡声，这让我感到麻省理工学院及其校园中心的肯德尔广场更像是一个实验室综合体，而不是我预期的那种传统的大学校园或城市广场。尽管街道周边的建筑密度很高且街道行人众多，但地铁站周围只有几家商店——一家大学书店、一家麻省理工学院出版社书店、一家里戈海鲜（Legal Seafoods）连锁餐厅、一家本地银行和几家咖啡店。有几座建筑的承重墙面向街道，不甚讨喜；有些建筑的底层是架空的，大厅在夹层上。地铁站出口附近并没有热闹的零售环境，面向大街的是几个停车场。其他的建筑物只不过是沉闷的办公楼，或是缺乏临街入口的幕墙外墙。广场上的商业活动远远没有达到该地区的高密度和毗邻主要地铁站的重要区位所应有的水平。

在接下来的几年里，我了解到剑桥市将肯德尔广场视为一个问题已经有一段时间了。这座城市的规划师曾期望该地区出现更多的零售企业、餐馆和街道生活，然而所有这些期望并没有发生。麻省理工学院是肯德尔广场周围最大的业主，与几家大型开发商，包括波士顿地产公司（Boston Properties）和一家联邦运输机构，通过专注于楼上的办公空间而不是楼下的街道生活，在房地产投资方面取得了不错的成绩。在地铁入口周围步行 5 分钟范围内，最多可以到达 6 家商店，——这与其他密度和公共交通相似的地方相比只是个零头。

改造肯德尔广场的任务变得复杂，因为有一些大楼的业主对于在底层安置零售或餐饮租户不感兴趣。已经进入该地区的大型科技公司，包括谷歌、微软和亚马逊，都在自己的办公区内提供免费的自助餐，而麻省理工学院也有自己的美食广场。这些利润丰厚的高层办公空间是波士顿地区租金最高的地方之一，为 20 世纪 90 年代和 21 世纪初该地区科技复兴之前建造这些建筑的开发商带来了意外之财。相比之下，应付额外的一些底层租户似乎就是一件不值得的麻烦事了，因为相较于来自楼上办公空间的主要租金收入，底层的零售租约显得微不足道。

然而，市政府坚持要求麻省理工学院和该地区的其他业主开始将零售和餐饮租户安置在现有建筑以及仍在规划中的新建筑底层面向街道的地方。在该城市、麻省理工学院、开发商、该地区的利益相关者和城市设计顾问组成的联合工作组的共同努力下，肯德尔广场城市更新计划得以通过。该计划建议肯德尔广场保持作为创新中心的定位，但要显著增加零售和餐饮服务、实施街道和绿化空间改进，并在该地区引入混合收入住房，使肯德尔广场成为一个与附近的其他副中心（如中央广场、哈佛广场和河对岸的查尔斯街）相媲美的全天候城市广场。

在波士顿地产公司所拥有的主街（Main Street）255 号大楼中，底层空间进行了重新配置，原本死气沉沉的人行道旁被改造玻璃开窗的立面；两家新的餐厅在此开业。在同一栋建筑中原本墙角的位置，微软办公室在这里新建了一个开放式的玻璃入口。自 2005 年以来，该地区几乎所有新增的建筑都要求在底层提供商业空间，该市政府投入了大量资源用以改善街道、行人和自行车设施以及绿化空间。

虽然仍处于长期重建计划的初期阶段，但到 2017 年，在肯德尔地铁站周围 5 分钟步行范围内已有 12 家餐厅、6 家零售商店和 4 家个人服务店。在半英里范围内有 91 家商户，这比 2006 年增加了 34%。[18] 尽管这一增长也受到该地区就业密度提高、高薪技术工人、交通解决方案改善以及一些新的多层住宅开发项目的影响，但市政府努力说服开发商和麻省理工学院相信充满活力的商业和服务街道环境的价值，并最终发挥了重要作用。通过建筑和城市设计规划，将以前闲置的底层空间转换成新建的临街商业和服务空间，改变了该地区的形象。肯德尔广场还未成为像哈佛广场或波士顿后湾那样的区域性休闲目的地，仍然面临零售商缺乏的问题；如果有更多经济实惠的零售和住房供给，将有利于学生和其他低收入居民与麻省理工学院周围的高收入科技人群聚集在一起。但如果你在工作日的晚上五六点去那里，你会发现餐馆和咖啡厅里挤满了对街道生活有了新热爱的工人。更多的变化正在酝酿中，如果该市也像旧金山最近所做的那样，通过一项协议，对为内部食堂提供免费食物和酒水的大型公司或机构进行征税，[19] 那么该地区更多的高收入群体将流向当地社区、餐馆和周围的商店。

第7章
人口变化和电子商务如何重塑零售业格局

塔吉特（Target Corporation）公司是塔吉特在美国所有门店的母公司，总部位于明尼苏达州明尼阿波利斯市。2018年，塔吉特公司在50个州经营着1822家门店，[1]其中多数是大型超市。但近年来，公司也开始发展小规模的城市商店甚至是小型体验店，顾客可以到店里拿取线上订购的商品。塔吉特目前是美国第二大零售商，仅次于沃尔玛，其在美国的扩张历程没有因循其他大型连锁超市的成功路径。塔吉特公司的开拓性崛起与现代购物中心的创立密切相关。有趣的是，塔吉特的历史还可以追溯到明尼阿波利斯市中心一家优雅的六层百货商店，这家商店至今仍然矗立在塔吉特公司总部的街对面。

唐纳德·代顿（Donald C. Dayton）在1950年成为代顿公司的总裁。最初的代顿公司是由其祖父乔治·亨利·代顿（George Henry Dayton）于1902年创建的，位于明尼阿波利斯市中心尼科利特大道（Nicollet Avenue）和第七街交汇处的一栋六层砖石建筑之中。建筑采用石材和玻璃立面，并装饰有楣构、飞檐和半圆立柱。室内遍布华丽的装饰，地面铺设的水磨石地砖、墙面装饰的木制镶板和灰泥线脚形成了典雅的背景，烘托着铜边装饰的玻璃柜台、大理石桌面和陈列着一系列服装、鞋子、饰品、珠宝、化妆品和玩具的货架。在20世纪50年代，代顿公司是明尼阿波利斯市中心最大的、也是最负盛名的购物场所。

唐纳德·代顿在担任公司总裁不到两年内，就遇到了奥地利裔建筑师维克多·格伦（Victor Gruen），他作为美国杰出的零售设计师早已广为人知。格伦最近在底特律郊区为哈德逊公司（Hudson Company）完成了备受瞩目的诺诗兰购物中心（Northland shopping center）项目。这家公司的所有者奥斯卡·韦伯（Oscar Webber）同代顿关系友好。就像底特律一样，明尼阿波利斯此时正值商业重构之际，韦伯建议代顿将业务重心从明尼阿波利斯的市中心街道转移到快速发展的城市边缘。[2]尽管市中心仍然有活跃的街道，但其核心已经开始落后于城市周边不断发展的中产阶级郊区。在历史悠久的市中心区，种族不平等造成的紧张局势时常导致一些暴力事件与骚乱。[3]韦伯和格伦说服了代顿在市中心以南的伊迪纳（Edina）郊区建造了一个大型的郊区购物中心。

格伦在与代顿合作期间，不仅设计了这家商店，而且重新构想了百货商店的未来。他没有把目标顾客锁定在人行道上熙熙攘攘的人群，也没有打算与其他百货公司聚集在一起竞争，他认为零售业应该面向郊区的中产阶级顾客。这些顾客通常开车去购物中心，比行人能够带走更大更多的商品。他们来这里不仅是为了购物和出门办事，还是为了体验在私人安保和对外隔离的中产阶级和睦氛围下精心安排的市民生活。这种购物中心面向以白人为主的郊区家庭，是让其可以一整天在此娱乐的地方。

为了应对明尼阿波利斯寒冷的冬季和潮湿的夏季，格伦将商店之间的大型公共空间设计为连续封闭的室内中庭。这是前所未有的做法。在这之前的每个商场，甚至是格伦自己刚为底特律哈德逊设计的商场，在不同商店之间都与室外相连通，每家商店都全年独立供应暖气和冷气。但对于这一后来被称之为南谷购物中心（Southdale Center）的项目，格伦设想了一个巨大的公共中庭，部分通过天窗供暖，另外通过热交换泵进行部分供暖，这在过去的大型项目中从未尝试过。格伦说，他的灵感来自意大利米兰的厄玛努埃尔拱廊（Galleria Vittorio Emmanuele）。[4]

很少有工程师认为对如此巨大的室内区域进行供暖、制冷和维护在经济上是可行的。但格伦和他的团队发现，如果这个室内中庭可以集中调控气温，那么每家商店都将不再需要独立的供暖和制冷系统。在商店各自的门面设计上也能够节省大量开支，店面不必对外、朝向停车场，而是向内朝着公共中庭和主要流线（circulation spine）。商店也不再需要完备的立面设计，只需要有玻璃门或者金属滑动门能在夜间打烊的时候关闭即可。经过简化，这些商店的外立面只留下框架，在商场一圈长长的外墙上只有三个外部入口。

南谷购物中心于 1956 年开业，拥有 72 家商店与两家主力店——分别是代顿百货和唐纳森（Donaldson's）。[5] 南谷的室内中庭是当时美国最大的建筑中庭——被称之为花园庭院，其设计极为精细。热爱艺术收藏的代顿夫妇委托哈里・贝托亚（Harry Bertoia）为中庭创作了两个有三层楼高的抽象雕塑。街道家具让顾客可以放松身心，观看路人，助兴的还有音乐和舞台上的时装表演。一家“人行道咖啡馆”的室内桌子上撑着雨伞，周围是栽植在花盆和阳台的各种树木，仿佛在提醒游客们室内中庭与熙熙攘攘的市中心街道并无不同。代顿百货甚至在中庭里组织过夜晚交响乐音乐会和舞会。格伦坚持认为，他创造了一种能够抵制周围各种无序蔓延的、重复无特色的郊区的新城市空间形式。

南谷是第一家配有中央空调的室内购物中心，它不仅成为美国乃至全世界未来购物中心的典范。但与格伦所倡导的城市密集感（civic intensions）相反，南谷购物中心也成为以汽车为中心、消费主义的战后郊区的象征。尽管南谷与其所启发的其他许多购物中心本身是郊区发展的结果，但它们使那些以汽车为中心和种族隔离的郊区生活方式在远离历史悠久的市中心街道的地方繁荣发展起来。

随着购买力与商店开始从市中心流失，这里的交通状况也逐渐变差。而 1956

年的《联邦援建高速公路法案》（Federal Aid Highway Act）又进一步加剧了全国各地中心城区的此类问题——当时美国历史上最大的公共工程项目，正是由该法案批准 250 亿美元用于建设 41000 英里长的州际公路系统。那些借此将公路连接进州际网络的城市从联邦政府那收回了 90% 的成本。对于当时许多经济停滞、交通拥堵的城市来说，这笔交易划算到无法拒绝，导致历史中心被大规模拆除，为不断扩张的新高速公路腾出空间，尤其是该项目资助了从圣保罗到明尼阿波利斯的 I-94 公路，以及正好经过格伦南谷中心的 I-62 跨城公路。[6]

但是，高速公路的出现并没有为衰落的市中心区创造更高的土地价值，反而助推了城市郊区那些更便宜土地的开发，加速了中产阶级白人居民和部分工作岗位向郊区外流。与此同时，城市更新项目清理了整个市中心内的社区和商业区，取代了根深蒂固的社会网络，使美国许多中心城区在社会和经济上都处于空心化状态。由于这些政策，许多历史上充满活力的零售集群和商业走廊成为种族驱动的区域禁贷、拆迁、社区破坏以及购买力外流的受害者。[7]

图 81 展示的是根据 1950 年和 1970 年人口普查统计得到的明尼阿波利斯人口密度。在明尼阿波利斯市中心早先的代顿百货公司 1.5 英里半径范围内的居住人口从 1950 年的 171755 人下降到 1970 年的 105862 人——20 年内下降了 39%。而同一时期，南谷购物中心周围 3 英里半径内的人口从 107699 人增加到 206045 人——增长了 91%。借用特鲁里亚（Trulia，属于 Zillow 的房屋租售公司）前研究主任杰德·科尔科（Jed Kolko）对于城市与郊区的定义，我在图中用黑色表示出每平方英里有 2213 户或以上家庭的城区，用灰色表示每平方英里有 102 ~ 2212 户的郊区。这帮助我们发现明尼阿波利斯和圣保罗在 1950 年都曾经是连续的城市中心，而到 1970 年变成了割裂的、非连续的中心城区。在这一时期内，它们周围低密度的郊区地块却成倍增长。随着城市不断扩张，零售开发商们跟着白人中产阶级进入到了郊区。“从 1965 ~ 1980 年是一个黄金时期”，联合百货公司（Associated and Federated Stores）的阿瑟·奥戴（Arthur O’ Day）说，“所有人都在东奔西走，忙于建设购物中心”。[8]

1962 年，代顿成立了一家名为塔吉特的折扣子公司。在百货公司仍在经营期间，这家公司与底特律的竞争对手哈德逊公司合并，成立了代顿—哈德逊公司（Dayton-Hudson Corporation）。到 20 世纪 70 年代中期，塔吉特已经进入该行业收入最高的梯队。在 2000 年，整个公司正式更名为塔吉特公司。2004 年，塔吉特公司出售了位于尼科莱大道（Nicollet Avenue）和第七街拐角处的六层楼百货公司，将业务重心转移到塔吉特在全国的扩张。2006 年，这家位于市中心的百货公司变成了梅西百货（Macy’s），直到 2017 年被新业主收购并关闭进行大规模翻修。

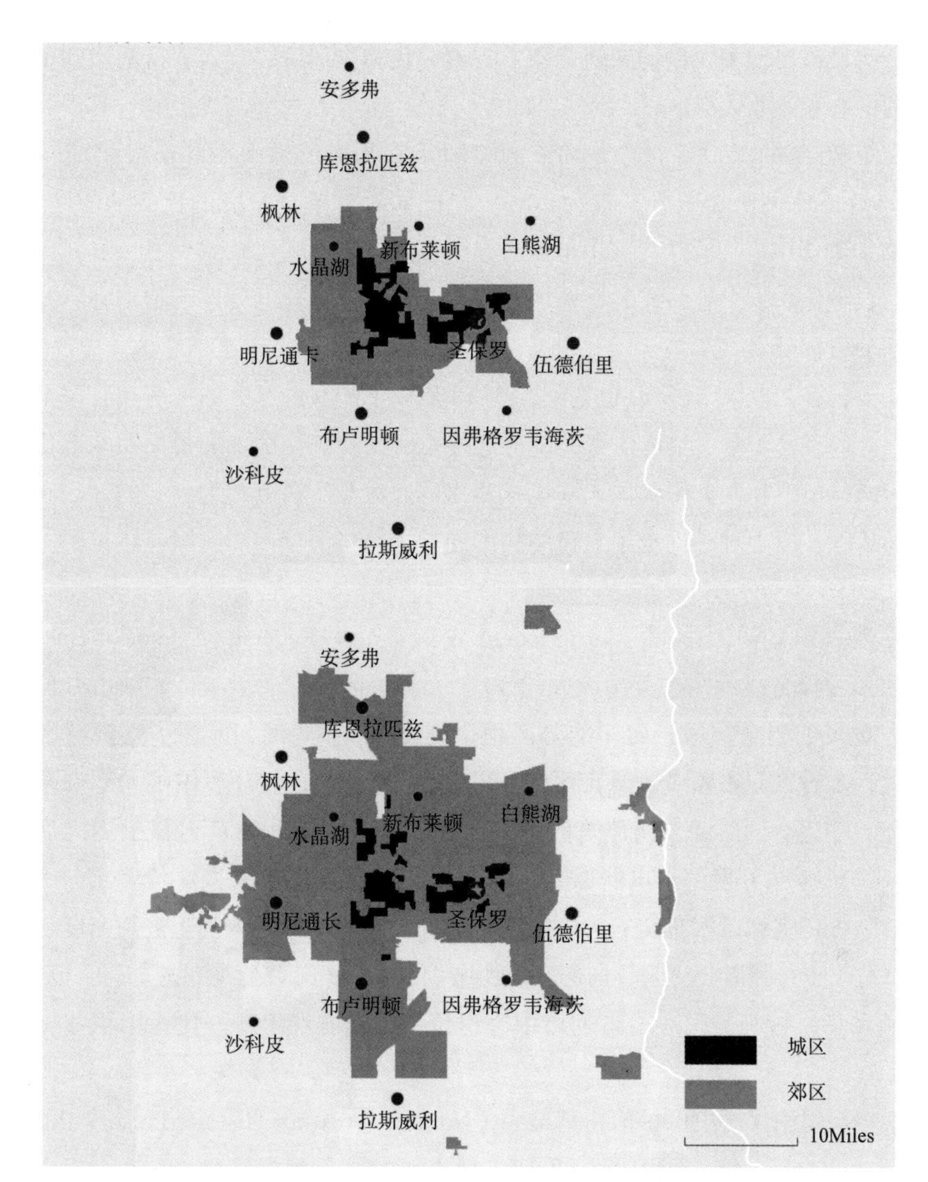

图 81　明尼阿波利斯和圣保罗在 1950 年（上）和 1970 年（下）的城区与郊区人口密度，郊区人口界定为每平方英里 102～2212 户，城区人口界定为每平方英里 2213 户以上

数据来源：美国人口普查局 1950 年和 1970 年的人口密度数据；“Social Explorer” 公司编制

人口结构变化

这种封闭向内的郊区购物中心可以说是那个时代的产物，当时最大的消费群体就是当地的核心家庭。这反映了战后的经济繁荣、快速的机动化以及高速公路建设、白人外迁（white flight），还有联邦住房管理局（Federal Housing Authority）颁布的支持郊区建设的抵押贷款保险条例。[9] 但到了 20 世纪 60 年代、70 年代和 80 年代，美国各地那些将百货商店和街道商业赶出城市中心的力量已经减弱。甚至，美国一些城市出现了明显的逆转迹象，千禧一代和中产阶级收入者重新回到了混合用途的中心和商业大街。

在1970年的人口普查中，40%的美国家庭是由已婚夫妇和子女组成，而到2010年这一比例已经减半，仅为20%。与此同时，单身家庭的比例从1970年的17%增加到2010年的27%。2018年，有孩子的核心家庭数量减少了一半，而单身家庭的数量比购物中心鼎盛时期增加了50%。私人安全化的郊区购物中心已经失去了大部分目标受众。

此外，在2008年经济衰退期间，有18岁以下子女的家庭的住房拥有率下降了15%，更多家庭转向了租赁住房，使得这些租房比独栋住房更加密集和城市化。这些人口结构的变化降低了美国人对以核心家庭、汽车生活方式为中心的郊区和购物中心的依赖。以上种种促成了人口结构的逆转，并将部分中产阶级群体拉回了城市中心社区。

乔治·华盛顿大学商学院（George Washington University School of Business）最近的一份报告显示，在美国最大的30个大都市区内，适于步行的城市办公楼区每平方英尺的租金比适于驾车的郊区租金高出74%。[10] 例如，在华盛顿特区和亚特兰大，步行区只占整个大都市区面积的比例不到1%，但却容纳了大都市区50%的办公、零售、酒店和公寓建筑面积，这些区域都是在2008年经济衰退之后（即2009 ~ 2013年）开发的。虽然20世纪六七十年代出生的婴儿潮一代更倾向于选择郊区的独栋住宅和以汽车交通为中心的企业办公园区，但新一代正被高密度、混合用途、适于步行和以公交为导向的环境所吸引。从纽约、洛杉矶、芝加哥、旧金山、波士顿和华盛顿等美国大城市的市中心房价中，就能看出新一代在用积蓄做什么选择。

根据美国国家历史保护信托基金会（National Trust for Historic Preservation）和美国运通（American Express）对千禧一代进行的一项调查显示，千禧一代主要是通过购物和就餐与历史建筑和社区互动。[11] 一半以上的受访者更喜欢在独具特色或历史悠久的市中心区购物或用餐，而不是在连锁餐厅或者购物中心。80%的受访者还表示，相比一些未曾支持历史保护事业的企业，他们更愿意光顾那些支持历史保护的企业。

然而，并非只有千禧一代青睐于设施丰富的建成环境。一项由非营利组织“妈妈之家”（A Place for Mom）开展的全国老年人生活偏好调查发现，美国老年人也重视适于步行的城市中心。这项调查询问了全国1000名受访者的生活偏好，其中大多数人表示生活在适于步行的社区非常重要或比较重要。“妈妈之家”的市场主管查理·塞文（Charlie Severn）总结道：“是时候放弃只有千禧一代和X—代（Generation X）才关心步行性与密集城市社区提供的服务的观点了。这些调查结果说明，越来越多的老年住房消费者也倾向于选择这类社区。这才是开发商应该关注的趋势”。[12]

正如政治学家阿兰·艾伦霍特（Alan Ehrenhalt）在他最近的著作《美国城市的大反转与未来》（*The Great Inversion and the Future of the American City*）中指出的那样，全国各地的中产阶级正在集体迁回市中心的社区。[13] 在战后的几十年中曾因白人外迁、街头暴力犯罪与公立学校衰落而失去中产阶级居民及其购买力的许多美国城市地区，如今正见证着更富裕居民群体的回归。中央商务区与周围的蓝领工业区，还有附近的前工人阶级居住区，逐渐被那些曾经居住在郊区的中上阶层家庭所占据。现在居住在美国郊区，也就是传统城市边界之外的贫困人口比城市内的还要多。[14] 举例来说，明尼阿波利斯市中心原来的代顿酒店周边地区人口从 2010 年到 2016 年增长了 4.5%，而同一时期内非裔美国人的总比例却下降了。[15] 与市区新的人口统计数据相呼应的是，在尼科莱大道与第七街转角处由代顿公司出让给梅西公司的那家华丽的百货商店，后来又转让给纽约的开发商，现在正通过一项由金斯勒公司（Gensler）建筑师主导的翻新工程改造为一个兼有联合办公区、食品区、健身房以及多用途零售空间和办公空间的时尚中心。代顿公司在 20 世纪 50 年代为了将业务重点转移到郊区购物中心而放弃的那座典雅的六层建筑，如今已经重新焕发生机，扭转了包括南谷在内的郊区购物中心主导的局面。

几个市政府正在实施一些举措，以展现新的城市经济发展前景。波士顿正在制定 50 年来的第一个城市总体规划，该规划设想将公共交通周围的几个市中心社区有显著的密集化发展。洛杉矶作为美国第二大城市，开始进行自 20 世纪 30 年代以来对公共交通和公共交通导向开发项目的最大胆的投资。纽约市已将超过 40 英亩的道路改造成 70 个新的步行广场作为纽约市规划（PlanNYC）的一部分，其中包括世界闻名的时代广场。[16] 可步行性、活跃的公共空间以及多用途开发已经走出了 20 世纪 80 年代旧城改建政策优先考虑商业和工业利益的阴影，在许多城市的规划议程中占据了核心位置。

前市长布隆伯格在 2015 年的评论中描绘了纽约市引领城市经济发展的新时代图景：

传统上，城市经济发展的重点是留住产业，并通过一揽子激励计划吸引新企业。但在新世纪，出现了一种不同的、更有效的模式：首先关注如何创造吸引人才的条件。城市的发展越来越表明，人才吸引资本比资本吸引人才更有效。人们希望生活在能够提供健康和家庭友好生活方式的社区：不仅有好的学校和安全的街道，还有清洁的空气、美丽的公园以及通达的公共交通系统。换言之，人们向往居住的地方，也是企业想要投资的地方。[17]

中心城区的复兴在一定程度上是由知识工作者推动的，这些人大部分是白人群体和富裕阶层，又被理查德·佛罗里达（Richard Florida）称之为“创意阶层”，[18] 他们寻求较集中的、有活力和亲近感的城市环境，而城市也在竞相回应。这样的需求在经历了20世纪70年代中期濒临破产的局面之后，纽约市的城市环境变得比以往任何时候都更加优越，成为世界各地年轻、热爱娱乐且受过高等教育的劳动力群体青睐的城市。在旧金山港湾区的硅谷，长期以来吸引着技术部门的就业人口，但如今这里的劳动力却在向旧金山流失。因为旧金山的城市设施、服务和密度比圣何塞郊区更高。在西雅图，亚马逊公司最近将总部从一个大型高速公路交叉口上的一座前医院综合大楼，迁移到了新建的高层塔楼中。该塔楼位于密集的混合用途街道网格中，有3000个住宅单元和大量的商店和服务，包括亚马逊自己大楼内10万平方英尺的新底层零售。[19]

中心城区的繁荣发展不仅与富裕的科技公司和高薪的知识工人有关。例如，波士顿的达德利广场（Dudley Square）是罗克斯伯里（Roxbury）一个多元化的非裔美国人和加勒比人居住区的中心，曾见证过这座城市历史上许多破坏性的、不负责任的规划举措。该地区的收入中位数远低于城市平均水平，许多居民都是新迁至此的移民。然而，达德利广场正在重新成为一个充满活力的社区中心：有着活跃的街道商业和高利用率的公共空间。商业空间靠近广场后面的一个繁忙的公交车站，这个车站曾经是地面地铁站的所在地，但城市于1987年将其从该社区移除。一些社区组织已经在广场上开设了商店，并与居民和城市合作，为该地区吸引新的企业和雇主。就如同在市中心更富庶的片区中，这里的居民们也表示更倾向于小型的、多样化的本地企业，而不是大型连锁超市。

“哈雷屋”烘焙咖啡馆（The Haley House Bakery Café）提供了一个以社区为中心的商业案例。除了咖啡，这家咖啡馆还提供健康的食品和深受欢迎的聚会空间，以及通过过渡性就业计划（Transitional Employment Program）、向弱势阶层青年提供烹饪教育以及文化艺术活动论坛等，为就业前景有限的人，尤其是那些刚出狱的人提供劳动力和创业机会。[20]

波士顿市政府，尤其前市长托马斯·梅尼诺（Thomas Menino）在为达德利广场招募公共机构和投资方上发挥了重要作用。位于达德利广场中心新近竣工的博林市政大楼（Bolling Municipal Building），内部容纳了波士顿公立学校部、社区中心和零售区，这些零售区足够为公开讲座、职业培训活动和演出提供场地和剧院。这些由城市主导的措施帮助吸引了新的私营零售商和服务机构来到广场。随着整个城市对达德利持续的推广与支持，该广场现已经被指定为大波士顿地区下一个以社区为中心的创新集群。

在洛杉矶，韩国城以南的拜占庭拉丁区已发展成为下城区一个充满活力的街道商业中心。这片地区是一个居住着墨西哥人、中美洲人和希腊人为主的，并且家庭收入相对较低的社区。但与达德利广场一样，这里已经成为一个由服装、食品和服饰商店聚集的广受欢迎的街道商业集群。不论是人行道、口袋公园还是公共艺术设施，都吸引着游客作为公共空间来使用：与朋友会面、看人来人往。

在 20 世纪 90 年代，该地区几乎被主流企业所抛弃，到处覆盖着涂鸦，得不到市政官员的重视。之所以发生如此巨大的转变，是得益于该地区居民、商人有序组织的努力，还有宗教、学校和社区团体等当地机构代表组成的名为“创世纪 +”（Genesis Plus）联盟的功劳。在加州大学洛杉矶分校（UCLA）规划专业志愿者的帮助下，“创世纪 +”获得了洛杉矶社区计划提供的一份适中的种子基金，并利用这笔资金创建了一套高度参与和包容性的规划流程，用于社区翻新。随后这一地区又被重新命名以强调其多民族的区域特征，从原先的“皮克高地”（PicoHeights）改名为后来的“皮克联合体”（Pico-Union）。这一系列以志愿服务为基础的措施，改造了小型公共空间，清除了泽西岛屏障和墙面涂鸦等消极地标，又重新装饰了建筑立面和室外街道设施，安装了新的树木和种植箱，并通过标牌、地标地图和媒体宣传打造了一个全新的公众形象。这些逐渐改善的公共空间反过来帮助吸引了新的企业和雇主落户于此，将公共空间战略转变为经济发展和社区振兴战略。

美国的中心城区不仅见证了住房的增长，也见证了就业的增长。最近一项由芝加哥联邦储备银行（Federal Reserve Bank of Chicago）的丹尼尔·哈特利（Daniel A. Hartley）和北卡罗来纳大学的尼克希尔·卡萨（Nikhil Kaza）与威廉·莱斯特（T. William Lester）进行的研究，调查了美国 281 个大都市统计区的地区就业变化。[21] 这是近几十年来他们首次发现，“中心城区——通常指大都会区内最大主城市的非中心商业区（CBD），在 2002 ~ 2011 年间的就业增长率与郊区持平（6.1%：6.9%），甚至在大衰退后的复苏中超过了郊区（2009 ~ 2011 年）”。[22]

除了更多的就业机会以外，更高比例的单身、无子女和老年家庭促进了许多中心城区的街道商业发展。他们需要更多的步行便利性，更少带院子的住房，更喜欢在家外用餐，休闲时间更加灵活。目前的房地产趋势表明，美国人越来越喜欢离家和工作场所更近、便于步行和公共交通方便的设施，而不是购物中心。他们不再每天或每周开车去到偏远的购物中心，而是越来越喜欢在回家路上顺道去车站附近的商店，在周末去社区中心购物、用餐、与人见面。

不平等的中心城区复兴

但城市复兴的故事也参差不一。纽约、洛杉矶、旧金山、波士顿、华盛顿、费城、波特兰和西雅图等沿海大城市的内城增长率高于郊区。根据杰德·科尔科（Jed

Kolko）的研究，西雅图是 2010 ~ 2016 年间城市化速度最快的大都市地区，周边地区的平均人口密度增长了 3%，其次是芝加哥（增长 1.2%）和明尼阿波利斯（增长 0.8%）。[23] 但在全国最大的 50 个都市区中，却有 41 个地区的人口密度总体上仍出现下降而不是上升。扩张速度最快的城市并不在滨海区域，而是在国内中部土地富饶、人口持续增长的地区。圣安东尼奥的人口密度降幅最大（下降 5.3%），其次是奥斯汀（下降 5.0%）和俄克拉何马市（下降 4.1%）。休斯顿是美国第四大城市，其平均人口密度在 2010 ~ 2016 年间下降了 3.8%。美国中部的郊区仍在发展，中心城区的复兴对所有城市的影响并不相同。

在经济繁荣的沿海城市，城市便利设施的可达性也不均衡。对于一个典型的中等或中低收入家庭来说，迁回城市的费用是难以负担的。根据安东尼·埃罗弗森（Anthony Alofsin）的一项研究显示，一个普通中等收入的四口之家在 2018 年最多能够支付 8120 美元的首付，加上房地产成交手续费，来购买一套价格 23.2 万美元的房子。[24] 这足够使他们拥有一套带有三至四间卧室、两间浴室和一个车库的郊区住宅，同时还有一块用作前后院的土地。根据房地产门户网站 Zillow.com 的数据显示，波士顿的房价中位数为 588200 美元，旧金山为 1358500 美元，西雅图为 764200 美元，洛杉矶为 677400 美元，华盛顿为 568600 美元。即使不考虑首付款，一个家庭也需要 13.5 万美元才足以支付抵押贷款。在这些大都市地区，只有不到四分之一的家庭收入水平能够负担这一费用。在中心城区曾为低收入的地区，虽然房价相对较低，但对于大多数家庭来说要在邻近公交设施与便利设施的地段购买一套城市住房依然是遥不可及。

就业增长情况在美国的中心城区同样分布不均。丹尼尔·哈特利（Daniel A. Hartley）、尼克希尔·卡萨（Nikhil Kaza）和威廉·莱斯特（T. William Lester）的同一项研究对全国 281 个大都市统计区（Metropolitan Statistical Areas）的中心城区就业增长情况进行了调查，发现中心城区的就业增长存在地理上的不均衡。在 2009 ~ 2016 年经济复苏期间，除了中部东南地区与中部西南地区以外，美国所有地区中心城区的新增就业岗位占比增长速度都要快于郊区。在这两个区域内，包括阿肯色州、路易斯安那州、俄克拉何马州、得克萨斯州、阿拉巴马州、密西西比州、田纳西州和肯塔基州，通常郊区的就业增长都比中心城区快。[25] 然而，在美国所有其他地区，包括新英格兰、大西洋中部、中部东北地区、中部西北地区、山区和太平洋地区，传统中央商务区周边中心城区的就业增长速度快于郊区。[26]

中心城区得以复兴的地区，其增长主要是由收入相对较高的白人群体推动的，他们的到来也促使先前的中心城区居民——通常是少数族裔与移民人口——搬到更远的郊区和城镇。在另一项针对美国 120 个大都市区的纵向分析中，纳撒尼尔·斯诺（Nathaniel Baum-Snow）与丹尼尔·哈特利发现，“自 2000 年以来，美国大都市中心商业区附近的社区在人口和居民的社会经济地位经历了巨大的转变。我们的分析显示，社区人口的这种转变主要是由于大学毕业生和高收入白人的回归，加上其他白人群体不再外迁。与此同时，没有受过大学教育的少数族裔不断搬离。”[27]

时至今日，那些仍居住在少有富裕中产阶级与之竞争的中心社区的有色人群，正在面对着房租的急剧上涨以及由市中心区迁离到廉价地区的压力。对于已经安顿于此的居民，尤其是那些没有自己住房的人来说，高收入居民的涌入往往导致租金上涨和被迫迁徙的事实。这种人口流入也因此产生了许多摩擦。“这里就是一个战区，”在教会区——旧金山早期拉丁裔聚居街区的一家肉馅卷饼店店主宝拉・特赫达（Paula Tajeda）在 2015 年接受《纽约时报》采访时说，“这里与曼哈顿的下东区大不相同”，“一切发生得太快了”。[28]

从 2010 年人口普查以来的居住和就业密度数据都表明，艾伦・埃伦哈特（Alan Ehrenhalt）所谓的“大反转”（great inversion）确实在美国沿海与北部地区上演着，这在很大程度上是由那些正在逐步回归繁华都市的、富裕且受过良好教育的郊区居民推动的。不少还未受到影响的南部大都市地区，其发展主要仍由郊区带动。此外，即使在波士顿、旧金山、洛杉矶和西雅图等沿海城市，中心城区的繁荣也并非惠及所有人。正如战后时期掌握较大财富与历史优势的人群推动住房向郊区迁移那样，如今类似的群体正在推动中心城区的回归。但是，尽管郊区是在远离城市的人口稀少地区发展起来的，但中心城区的复兴却发生在历史悠久、充满争议且通常是少数族裔居住的地区。

然而，中心城区并不是街道商业增长的唯一地区，甚至不是主要地区。新的商业集群在大都市的城区与郊区同时涌现。我在第 1 章中展示的美国不同城市的零售集群地图（图 3 ~图 9）就表明街道商业无处不在，而不仅仅是中心城区。

图 82 显示了纽约市周边零售集群的分布情况。根据上文对于城区与郊区的定义，我用黑色绘制了城市区域，其中每平方英里包含 2213 户或更多的家庭。叠加上去的圆代表零售集群的质心，其半径对应于每个集群的大小。虽然最大的零售集群仍然位于历史上人口稠密的城区，但在纽约的郊区也存在数个零售业聚集区。街道商业的故事不仅仅是城内社区的故事，也是郊区社区的故事。

事实上，全国 73% 的零售集群可以说是位于郊区。在 2000 ~ 2016 年间，美国出现的所有新零售集群中，有 78% 位于郊区。[29] 尽管中心城区的零售开发项目往往更新颖、更时尚，并且面向收入更高的千禧一代与知识工作者，但大多数美国人依然居住在郊区，那里的街道商业也仍在发展。

随着少数族裔与低收入居民从中心城区迁出，新的族裔（ethnic）零售集群正在郊区的新社区周边发展起来。亚利桑那州立大学李教授（Wei Li）是这样描述郊

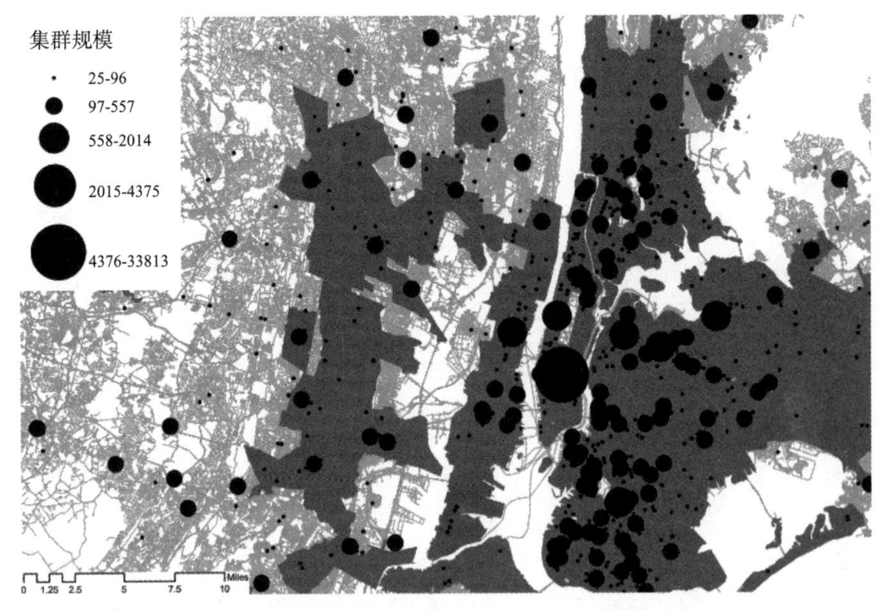

图 82 大纽约市周边的零售集群。点表示 25 个或以上零售、食品或个人服务机构的零售聚集。点的大小对应商业的数量。灰色区域代表邮政编码密度在每平方英里 2213 户以上的“城区”

数据来源：ESRI 商业分析模块附带的 Infogroup 2010 年商业名录、美国人口普查局 2010 年，人口密度

区族裔飞地的：“族裔郊区（Ethnoburbs）是大都市区内少数族裔在郊区的居住与商业区集群。这些社区是多民族/多种族的、多文化的、多语言的，通常有一个明显集聚、但又不一定构成多数的少数族裔存在。”[30]

在波士顿大都市区，位于波士顿南部的昆西市（Quincy）已成为一个充满活力的华人与越南人“族裔郊区”。该市大约三分之一的人口是亚裔族群，其中包括三分之一的市议会成员。亚洲人和亚裔美国人的涌入，给这座城市带来了多元化的商业组合，例如中国和越南的餐馆、面包店和杂货店。在洛杉矶大都市区，阿蒂西亚（Artesia）被称为小印度。在阿蒂西亚的中心区，围绕先锋大道（Pioneer Boulevard）与 183 街分布着活力四射的商店集群，其中包括莎丽商店、印度与韩国的杂货店、餐馆、裁缝店、诊所、旅行社和干洗店等。阿蒂西亚的街道商业还包含许多拉丁裔、菲律宾裔和中国的企业。当搬迁到郊区时，少数民族社区通常会催生新的街道商业模式。

电子商务

虽然不断变化的人口和就业模式是导致街道商业需求上升的部分原因，但技术变革已经开始改变这一趋势。电子商务从 20 世纪 90 年代末开始发展，如今已经达到了迫使每一家实体店都不得不重视的规模。2016 年，美国的网上购物总额接近

3950 亿美元，占全国零售总额的 11.7%。这一统计数据有时被用来证明电子商务并没有像大众媒体所描述的巨大影响力——几乎 90% 的购物仍在实体店进行。然而，电子商务的颠覆性影响并不直接体现在其当前所占的市场份额上，而是体现在其惊人的增长率上。2006 ~ 2016 年间，美国的线上销售额增长了 3000 亿美元。2018 年刊登在《纽约时报》的一项研究表明，这一时期 40% 的零售增长归因于那些没有实体店的零售商。[31]

对于实体店来说，影响当今美国城市街道商业的两大力量——人口结构调整和电子商务——向相反的方向施加压力。如上文所说的，人口结构调整正将高收入的中产阶级居民带回城市社区，并为那些步行可达的商店和与服务创造了需求，而这正是新的社会文化和娱乐文化的一部分。城市中心社区重新兴起的最常见的原因之一，是这些地区所提供的便利。商店、服务设施就在附近，你并不需要开车前往。但与此同时，电子商务也使这些中产家庭无需离开家里或办公室就能实现方便购物。与 20 世纪汽车的诞生导致交通成本迅速下降的情况类似，电子商务使那些经由笔记本电脑或手机订购商品和服务的消费者所需的交通成本骤降。随着越来越多的人选择商品送货上门，越来越少的人需要行走到那些为了便捷性而支付高昂租金的街道去购物。那么，电子商务是否会对“城市回归”运动产生负面影响？

我的猜测是不会。目前的迹象表明，电子商务引发的竞争正促使家务式购物（shopping as a chore）与体验式购物（experience shopping）之间产生差异。在体验式购物中，浏览商品、试穿服装、与人交谈、与朋友聚餐本身就是目的，而不是手段。由于电子商务的便利使得人们足不出户就能完成购物琐事，家务式购物日益受到电子商务的威胁。体验式购物则逐渐成为街道商业的重要组成部分。人们喜欢亲自比较的商品和涉及人际交往基本要素的服务在商业大街上日益增多。

成立于 1994 年的亚马逊是世界上最大的电子购物商城，最初只有三个人在西雅图的一个车库里卖书。该公司目前在全球拥有超过 34 万名员工，每天运送 160 万件包裹。2015 年，亚马逊超越沃尔玛成为美国最有价值的零售商，并在 2016 年成为全球市值排名第四的上市公司。成立于 1999 年的阿里巴巴是中国最大的电子购物商城，现在每天递送超过 5700 万件包裹。2014 年，在中国的购物高峰日，也就是“光棍节”，阿里巴巴收到并发送了 2.78 亿份订单，远远超过了亚马逊在感恩节之后的周五（美国最繁忙的购物日）发货的订单数量。[32]

包括行业巨头亚马逊在内的多家电商公司都为他们的客户订单提供免费或廉价的送货服务。亚马逊金牌服务（Amazon Prime）是一项颇受欢迎的忠诚客户计划，参与的会员只要每年支付 99 美元，就能享受不限购买次数的免费配送服务。这一服务不限制最低消费额度或者商品的尺寸，就是购买一双袜子也可以免费送货到家。越来越多人购买这个服务。美国投资银行派杰（Piper Jaffray）的数据显示，在 2009 年金牌服务推出之前，需要支付配送费用的客户平均每年在亚马逊上花费 400 美元。在加入金牌服务后，客户的平均消费数额上升至 900 美元。[33] 商品运送成本的降低使客户的购物频率增加了 2.25 倍，甚至超过了亚马逊高管的预期。亚马逊金牌服务商的副总裁罗比·施维泽（Robbie Schwietzer）在接受《商业周刊》的采访时说："我工作的这么多年中，我不记得还有什么能像金牌服务那样成功地吸引顾客购买新的产品线"。[34]

电子商务的兴起引起了传统零售商的极大关注，他们正试图探明实体零售市场将随着线上购物的出现发生何种变化。直到最近，人们还不清楚电子商务对实体店的影响。一些零售部门比其他行业更早感受到这一冲击——例如在 2005 年左右，当人们开始下载音乐而不收集光盘时，许多音乐和 DVD 商店开始停业关闭。图书和电子产品商店也在早期就受到了冲击。2010 年，美国最大的连锁书店之一博德斯（Borders）在运营 40 年后宣布破产。来自电子商务新兴的竞争力是导致公司丧失市场、最终停业的关键因素。博德斯在有效创建线上书店方面落后于巴诺书店（Barnes & Noble），并且公司在 2001 年错误地将自己的线上书店链接到了亚马逊，失去了对其未来业务来说最重要部分的控制。2008 年公司重新启动了自己的电子商务网站，但那时其债务与亏损已经发展到了难以为继的程度，迫使公司关闭了其在全美的 511 家超级商店。

对于其他类型的商店，如中端市场的服装和服饰商店、鞋店和家居用品店，至少在 2017 年之前似乎受电子商务的影响较小。2017 年，国内最大的一些服装和服饰品牌开始出现破产潮。在同年前三个月，至少有 14 家大型连锁店申请破产保护，几乎超过了前几年全年的连锁企业破产数量。除百货商店以外，折扣鞋店、户外用品店、消费电子产品店、服装店等也受到了影响。美国服饰（American Apparel）和睿侠公司（Radio Shack）等知名品牌被迫停业。2019 年 2 月，玮伦公司（Payless Shoe Source）宣布将关闭其在全国的 400 家门店。在 2016 年发生的美国所有计算机、电子产品、服装和配饰的销售中，有 45% 是在线销售。

大型超市主要通过价格竞争，其商品的运输成本相对较低，受电子商务的影响最为直接。许多这种类型的商店都在地价不高的地段开设了实体店，顾客可以低价购买商品的但交通成本较高。人们渐渐发现，这种折扣零售模式越来越难以与线上商店相竞争。因为线上商店不但能以近似的价格提供相同商品，而且交通成本接近于零。最重要的是，许多折扣连锁店一直在通过扩大实体设施的规模来拓展他们的业务——这一过程使他们陷入了难以平衡的债务。通过电子方式连接销售方网络，将数百万件包裹从他们那里直接运送到买家地址，这显然要比在全国各地运营数百家大型超市与配送中心更加经济。后者面临着昂贵的租金、维护和劳动力成本，而电子商务在提供更低价格的同时，还不需要顾客亲自前往商店。

体验是销售的一部分

那些提供亲自“体验”作为其服务的商店，则最有能力抵御来自电子商务的竞争。线上购物还没有完全取代杂货店购物的一个主要原因是后者涉及到人们的触觉与感官体验。亲自挑选香蕉、西红柿、奶酪和面包，或在店里品尝新的食物，这些都是到店购物的一部分，对顾客来说与商品价格一样重要。交通成本的降低并不一定值得你放弃亲自品尝奶酪或闻闻花香的乐趣。即使日常的杂货店购物——补充每周的牛奶、面包、蔬菜和肉类储备，这些都不涉及快乐的基本要素——可能转移到线上，但在一个收入更高、时间安排更灵活的社会，受到通过数字通信网络传播趋势的影响，体验式的食品购物模式只会增加而不会减少。

2017 年 6 月，亚马逊宣布以 134 亿美元的惊人价格收购有机食品连锁店全食超市（Whole Foods），震惊了全世界。这次收购让亚马逊在庞大的食品杂货行业中获得了主要股权，该业务每年仅在美国的价值就高达 7000 亿~ 8000 亿美元。通过在美国、加拿大和欧洲的 460 家全食超市实体店，将这家线上巨头的实体店延伸到了距离数百万富裕家庭几英里以内的地方。

这家网络巨头选择杂货店作为进军实体零售业的载体并非偶然——因为人们可以在店内“亲身体验”，这正是其吸引力的一部分。这一举措将进一步模糊线上购物与实体零售之间的界限，使杂货商店成为实体展厅，将线上订购和实体配送系统与购物过程的社交乐趣相结合。此次收购也使全食超市的实体门店有机会扩展到规模更小、数量更多的城市展厅，向顾客展示这家零售巨头的大量有机产品。不过店内只供应一些顾客可能在购买之前想要亲自检查和挑选的、未包装的食品杂货。其余的订单来自那些库存充足的大型商场的包装商品，所有商品都单独装箱运送到顾客家中。

同样，服装、鞋类、服饰或户外设备商店能够为顾客提供一种体验——个性化的服务、现场裁缝、培训有素的服务员和吸引人的环境——是这些体验带动了销量，而不是因为价格优势。价格依然很重要——很少有人会仅仅因为店员在其试穿衬衫时大加夸赞就愿意花两倍的价钱购买。但是就像在市场上购买芒果能亲手挑选，或在书店中能翻阅书籍一样，如果购物体验本身是吸引人的一部分，顾客也愿意为实体商店中的其他类型商品支付小额溢价。许多人愿意舍弃较低的交通成本，更多参与更有趣的购物体验。虽然每周例行的购物将逐渐转移到网上，但实体店可选择性和社交性的购物可能会增长。

耐克最近开设了一系列旗舰店，不仅销售其运动服装，还提供全方位的竞技场和运动设备。位于纽约市苏荷区的一家耐克门店就拥有一个带有可调节球架与数字影像屏幕的半场篮球场、一个室内足球训练区、一台正对着大屏幕模拟户外场景的跑步机以及随叫随到的专业教练，帮助客户提升他们的技能。这家门店同时也是一个活动中心，在这里健身和购物相互交融。

诺德斯特龙（Nordstrom）是美国一家高端百货公司，其门店通常占地 17.5 万平方英尺。2017 年，公司推出了一种“本地”商店模式，其占地面积小，甚至不售卖任何商品。在贝弗利山（Beverly Hills）附近的梅尔罗斯大道（Melrose Avenue）就有一家这样的“本地”商店。店中提供有网上下单的路边提货（curbside pickup）服务，并且在精品屋内为顾客提供全套个性化服务：裁缝改衣、个性造型、美甲沙龙、咖啡和饮料供应等。一家名为“大箱俱乐部”（Trunk Club）的商店提供量身定制的服装设计服务。塔吉特百货也推出了类似的折扣零售理念，开设小型城市商店，让顾客可以在那里自提其线上订购的商品。

餐饮企业的增加

在所有零售企业中，增长最快的实体店是餐饮企业——包括餐厅、酒吧和咖啡馆。这些类型的商店能够提供电子商务无法涵盖的服务：因为这些服务只有亲临餐桌或柜台才能享受到。2012 ~ 2015 年间，餐厅销售额增长了 19%，超过了其他所有的零售类型。现在它们占到了零售总额的 15% 左右。在许多城市的街道上都可以看到餐饮服务在实体零售企业中的兴起。当售卖物品的零售企业难以支付不断上涨的租金时，餐厅、酒吧和咖啡馆可以提高食物的价格和增加个人服务项目来平衡租金的上涨。一些历史悠久的零售集群正在见证租户的更替，从结果上来看，零售商店在不断减少而食品服务提供商不断增加。因此，街道商业正逐渐成为食品和饮料的商业。

当我住在新加坡时，我所在的社区，有几家餐馆与其他租户共用店面空间以应对高额租金。早上供应溏心蛋、烤面包和炼乳咖啡的传统早餐咖啡馆，到了下午变身为一家高档的日本清酒酒吧和串烧餐厅。在另一个街角，上午 10 点营业的中国传统面馆，下午则变身为一家意大利披萨店。分时营业（splitting space）降低了商家成本，使那些原本会因为租金过高而被迫撤离的商家得以继续营业。

实体店与网购变得更加交融

现在，大多数的购物者（78%）在去商店之前都会在家查询产品信息，72% 的购物者在商店看过实物样品后会选择在网上购买商品。[35] 电子商务将橱窗购物延伸到每个人的手机上，但同样地，手机也将用户带回到街头。如同塔吉特百货与诺德斯特龙百货一样，其他一些连锁零售企业如今也在实体店里提供“线上订购线下提货”服务。亚马逊最近还开设了几家无需排队结账的实体店，顾客通过一排排电子感应门进入亚马逊商店，就像现代的地铁站一样。一套由运动传感器和计算机视觉摄像头组成的网络系统追踪店内顾客，并对他们从货架上购买的商品自动收取费用。此外，对于简化购物体验的努力还包括从在收款台办好免费送货，让顾客可以安心处理其他事情。

在这种环境下，那些由更小、更个性化的商店组成的街道商业可能会经营得很好。假如街道的步行环境是安全、舒适、有趣而且公平的，那么沿街散步就成为顾客外出体验的一部分，就像逛商店或去餐馆一样。走在波士顿、洛杉矶市中心、旧金山、新奥尔良等城市的购物街上，其本身就是任何线上零售企业都无法提供的体验。城市零售集群创造了一个予人丰富感官体验的多元化环境，这样的环境之所以能够吸引人们前往，在于购物之外的惊喜、乐趣、多样性和偶遇，确实是宝贵的体验。

零售市场的不平等重组

当前，美国的大卖场清仓潮在一定程度上是一种市场调整。美国的人均零售空间位居世界第一，是英国的五倍。在第 2 章中，我提到了爱沙尼亚塔林大型超市数量的惊人增长，并且指出该城市现在人均零售面积为 1.35 平方米，多于欧洲其他首都城市。但是，这与洛杉矶都市区人均零售面积 2.32 平方米相比仍然是相形见绌。美国的大部分零售空间都由 20 世纪 70 年代、80 年代和 90 年代建成的郊区购物中心与大型超市组成。美国零售市场可以说是供过于求，而这种情况是源于郊区需求膨胀、能源价格与土地价格低廉等过时观念。电子商务引发的市场调整将削减部分过剩产能。

与此同时，高档餐饮场所取代传统零售企业正在威胁街道商业的可持续性。街道商业是能够减少城市能源消耗的商业类型，并且有助于提高空间平等性和宜居性。那些高档餐饮场所针对的目标群体是中产阶级和中上阶层的消费者。如果高档餐厅或线上购物取代了传统的服装、服饰、电子产品和家电商店，将使得那些没有信用卡、每周依靠微薄收入生活的家庭难以获取基本的商品和服务。一些快递公司拒绝向低收入和少数族裔社区派送电商包裹。[36] 当居民住地附近缺乏便利的零售业——如食品市场、家居用品商店、电子产品商店和服装店，迫使居民不得不长途跋涉，将不成比例的收入和时间花在交通上，也降低他们的生产力。

那些无力支付亚马逊金牌服务、没有信用卡和高速互联网连接、没有汽车以及居住在快递服务糟糕的社区的低收入家庭，均受到了当前零售市场重组的负面影响。随着平价服装、鞋类、服饰和家居用品商店纷纷转移到线上，这些家庭的生活质量受到严重影响。尽管体验式购物对于许多家庭来说仍是难以负担的，但实体店由日常杂货、服装服饰和家居用品的减少对于低收入家庭的伤害可能才是最大的。在美国许多城市，能够驱车就近获取日常用品仍然是向上级阶层流动的重要一步。

在整个20世纪，购物中心形成的精心安排和财务协调的消费环境，取代了无数历史悠久、设施丰富的街道，使美国没有一座城市不受到影响。购物中心的兴起不仅仅是不可避免的市场力量的结果，也是人口结构的现状即核心家庭成为最大的消费群体、高度亲市场的政治气候、快速的机动化背景以及有利于低密度郊区增长的住房政策。购物中心的资本积累使开发商能够调控整个零售集群，从而将其作为一个盈利机器来实现利润最大化。

可以说，亚马逊代表了零售供应集中化的发展前沿，类似于早期的购物中心，却有着更大的规模与更强的潜力。亚马逊依赖于数字购物与送货上门服务，但我们应该牢记约翰·赖尔登（John T. Riordan）的观点："购物中心不是一栋建筑，而是一种管理理念、一种共同管理的方式，能够让独立的企业像同一整体一样行动。"[37]亚马逊的经营模式显然符合这一描述。为了避免再次对街道生活带来不良后果，城市需要考虑到电子商务的规划。

将电子商务纳入街道规划

电子商务引发的竞争为城市政府和规划人员创造了一个机会，让他们能够重新思考如何制定计划和政策来帮助城市街道上的实体店在21世纪蓬勃发展。美国零售空间市场对于周边大型超市的需求已经饱和了。考虑到大型服装、服饰、消闲品、书店和折扣店最直接地受到线上竞争的影响，市政府应该在更靠近市中心与公交优先的地方积极规划较小的零售空间。面积在1000～20000平方英尺的中等规模零售空间，能够在密集的城市环境中容纳各种类型的商店与服务设施。这种规模的零售空间不仅吸引那些较小的商店，并且也能吸引国内和国际的连锁企业。这些企业开始逐步缩减在郊区的经营规模，同时越来越多地在展示厅和"线下提货"门店上进行投资。面对全国性连锁企业在更多城市中缩减规模与空间的普遍趋势，塔吉特、电路城（Circuit City）和诺德斯特龙只是其中的几个例子。

与此同时，可以重新规划那些未能充分利用的大卖场与郊区购物中心，用于办公空间、混合住宅重建、学校、体育设施、仓库等零售业以外的用途。这种转变已经在美国各地发生。亚马逊公司正在将位于俄亥俄州北兰德尔（North Randall）、克利夫兰市（Cleveland）之外的、曾经是世界上最大的购物中心改造成一个新的电商仓库。整个购物中心将被拆除，大部分土地将由最初完成其破产清算的亚马逊重新调整。在得克萨斯州的麦卡伦（McAllen），一家利用率不高的沃尔玛商店（124000平方英尺）被改造成全国最大的单层公共图书馆。[38]朱莉娅·克里斯滕森（Julia

Christensen）是欧柏林学院（Oberlin College）的一名艺术家兼作家，她在其《大卖场再利用》（*Big Box Reuse*）一书中记录了几十个这样的购物中心被改造成住宅、体育馆、学校、小型零售店和公园的案例。[39]

市政府对实体零售空间采取更灵活的分区是明智的选择。与其将商业空间严格限制在零售经营范围内，放开对街道商业空间的使用要求更有助于业主应对不确定的需求。虽然城市区划法规中传统的用途分类会区分“顾客购物后即离开的零售空间”与“提供现场服务的服务空间”，但零售和服务之间的界限正在日益模糊。分区法规也应该更新以反映这种模糊性，从而使传统零售空间的使用更加灵活。我在第 6 章提到了新加坡的“活动空间用途”（activity generating uses）分类政策，这种创新的分区设计使底层零售空间能够容纳各种类型的商业用途，包括零售、食品和饮料、娱乐、体育和消遣（如健身房与健身中心）、艺术画廊以及其他类似的商业类型。[40] 在零售需求易波动的不明朗市场中，这种宽泛的用途分类标准有助于商业空间的充分利用。

分区法规与商业政策应该允许商业租户通过在单个空间中与多个租户分摊租金来分担经营风险和租用成本。这将允许两家不同的餐厅在一天内的不同时间占用同一空间，如上午是咖啡馆或早餐店，下午则是餐厅。允许多户商家使用同一空间能够帮助较小的商家在快速绅士化的地产市场中生存下来，并为客户提供更多样化的产品。[41]

市政府还可以推动或带头在重要的零售街道举办特殊的户外活动，如无车星期日（Car Free Sundays）或第一个星期五（First Fridays）。活动期间禁止机动车辆通行，布置临时街道家具和盆栽植物，邀请流动食品商贩参与。城市能够吸引人群，团结社区，商店和游客也都能受益。波士顿市最近在其知名的商业地带——纽伯里街（Newbury Street）设立了无车日（Car Free Days）。这项名为“开放纽伯里街”（Open Newbury Street）的活动吸引了成千上万的游客。餐厅、食品卡车和帐篷排列在街道两侧，停车场上摆满了桌子。当地乐手来到街上表演，公共事务部（Public Works department）布置了桌椅和一系列游戏来吸引居民家庭。其中一个开放周末在时间上与马萨诸塞州的免税周末（Tax Free Weekend）相重叠，在这段时间内，顾客购买商品和服务可以免除 6.25% 的消费税。目前纽伯里街的活动在夏天只举办三四次，其实这样的活动可以成为每周或每月的定期活动。在零售街道上定期实行无车日，有助于人们更了解当地的街道商业，也会吸引他们上街与社区的居民见面，并通过线上零售商无法比拟的到店体验提升商店的访问量。

此外，正如让人们负担得起住房的重要性一样，居民能够获得符合其收入与品味的商品和服务也同样重要。为了防止价格亲民的、面向社区的零售企业被排除在外，市政府应该采取一些创新政策如低于市场价格的租金，来支持那些符合社区需求、但困于高额租金难以在当地生存的企业。我在第 2 章中对这些政策进行了设想，但显然需要更多的创新。

最后，为了应对电子商务带来的挑战，市政府也可以考虑在经济发展或规划部门为零售规划人员设立职位。这些不同的岗位通过区划调整、城市设计导则、交通投资、街道升级项目、活动与节日来安排工作，制定新的政策工具来实现包容性零售等，以帮助协调各方努力来支持街道商业。

无论是中心城区的人口结构调整，还是支撑电子商务的技术，都不会让零售区位理论失效，也不会改变我在前几章中所描述的塑造街道商业的基本力量的本质。然而，它们却改变了一些关键力量的影响力。例如，美国城市的人口变化改变了我在第 2 章中讨论的顾客密度对于零售密度模型的影响。财富与购买力向城市中心地区的转移将改变人们购买不同类型商品的频率，以及相应的顾客密度。同样地，电子商务不会改变塑造实体商业的潜在因素，但却影响了它们的相对平衡。电子商务尤其改变了获取商品和服务的交通成本对终端消费者的影响——人们不再必须去商店，而是可以通过支付运费让商品送到家门口。因为通过联合包裹公司（UPS）的卡车一次运送大量货物比让每位顾客自己前去商店更加划算，可以说电子商务降低了交通成本，增加了购物频率。这种影响力平衡的变化足以改变我们在城市街道上所见的商店格局。不过，塑造街道商业的基本力量仍然存在，购买频率、交通成本、顾客密度、固定成本、监管环境和城市设计因此依然很重要。

人口和技术变化的趋势在每个城市的表现都不一样，两者的演变轨迹都取决于每个城镇的空间、社会经济和制度环境。中心城区的结构重组取决于住房政策、发展补贴、规划、城市设计和租户权利，以及就业机会和经济发展。电子商务对实体店的影响取决于城市当前的零售环境、大卖场与街道商店的比例、城市的土地利用模式与交通系统，以及城市为激励商业和经济发展而部署的体制与财政机制。

结语

街道商业每年在不同城市、社区和街道上的命运取决于一系列因素，我在前几章中已经描述过。这些因素包括企业的运营成本、顾客密度与各种商品和服务的购买频率、价格、交通成本、交通模式比例、商店之间的竞争、位置、集群驱动力、企业间组织、建筑类型和商店周边的城市设计特征等。这些因素的任何都会改变一个城市设施格局的平衡。正如我们在上一章中看到的，人口和技术趋势也发挥着重要作用。这些因素共同构成了一组复杂的空间与经济的影响力量，而且很难区分清楚。人们往往把它们并为一谈，把它们对于街道商业的联合作用称为“看不见的手”。[1]

然而，影响城市街道零售和服务设施的一系列因素并不是不受控制的市场力量产生的必然结果，而是地方政府、个人和企业采取的能够反映社会、环境、经济政策与规划。民选官员、规划师、开发商和社区团体可以做很多事情来改进街道商业的健康环境与公共空间。

在这最后一章中，我尝试总结前几章中提到的五个关键经验教训，并推测在全市范围内创造更繁荣的街道商业可能需要什么。

第一个重要的结论是，对于改善不同城市、社区，甚至不同街区的街道商业，没有“一刀切”的规定。我试图用世界各地的案例来证明，城市所面临的街道商业问题在很大程度上取决于地方环境和历史。在东欧高密度居住区的苏联时代的板式楼房中复兴商业所面临的挑战，与洛杉矶中心城区的社区、纽约的商业改进区（Business Improvement Districts）或印尼的街头小贩社区几乎没有什么共同之处。但是，尽管这些不同的背景之间存在巨大差异，我也要强调，在所有的城市环境中，都存在着某些一致的、决定性的力量在塑造街道商业。

通过与城市、邻里协会、社区团体或开发商合作来改善街道商业的规划师和城市设计师应从评估不同环境下的优势和劣势开始，以确定哪些因素表现良好，哪些因素可以改进，哪些可能缺乏。我在第6章中提到的剑桥市肯德尔广场的案例表明，该地区已经满足对街道商业有利的一系列关键要素：由高密度的就业环境所包围，广场有很好的步行和公共交通可达性，该地区的居民和游客有充足的可支配收入，这也说明当地有相当高的消费水平。然而，办公楼与实验楼的建筑类型并不能很好地适配底层街道商业，管理高层办公空间的公司从迅速发展的技术公司那里获取了如此多的收入，出租底层的零售空间似乎并不值得。在对肯德尔广场的街道商业状况进行评估后，由市政府与商业地产业主协商谈判，使其开放底层的商店和服务设施空间。作为这一过程的一部分，该市对很多地块的可开发土地用途进行了重新分类，而部分商业地产业主转而又对肯德尔广场附近数栋建筑的底层立面和室内布局进行了改造。此外，广场周围的地区缺少在早晨、晚上和周末频繁光顾商业场所的居民。居民以高收入群体为主，短期租住在豪华公寓，这既不会形成持续的顾客光顾模式，也不能通过重复的相遇和互动来促进建立深度社交网络。这一评估结果促使该市在其区划法规中增加了一些条款，这些条款将引导新生住宿与经济适用房的开发。尽管这些干预措施需要数年甚至数十年才能实现，但初步结果已经表明，政府与私人部门鼓励更多街道商业的努力正在开始取得成效。

我在第 2 章中描述了与低固定成本投资相关的印尼梭罗市充满活力的街头小贩文化。这一文化现象从前市长佐科维（Jokowi）的政策纲领中获益良多，他通过法律限制购物中心的发展，支持小型零售、服务业和食品企业家的发展。该市还投入巨资改造现有的露天市场、建设新的露天市场，以支持那些只需要一两名员工的小卖部微型售卖业。这些政策有利于小型零售商的发展，使得城市即使在经济高速增长和房地产开发时期也能保持高密度的传统商店与服务设施格局。

在国际案例中，伦敦之所以显得特别，不仅是因为本书开头几段中以我个人经历所描述的、其过去充满活力的街道商业结构，还因为当前有许多旨在改善整个大都市数百个大街集群商业环境的政策。在鲍里斯·约翰逊（Boris Johnson）的领导与市长萨迪克·汗（Sadiq Khan）的推广下，大伦敦管理局（GLA）已经在实施一项“商业大街行动”（Action for High Streets）计划，以公共空间改造、公共艺术和交通委员会、景观优化的形式向整个城市的数十条商业街提供直接投资。[2]

市长提出的商业改进区资助计划为伦敦现有和新兴的商业改进区提供了财政支持，以鼓励企业、协作和背景研究。外伦敦基金（Outer London Fund）设立于 2011 年，是一个 5000 万英镑的投资项目，致力于帮助伦敦商业大街的发展并使其更有活力。作为其补充，基金还给予项目支持与专业意见咨询，旨在向商业街的商家提供必要技能与额外能力的培训。这项基金专门针对伦敦的部分地区，这些地区并未从横贯铁路（Crossrail，一条从东到西贯穿伦敦的新高频铁路路线）的战略投资和 2012 年奥运会之前进行的城市改进项目中有多少直接受益。[3] 此外，在 2011 年伦敦骚乱事件之后，市长宣布再投资 7000 万英镑用于长期改善受影响的城镇中心和商业大街。伦敦交通局也设立了未来街道培育基金（Future Streets Incubator Fund）来支持能够短期实现的小型战略项目，目的是探寻能使伦敦道路和街道适应未来需求的新思路。所有这些项目都与市长的行道树倡议（Street Tree Initiative）和口袋公园计划（Pocket Parks Program）更加配合，后者为伦敦商业大街的绿化提供了资源和服务。到 2015 年，该项目已经花费 570 万英镑，在全市范围内的许多街道和公园种植了 2 万多棵树木。这些广泛的举措表明，伦敦不仅在商业街上大放异彩，并且还在继续投资街道的未来。

在诸多不太成功的例子中，爱沙尼亚提供的教训是：故步自封、缺乏远见的交通政策是如何对全市的街道商业结构造成严重破坏的。在过去30年间，塔林的机动化发展速度异常迅速，导致城市中心许多历史悠久的商店被城市边缘的大型购物中心所取代。交通系统与城市发展政策或许是最难改变的，但幸运的是，墨尔本、伦敦、苏黎世和其他城市鼓舞人心的先例证明，如果公民社会群体能有政治意愿和高度组织的基层团体，那么引导城市向更有活力和以公共交通为导向的模式转变确实是可能的。

伦敦、剑桥、梭罗、塔林和其他城市的经历凸显了第二个重要教训：成功的街道商业的出现或存在几乎从来不是纯粹市场力量的结果，而是体现出有意识的规划和策略的成果。城市街道不会因为规划者、地方政府和监管机构坐视不理等待市场发挥作用的放任主义态度而变得更好。恰恰相反：具备多样化零售企业和服务选择、由不同业主经营、服务于不同偏好群体的良好街道需要有意识的规划和管理。共享的户外空间——人行道、广场和小型公园——需要公众的协作和投资，因为这些空间提供的公共利益远远超过了任何一家商店的利益。其规划往往由着眼未来的城市政府领导，通过协调政策与投资来支持改善社区活力。伦敦的情况就是这样。在其他的案例中，正如我们在洛杉矶的拜占庭拉丁裔社区中看到的那样，由市民团体和公民社会组织主动发起行动，引入干预策略、组织企业和社区成员、围绕品牌进行动员，并向市政府倡导社区利益。第4章中探讨的商业改进区和商业协会说明了商业社区也能够因为共同的需求动员起来，相互协作与联合行动，筹集额外的资金，并与政府官员合作，通过组织活动、街道清理和管理、额外的资本投资以及商家招募来支持街道商业发展。在每一个案例中，有意识的规划、政策和设计都在改变街道生活的质量和多样性方面发挥着重要作用。

第三个关键结论是，对社区导向的街道进行公共投资能够产生多方面的、跨部门的公共效益，这是其他基础设施投资难以比拟的。尽管在城市中的许多社会机会——上学、就业、健康生活方式或社交网络——分配往往不均衡，有利于更富裕和历史上占主导地位的群体，但街道商业可以提供一个重要策略使每个人获得的机会更平等。

一方面，商业大街提供了大量的就业机会。我所分析过的零售、食品和个人服务行业作为街道商业的一部分，在美国经济中创造了超过20%的就业岗位。除此以外，一系列非零售商店都位于商业大街上——各种行业和服务部门的工作岗位分布在办公大楼、文化和娱乐场所、公共机构，甚至是城市绿色制造业——随着新的快速原型技术的出现，正在回归城市街道的行业之中。商业大街沿街所提供的零售与非零售岗位总和在一个城市的就业总数中所占的比例甚至更大，可能仅次于中央商务区（CBD），有时甚至超过中央商务区的就业总人数。例如在伦敦，在中央商务区以外47%的公司位于商业大街附近，18%的城市人口居住在距离商业大街步行3分钟的范围内。[4]对这些街道的公共投资涉及一个庞大而复杂的群体。

除了提供大量就业机会，商业街周围的许多工作岗位对边缘化群体以及寻求初级服务部门就业和进入行业社交网络机会的新移民尤为重要。零售聚集区的游客有很大一部分是求职者、老年人、移民、学生，还有暂时失业的父母和年幼孩子的看护人。根据大伦敦管理局对伦敦商业街的调查显示，51%的商业街逛街者目前没有工作，相比之下全市的平均水平为27%。[5]研究美国商业大街与公共空间活动模式的学者也注意到类似的游客模式。[6]此外，45%的游客到访商业街的主要原因与零售活动无关，这表明商业街道提供的社会和文化交流也为伦敦人所重视。非零售活动对于弱势群体的使用尤其重要，特别是老年人，他们非常看重面对面的互动、旁观人群还有散步活动。[7]对社区导向街道的投资能让较弱势的使用群体获得最大利益。

从社会角度看，商业街是人们相遇的场所。在这其中有些相遇是有计划的——与朋友、熟人的聚会，或是与最近在当地咖啡馆或餐厅初识的朋友会面。正如引言中提到的，这些相遇代表了社会学家马克·格兰诺维特（Mark Granovetter）所说的“弱社会纽带”（weak social ties），这种关系中人们每周、每月甚至几年才见一次面。街道商业在这些互动中扮演着相当重要的角色，因为大多数有计划的见面都发生在室内空间——咖啡馆、餐厅、电影院、大厅或庭院。斯坦福·安德森（Stanford Anderson）将这些沿城市街道分布的场所称之为“可用区域”（occupiable realm）——即在不同程度上向公众开放使用的私人空间。[8]

商业街也会发生意想不到的邂逅，这既有在企业内部的——商店、发廊、图书馆、餐厅或超市内，也有在户外的——人行道、长椅、门廊、街角、桌边和小公园里。这些计划外的偶遇代表着由经济上充满活力的、适宜步行和公平的街道所形成的潜在联系。后者对于建立相互认知和传递社会信息方面甚至比有计划的见面更加重要。发生在街道上的偶然相遇为格兰诺维特所提出的“弱纽带”的形成建立了第一次接触。我们通常与以前见过的人开启第一次交谈。我们会和家人、同事谈论我们在街上遇到的人或事。当们遇到与我们背景、观点、收入、年龄、文化和性别不同的人时，我们的政治观点也会发生改变。在城市街道上遇到社会学家理查德·桑内特（Richard Sennett）所说的“他者性”（otherness），会以一种发自内心、实实在在的方式塑造我们对一座城市的感知，并深刻影响我们对周围“社区”和“社会”的理解。[9]因此，商业街是城市生活的晴雨表，帮助我们衡量城市和我们周边的社区是否健康、繁荣、宜居、公平、愉快或有趣。如果一座城市的街道商业具有包容性（无论在商店供应方面或是在地理位置方面利于较为弱势的使用群体）；如果它能为城市的经济带来乘数效应和招聘岗位；如果它能帮助创造包容的、高质量的公共空间以供社会交往和互动；如果人们可以通过步行或公共交通到达，那么这座城市总的来说就会很好。

为了从公共计划、政策和投资中获得这些益处，城市需要更加仔细考虑街道商业的空间定义。在商业区域的公共行政区划中，如中央商务区、商业区、主要街道、文化区和艺术区等通常只包括小部分实际的便利设施集群和与之连接的街道路段。然而，这些行政定义与资源分配、年度预算周期密切相关。城市不应该严格按照现有边界分配公共资金和改进措施，而应该每年监测街道商业集群的演变，并根据其功能而不是行政重要性来改进人行道、口袋公园、车行道和十字路口。在本书中，我将街道商业定义为零售、食品和个人服务设施的集群，其中包含至少 25 家商店并且每家商店与最近相邻商店之间的距离不超过 100 米。各城市可以采用自己的定义，并根据当地需要加以调整。然而，在每种情况下都应该有一个具有可比性的定义，以便绘制出所有街道商业集群的地图，并在空间上有针对性地改善公共空间，从而为游客和使用它们的企业带来更直接、更有效和更能感受得到的益处。

不幸的是，许多城市、邻里和街道都难以从街道商业中获取社会和经济利益。正如我在引言和第 7 章中所谈论的，良好的街道商业的益处并不是公平地分配给每个人。一方面，存在着如何让盈利较低、年代较久远或更加以社区为导向的企业在不断增长或升级的城市街道上生存下去的问题。我的建议是提出新的经济适用零售政策以形成具有包容性的零售空间，类似住房市场中为应对类似挑战而实行的包容性住房政策。

但是，不平等现象的产生还取决于人们对于邻近街道商业区住房的负担能力。一条焕发生机且具备丰富设施和公共空间的城市街道，往往更能吸引富人、白人和享有特权的居民来到附近居住。除了出台新政策使以社区为导向的企业能够应对投机性的租金上涨，商业大街还需要不断改进来为现有租户提供保障，避免其被迫迁移。

这就形成了第四个要点——公平的街道商业要求商店能够满足所有收入群体的需求，并且要有能确保改善设施与高质量公共空间的政策，使弱势居民群体能够留在这里并从这些投资中受益。以步行为导向的街道商业本质上并没有加剧不平等或中产阶级化——相反，以步行为导向的街道商业往往会被投机的资本主义住房市场商品化。这取决于城市及其规划者、社区团体和开发商是否能做到，不仅在得益于这些街道的新开发项目中将商业大街的改进与包容性区划和保障性住房需求结合起来，还要提供措施来保护现有的可负担房屋，包括租户保护、租金控制、公共住房保护，甚至公共住房扩建，这是美国城市几十年来所未见的。中产阶级化、动迁以及美国住房市场历史上诸多不平等现象的加剧，对租赁者和低收入的有色人种社区造成了不公平的影响。不过，这并不意味着我们应该停止投资和改善这些街道，城市应该在过去被边缘化的社区投资建设街道，但也要确保低收入有色人种的社区能够留存下来，并从这些改进项目中受益。

除了社会和就业福利外，街道商业投资还可以在全市范围内实现重要的环境目标。正如我在第 1 章中展示的，已经有大约 15% 的美国人生活在至少有 25 家商店的便利设施集群的 15 分钟步行范围内。因此，通过步行能够获取至少部分零售和服务项目的美国人是需要搭乘重轨或轻轨交通的人数的两倍。考虑到大约三分之二的出行涉及娱乐、零售和社交目的地，在家庭或工作场所附近进行部分无车出行可以大大减少交通压力、交通能源消耗和碳排放。

什么类型的建成环境能够为大多数人提供一个离家步行 15 分钟内的舒适设施集群？ 我们不必冒险进入乌托邦，也不必从远处寻找，第 1 章提供的数据表明，美国许多现有的城市已经实现了这一目标。在纽约市、旧金山、波士顿、迈阿密、檀香山、洛杉矶、华盛顿特区和奥克兰等城市，超过 50% 的人口在其住所 15 分钟步行范围内至少有一个零售集群，这其中甚至包含被称为“车轮上的城市”的洛杉矶。这份名单只包括人口超过 35 万的城市，许多小型城市也实现了高度可达的设施分布模式。这些城市有着非同寻常的城市形态、土地利用模式和建筑类型，这表明，城市可以通过各种不同类型和配置实现街道商业区的广泛可达性；没有一个模板能够提供放之四海皆准的妙招。

然而，一些关于城市形态和密度的规范纲要通常描述的是具有高度零售可达性的城市。当我们检索表 8 中零售步行可达性最高和最低的城市时，这些规范的界限就变得很明显。表中显示的上半部分和下半部分的城市是根据 15 分钟步行范围内至少有一个零售集群的人口比例进行排序的。

人口超过 35 万的美国城市的城市形态和人口密度指标对比，上半部分是零售聚集区可达范围内人口比例高的城市，下半部分是零售聚集区可达范围内人口比例低的城市；标记为—的字段代表没有可用数据 **表 8**

排序	城市	在某一零售集群 1000 米范围内的人口比例	2010 年人口数量	土地面积（km^2）	每平方公里居住密度（km^2）	容积率	建筑覆盖率
1	纽约	88%	8175133	783.0	10890	1.66	35.38%
2	旧金山	84%	805235	121.5	7174	0.43	27.42%
3	波士顿	69%	617594	125.4	2700	0.71	16.14%
4	迈阿密	67%	399457	93.2	4866	—	—
5	檀香山	62%	337256	156.7	2236	1.50	14.16%
6	洛杉矶	55%	3792621	1214.0	3275	1.40	18.67%
7	华盛顿	54%	681170	158.1	4308	0.83	16.47%
8	奥克兰	51%	390724	144.8	2901	0.69	17.04%

续表

排序	城市	在某一零售集群 1000 米范围内的人口比例	2010 年人口数量	土地面积（km^2）	每平方公里居住密度（km^2）	容积率	建筑覆盖率
9	芝加哥	41%	2695598	589.6	4572	—	14.15%
10	亚特兰大	40%	417735	344.9	1211.17	—	—
	平均值	**61%**	**1831252**	**373.1**	**4413.4**	**1.03**	**19.93%**
31	奥马哈	9%	383964	329.2	1166.35	—	—
32	杰克逊维尔	9%	822050	1934.7	425	0.05	1.23%
33	图森	9%	520116	611.7	868	0.21	6.52%
34	克利夫兰	8%	396815	201.2	1972	—	—
35	圣安东尼奥	7%	1469845	1193.7	1147	—	—
36	俄克拉何马市	7%	579999	1556.9	360	—	—
37	哥伦布	7%	787033	562.5	1399	—	—
38	沃思堡	6%	854113	886.3	842	—	—
39	孟菲斯	6%	646889	816.0	770	0.26	6.42%
40	底特律	4%	713777	359.4	1900	0.25	14.78%
	平均值	**7%**	**717460**	**845.2**	**1084.9**	**0.19**	**7.24%**

从表 8 中可以看出，城市规模对零售集群分布的影响并不重要。尽管零售可达性最好的城市平均人口数量（183 万居民人口）与可达性较低的城市（70 万居民人口）相比更多，但实际上第一个平均值由于最大三个城市的存在而产生了严重的偏差——包括纽约、洛杉矶和芝加哥。即使是人口规模在 35 万~40 万之间的城市，也有 50% 以上的居民居住在零售集群附近，比如檀香山、奥克兰和迈阿密。

虽然总人口的影响不大，但是人口密度明显与零售可达性相关。平均而言，表格上半部分城市的人口密度（每平方公里 4413 人）是下半部分城市（每平方公里 1085 人）的四倍。这一差异也存在一定程度上的偏差，这是因为美国有两个人口密度极高的异常城市——纽约市（每平方公里 10890 人）和旧金山（每平方公里 7174 人）。但即使抛开这两个城市不谈，零售可达性最好的城市平均居住密度仍是表中底部城市的三倍。居住密度越高，零售密度就越高。本书第 2 章讨论了这种关系是如何通过密度所产生的双重效益来形成的。首先，更高的居住密度使更多的零售商能够通过在商店附近吸纳更多顾客，从而保持经济上的可持续性。其次，更高的居住密度往往也会产生较短距离的、本地的、非零售目的地的徒步出行，以即兴购物的形式为商店创造第二重效益。

表 8 的数据表明，在人口数量超过 35 万的城市中，城市范围内每平方公里最低居住密度约为 2700 ~ 3000 人，才能实现步行到达大多数零售集群的目标。檀香山是个例外，该市超过 60% 的人口都在零售聚集区步行可达的范围之内，人口密度

仅为每平方公里 2236 人——城市的大部分土地被无法建造的山脉所覆盖。这种地理条件限制影响了对整个城市人口密度的估算。檀香山建成区的居住密度远高于全市平均水平。

表 8 最后两列中的容积率（FAR）和建筑覆盖率指标提供了描述城市建筑形态的大致标准。容积率说明了城市中所有建筑的总建筑面积与城市土地面积之间的比值。例如，比值为 1 意味着建筑物的建筑面积与城市土地总面积相等。考虑到大约 40% 的城市土地通常用于街道建设，并且大多数城市也有规模较大的公园与限制建筑的自然区域，即使容积率为 1 也意味着全市的建设密度很高。举例来说，在人口密度相对较低的图森市，全市的容积率为 0.21。

另一方面，建筑覆盖率（built coverage）指标描述了城市中被建筑基底覆盖的土地面积百分比。这两个指标互为补充，应该一同研究。[10] 例如，兼具高容积率与低覆盖率是可能的，这通常意味着该城市拥有高层建筑，但建筑之间留有很大的未建设空间，就像新加坡一样。反之，当一个城市的建筑覆盖率高而容积率低时，通常意味着大部分可建设土地都被建筑物占用，且这些建筑物都是低矮的单层或双层结构建筑。这种情况也很常见，例如伦敦的低层排屋，或者南半球快速发展中城市的其他低层建筑类型。最后，高覆盖率和高容积率意味着城市中大部分可建设土地被占用，建筑楼层也很高。纽约就是这种情况的一个完美例子，其覆盖率和容积率在表 8 的所有城市中都是最高的。

对比表中的上、下部分城市可以发现，多数居民能够步行到达零售集群的城市，其平均容积率是表中排序靠后城市的 5 倍。更密集的建成环境意味着单位面积的土地上有更多的居民和工作岗位，以及更多需要零售、食品和个人服务设施的顾客。

总的来说，要想让大多数居民能够步行到达城市设施聚集区，通常需要实现全市最小容积率约为 0.5，地面覆盖率为 15%。在这样的密度下，表 8 中所有排名靠前的城市都有轨道公共交通系统在运营，或者如檀香山正在建设中的轨道交通，这再次证明了街道商业和交通系统之间相互支持的关系。

这些指标并不提供明确的限制，最多只是充当参考性的里程标。众所周知，城市的人口密度、建筑覆盖率和容积率对城市边界的划分方式非常敏感——那些包含大面积未建区、水体或预留地的城市很难与那些只包含完全建成区的城市相提并论。

但更重要的是，即使在人口密度很低的城市，也有可能实现街道步行区可达范围内较高的人口比例。一个土地面积非常大、覆盖率和容积率非常低的城市的确能够将其大部分发展建设转移到少数密度更高的中心区，创造足够的人口和开发密度来支持每个中心区的各种商业活动。与此同时，大多数居民也都居住在街道商业区或交通车站较短的步行距离内。这可以通过多核开发模式来实现，即居住和商业开发都集中在特定的公共交通廊道周边，从而留下大片未开发或部分开发的土地。哥本哈根 1947 年著名的手指规划（Finger Plan）（图 83）和斯德哥尔摩的公交导向规划都采用了这种形式，在城市边界内纳入了大片未开发区域，同时保证了以公交为导向的次中心区周边相对较高的开发密度。在美国，华盛顿特区、西雅图和迈阿密也能见到类似的空间结构，这些都是受到过去湿地和水体的地理条件限制，迫使开发在分散但相对高密度的区域聚集。[11]

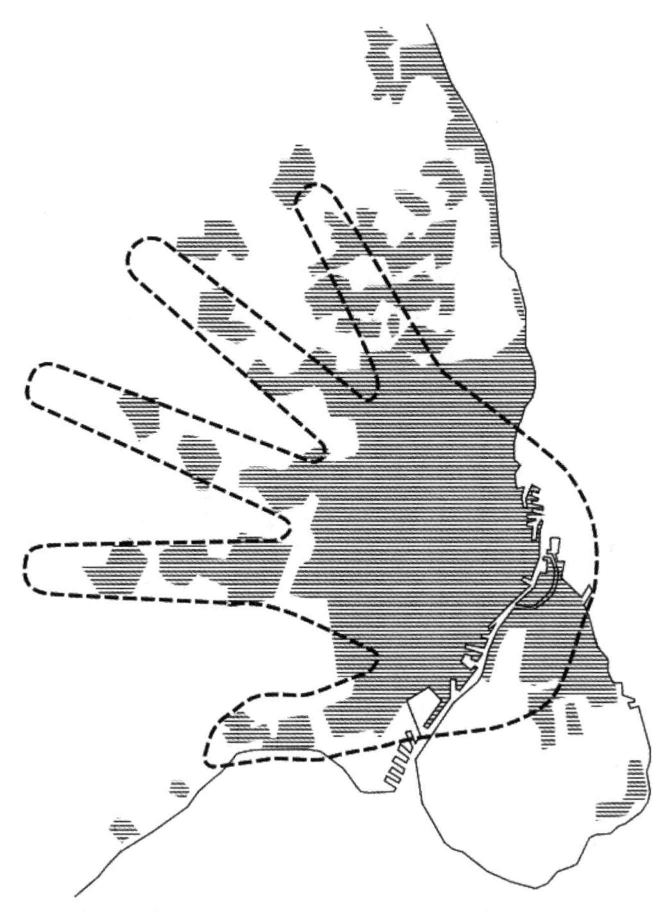

图 83　1947 年哥本哈根以区域交通为导向的"手指规划"

图片来源：Amindarbari，R.，& Sevtsuk，A.（2019）

这是本书的第五个也是最后一个要点——充满经济活力、社会包容性和适宜步行的街道商业并不是为特定规模、历史背景或收入的城镇而保留。实现这些益处的既可以是小城市或大城市，可以是历史性或新的开发项目，可以是私人或公共的开发项目，也可以是低收入或高收入地区。亚特兰大郊区一个充满活力的街道商业集群也能与波士顿的大学校园周边富裕街区的零售集群相媲美。皇后区或纽约法拉盛的少数族裔零售聚集区比费城市中心的历史悠久的零售集群更能发挥作用。包容性、地方效益、公共空间质量和行人可达性是所有重视居民生活质量的城镇和社区都可以实现的城市品质。

但这并不意味着，非常低密度的郊区，对高密度、土地混合利用和公共交通缺乏建设意愿，可以在不改变商业现状的情况下发展街道商业。二者不可兼得。

实现可步行的街道商业确实需要围绕当地更加密集的城市形态和混合土地利用模式进行多核式的规划与开发。此外，还需要对公共交通和步行友好性改进项目的投资进行协调。考虑到美国城市周边郊区的范围和渗透性，街道商业的未来将在很大程度上依赖于建立密集的、多功能的、经济多样化的郊区次中心。尽管这些次中心区的总人口密度、容积率和建筑覆盖率较低，但如果郊区政府能将新的房地产增长导向公交车站和设施集群建设上，那么对于更多的美国人来说，步行友好的商业确实可以成为现实。

符合中等密度城市形态与混合用途开发的地方，将多样化的零售和食品服务企业，与家和工作场所附近方便可达的高质量公共空间，并通过人行道、自行车道和公共交通连接起来的，为各级政府制定的 21 世纪可持续发展若干目标提供了有望产生积极效果的模版。从环境角度来看，步行或公共交通可达的零售聚集区可以降低城市的能源支出，有利于净化空气并改善公众健康。让更多游客采用驾车以外的方式到达目的地有助于缓解交通拥堵，鼓励体育锻炼，减少人均化石燃料消耗量。如果大多数出差和商务旅行都可以通过步行或公共交通抵达，并且去的地方离家或工作地点不远，那么更有价值的城市空间可以从道路和停车场转变为功能性经济活动目的地、公共空间和休闲区域。

从经济角度来看，由于向当地供应商和雇员支付的资金以及公共基础设施的改进项目都会反馈到当地经济，因此，街道商业收入的很大一部分具有乘数效应。这使得城镇更有韧性应对经济衰退，同时加强了社会凝聚力。

街道商业也刺激着人们通过步行体验城市，产生面对面的偶遇机会并帮助建立“潜在的”社会联系——这种社会联系原先并不存在，但可以萌生于偶然的相遇、计划外的交谈或简单的眼神接触中。这些联系对于社会意识和城市韧性至关重要。

购物中心是 20 世纪零售业最大的创新。购物中心以高度统筹和财务协调的消费环境取代了无数曾经设施丰富的街道，波及了美国的所有城市。购物中心的兴起不仅是市场力量无可避免的影响结果，同时也是由于人口结构变化使核心家庭成为最大的消费者基础，以及高度亲市场的政治气候、快速机动化和有利于低密度郊区发展的住房政策。购物中心的资本积累使得开发商能够通过调控整个零售集群，从而将其作为一个盈利机器来实现利润最大化。

实际上，我们有理由相信，未来零售资本积累的趋势将会继续下去。我们不应该指望开发商想要更小、更多样化的零售形式。相反，应该由城市政府、规划师和社区团体通过与开发商合作、辩驳与协商，来决定什么样的城市零售环境对社区更加有利。其开发原则必须能够激励街道商业的发展，并且能提供比当前以汽车为导向的郊区购物中心更大的集体利益。许多拥有充满活力的街道商业的城市的经验表明，一旦这些条件得以确立，零售商和开发商能够看到成功的街道商业，那他们就愿意参与进来，正如世界上许多最宜居的城市的商业城镇中心所见证的那样。

无论从意大利的山城到巴西的非正式住区，还是从印度尼西亚的村庄到中国的大都市，商业街道都是社区的中心，是熙熙攘攘的繁华大街。即使在美国，也只有少数几个城市完全不能通过步行到达商业设施。大多数城市在市中心区的人行道上仍然有以行人为导向的零售聚集区，正如我们所看到的，这些商业区如今正在美国的许多地区再次焕发生机。

规划者应该抓住这个机会，对那些通过住房与就业地选择、以消费形式表明对更可持续的城市形态和街道商业偏好的市民做出回应。围绕商业街建设开发的城市不仅仅是为了便利和消费，就像城市公共交通投资从来不只是为了运送人们一样。它也与建筑形态、土地混合利用以及城市体验有关，这些都是由此类开发项目所催化的。埃利尔·沙里宁（Eliel Saarinen）认为："在设计一件事时，一定要把它放在一个更大的背景下考虑。比如房间里的椅子、房屋里的房间、环境中的房屋、城市规划中的环境。"[12] 街道商业规划提供了一个契机去考虑其后更大的背景——建设更好的街区，以及最终，建设更好的城市。

我们需要共同确保我们在 21 世纪所建设的城市要比 20 世纪更宜居、更健康、更公平、更繁荣、更有活力。城市需要减少能源消耗，增加对公共交通的利用，而不是依赖于私人汽车。城市需要为人们提供更多的交流机会，而不是在空间上隔离土地的使用。城市必须让每个人都能生活在能够最大限度发挥其社会潜力的地方，并使他们从城市社会创造的公共物品和基础设施中受益，而不是让多变的市场将人们划分出富人社区与穷人社区。在实现这些目标的过程中，街道商业有不可或缺的作用。

附录

表 9 展示的是齐普夫定律在两个人口最多的城市——纽约和洛杉矶的应用情况，以及往下四个人口层级中每级人口最多的前五个城市的情况。无论是在纽约、洛杉矶这样的大城市，还是北卡罗来纳州夏洛特这样的中等城市，或是加利福尼亚州欧申赛德（Oceanside）这样的小城市，零售集群的位序 – 规模模型与齐普夫定律的相关性均达到了 85% 甚至更高水平。不同城镇中最大集群的占比大小存在很大差异，这种差异在一定程度上解释了为什么齐普夫定律适用于不同的城市。即便零售集群的规模遵循着一种“大集群较少而小集群较多”的可预测的指数层级规律，这种层级结构的起点——城镇中最大的集群——在不同的城市中也会有不同的比例。其次，齐普夫趋势线方程的估算斜率（x 系数）与 y 轴截距在不同城镇之间也有很大差异，这表明不同城市的集群规模并不相同。虽然正如齐普夫定律所预测的，线性（双对数）趋势线与单个城市数据的一致性说明了集群规模与其位序成比例关系，但是这些趋势线在不同城市间也有不同的斜率。齐普夫定律认为，集群的位序应与集群的规模成反比，因此“2”级集群的规模应该是“1”级集群的一半，而“3”级集群的规模应该是“1”级集群的三分之一。因此在双对数刻度中，所有城市的趋势线斜率均为“1”。然而对于 2500 个城市的实际应用表明斜率在 –4.4 ~ 0 之间大幅波动，这验证了商业集群的规模模式在各城市间存在巨大差异。例如在纽约市，零售集群的双对数位序 – 规模趋势用斜率 –0.77 来描述最好，亚利桑那州凤凰城的斜率为 –0.97，内华达州拉斯维加斯的斜率为 –0.58。简单地知道某城镇中最大集群的规模为“n”并预测其余集群对应为“1/n”，仍然无法得出很有用的预测结论。因此，假设我们将全国集群规模层级的平均趋势应用于特定城市，甚至将具体针对某人口层级城市平均趋势的齐普夫趋势线应用于该层的特定城市，得到的结果都不如我们上面看到的平均宏观模式令人印象深刻。

为了了解齐普夫定律对于特定城市中特定位序 – 规模零售集群现状的吻合程度，我推导出了每个人口层级城市中所有齐普夫趋势方程的平均值——例如，第三级城市，描述的是居民人口在 43.9 万~ 79 万之间的城市，并利用它预测这一人口层级的任一城市中有多少个不同规模的零售集群数量。第三级城市的平均趋势线方程为 $y=-0.736x+2.271$，其中 y 是集群规模的对数，x 是集群位序的对数。我在其他四个人口层级中采用了类似的方法，并推导出个每个层级的平均趋势方程。

为了预测特定城镇中特定规模集群的情况，我们还需要为集群规模定义一些界限。表 10 针对美国所有零售集群规模采用詹克斯自然间断点分级法来阐明 8 个集群规模分类的阈值。我使用这些阈值来检验一个城镇中观察到的集群实际数量是否与齐普夫趋势的预测相符。例如，我们可以检验包含 25 ~ 52 家企业、53 ~ 104 家企业的集群的数量等。每个人口层级的城市平均趋势线方程可以对特定城市中的集群规模范围进行预测。例如，他们预测在第一层级的一个城市中将有 6 个包含 429 ~ 1053 家企业的零售集群，并且这会是该城市排序第三到第八的大集群，因为根据预测还有两个更大规模的集群，在 1054 ~ 2014 家企业的范围之内（见表 11）。这些预测结果可以与全国各个城市的实际集群规模相比较。在亚利桑那州的凤凰城，一个第二人口层级的城市，经趋势线预测应有 25 个包含 25 ~ 52 家企业的零售集群，而实际数量是 23 个。通过该趋势还预测出有 9 个包含 53 ~ 104 家企业的集群，而实际数量是 8 个。此外根据预测包含 105 ~ 199 家企业的集群数量为 3 个，与实际的 3 个集群完全吻合。但是这条趋势线并不能基于凤凰城的人口预测出任何包含 428 家以上企业的零售集群。当前凤凰城的零售集群规模在 4376 ~ 33813 家企业之间。在凤凰城中，预测不同集群规模的平均误差为 30%。

R- 平方值，可以看出美国城市零售集群的位序 – 规模分布
十分符合齐普夫定律预测的双对数线性关系 **表 9**

人口等级	城市	位序 – 规模线性回归分析得到的 R- 平方值
1	纽约	0.9701
1	洛杉矶	0.957
2	芝加哥	0.8816
2	休斯顿	0.9696
2	费城	0.9635
2	凤凰城	0.951
2	圣安东尼奥	0.936
3	哥伦布	0.8858
3	沃思堡	0.8754
3	夏洛特	0.8247
3	底特律	0.9848
3	厄尔巴索	0.9773
4	维珍尼亚滩	0.9123
4	亚特兰大	0.9704
4	科罗拉多斯普林斯	0.9366
4	奥马哈	0.8889
4	罗利	0.9903

续表

人口等级	城市	位序 – 规模线性回归分析得到的 R- 平方值
5	奥佛兰帕克	0.9709
5	加登格罗夫	0.8442
5	圣罗莎	0.9555
5	查塔努加	0.9343
5	欧申赛德	0.9866

对于美国所有零售集群规模的詹克斯自然断点分级表 **表 10**

分组	集群规模
1	25
2	53
3	105
4	200
5	429
6	1054
7	2015
8	4376

五个规模层级的城市中不同规模零售集群的数量预测 **表 11**

集群规模预测值	第一层级城市	第二层级城市	第三层级城市	第四层级城市	第五层级城市
4376-33183	0	0	0	0	0
2015-4375	0	0	0	0	0
1054-2014	2	0	0	0	0
429-1053	6	0	0	0	0
200-428	6	2	0	0	0
105-199	37	3	2	1	0
53-104	101	9	3	1	1
25-52	309	25	10	4	4

凤凰城是预测值相对准确的城市之一，不过这一方程对于其他许多城市零售业态的预测并不准确。例如，在佐治亚州的亚特兰大，该模型预测出应有四个包含 25 ~ 52 家企业的集群，而实际上有 8 个。它还预测只有一个包含 53 ~ 104 家企业的集群和一个包含 105 ~ 199 家企业的集群，然而这样的集群实际数量分别是 5 个和 2 个。

所有城市和集群规模的平均误差为 68%，这样的结果并不乐观，但也不算糟糕。这只是表明，采用人口层级和平均的齐普夫分布来预测特定城市的零售集群规模范围，比预测全国范围更高层次的统计趋势的准确性要低得多。

注释

引言

1. Sennett, R.（2018）. *Building and dwelling*. New York, NY: Farrar, Straus and Giroux; Bakhtin, M. M.（1982）. *The dialogic imagination: Four essays*. V. Liapunor & K. Brostram（Trans.）. Austin: University of Texas Press.

2. Granovetter, M.（1973）. The strength of weak ties. *American Journal of Sociology*, 78（6）, 1360–1380.

3. Civic Economics.（2002）. *Economic impact analysis: A case study, local merchants vs. chain retailers*. Retrieved from https://d3n8a8pro7vhmx.cloudfront.net/liveablecityatx/pages/29/attachments/original/1404368422/Eco_Impact_Independents_vs_national_chain.pdf?1404368422.

4. Shuman, M. H.（2007）. *The small-mart revolution: How local businesses are beating the global competition*. San Francisco, CA: Berret-Koehler Publishers.

5. US Department of Transportation. Federal Highway Administration.（2009）. *Summary of travel trends: 2009 national house hold travel survey*. Retrieved from http://nhts.ornl.gov/2009/pub/stt.pdf.

6. Cohen, N. E.（2002）. *America's marketplace: The history of shopping centers*. International Council for Shopping Centers. Lyme, CT: Greenwich Publishing Group.（p. 10）

7. Jacobs, J.（1961）. *The death and life of great American cities*. New York, NY: Random House. p. 433.

8. Proudfoot, M. J.（1937）. *City retail structure. Economic Geography*, 13（4）, 425–428.

9. 一些规划学者确实非常关注商业再开发作为社区经济发展规划的一部分，但没有人直接关注零售环境。其中一个例外是克林顿政府在 20 世纪 90 年代创立的一个关于经济赋权区的联邦计划，旨在促进贫困城区和贫困农村的经济活动。效仿彼得·霍尔（Peter Hall）于 1977 年在英国提出的、并由住房与城市发展部（HUD）管理的“企业园区”，让更新社区、赋权区和企业社区为高度贫困社区提供补助资金、企业税收抵免、债券授权以及其他支持当地企业的福利。克林顿政府设立了6个城市赋权区，每个区获得1亿美元的整体拨款，还有3个农村赋权区，每个区获得4000万美元。在这些地区投资的私营企业，雇用当地居民时可以享受营业税收的抵免或扣除。该计划还在其他城市设立了额外的"附加区"。总共有91个社区被指定为企业社区。这些项目的目标是人口在20万以下、相对较小并取得中等成功的城镇和社区。（见 Matias，B.，& Kline，P. [2008]. Do local economic development programs work? Evidence from the Federal Empowerment Zone program. Cowles Foundation Discussion Paper 1638. Cowles Foundation，Yale University，New Haven，CT.）

第二个例外是一套专注城市商业发展的思想体系，它经常与经济学家迈克尔·波特（Michal Porter）有关商业集聚和商业集群的观点联系在一起。（见 Porter，M. E. [May-June 1995]. The competitive advantage of the inner city. *Harvard Business Review*，55–71.）这种方法也倾向于支持私营企业，但它更侧重于调查企业在邻近空间下彼此产生的内生外部性。报告认为，政府应该在新的经济措施中支持私营部门，"而不是将资源分配给解决社会问题的公共项目"。（Porter，M. E. [1998]. Location clusters，and the "New" microeconomics of competition. *Business Economics*，33[1]，7–13；Moss，M. L. [2010]. Reinventing the central city as a place to live and work. *Housing Policy Debate*，8[2]，471–490.）根据波特的观点，最大的经济效益是通过企业之间的生产性经济集聚效应实现的，而公共政策的作用应该是支持私营部门实现这类集聚效益。

第三个例外是文献侧重于能够授权让地方利益相关者在有争议的公共空间和社区制定规划议程的社区行动主义和基层规划倡议。积极主义规划的支持者主张采取战略性或"战术性"的物理干预，这些干预或许很小，但却能够产生超越个案与地区的显著性、象征性影响（Loukaitou-Sideris，A. [2011]. Sidewalks：Conflict and negotiation over public space. Cambridge，MA：MIT Press；Brenner，N. [2015]. Is "Tactical Urbanism" an alternative to neoliberal urbanism? *POST: Notes on modern and con temporary art around the globe*. Retrieved from https：// post.at.moma.org/content_items/587-is-tactical-urbanism-an-alternative-to-neoliberal-urbanism.）。这类文献正确地表明，除非城市社区及其基层代表参与地方规划和政策研讨，否则他们的利益不太可能在建筑和公共空间建设中实现。

10. Schuetz，J.，Kolko，J.，& Meltzer，R.（2012）. Are poor neighborhoods "retail deserts"? *Regional Science and Urban Economics*，42（1–2），269–285.

第1章

1. Bettencourt，L. M. A.，Lobo，J.，Helbing，D.，Kuhnert，C.，& West，G. B.

(2007). Growth, innovation, scaling, and the pace of life in cities. *Proceedings of the National Academy of Sciences*, 104 (17), 7301–7306; West, G. B. (2017). *Scale: The universal laws of growth, innovation, sustainability, and the pace of life in organisms, cities, economies, and companies.* New York, NY: Penguin Press; Ensenat, E. C. (2014). *Beyond city size: Characterizing and predicting the location of urban amenities.* BS thesis, Massachusetts Institute of Technology, Cambridge, MA. Retrieved from https://dspace.mit.edu/handle/1721.1/100296; Bettencourt, L. M. A. (2013). The origins of scaling in cities. *Science*, 340 (June 2013), 1438–1441; Bettencourt, L. M. A., Lobo, J., Strumsky, D., & West, G. W. (2010). Urban scaling and its deviations: Revealing the structure of wealth, innovation and crime across cities. *PloS One*, 5 (11), e13541.

2. Ensenat, E. C. (2014). *Beyond city size: Characterizing and predicting the location of urban amenities.* BS thesis, Massachusetts Institute of Technology, Cambridge, MA. Retrieved from https://dspace.mit.edu/handle/1721.1/100296.

3. Federal Highway Administration. (2017). 2017 National Household Travel Survey, U.S. Department of Transportation, Washington, DC. Available online: https://nhts.ornl.gov.

4. MacDonald, J. F. (1987). There are over 900 CBSAs in the US. *Journal of Urban Economics*, 21, 242–258.

5. Giuliano, G. & Small, K. A. (1991). Subcenters in Los Angeles region. *Regional Science and Urban Economics*, 21 (2), 163–182.

6. García-López, M. A. (2007). Estructura espacial del empleo y economías de aglomeración: El caso de la industria de la región metropolitana de Barcelona. *Architecture, City & Environment*, 4, 519–553; Muñiz, I., & García- López, M. A. (2009). Policentrismoy sectores intensivos en información y conocimiento. *Ciudad y Territorio Estudios Territoriales*, 160, 263–290.

7. 城市形态实验室在剑桥、纽约和洛杉矶进行的调查。

8. Openshaw, S. (1984). The modifiable areal unit problem. In *Concepts and Techniques in Modern Geography* (no. 38). Norwich, UK: Geo Books.

9. 作者的分析使用了 2010 年美国人口普查和 2010 年 InfoGroup 的商业地点信息数据，这些地点数据在本章中被分组为集群。总体而言，共有 45560890 人居住在零售集群半径 1000 米范围内，占 2010 年美国总人口（308745538）的 14.76%。

10. 作者的空间分析基于 2010 年人口普查记录和 2010 年 InfoGroup 商业地点信息数据（https://www.infousa.com/lists/business-lists/）。

11. 这不包括华盛顿特区（54.33%），其作为一个地区要比一个州小得多，城市化程度更高。

12. 乔治·弗雷德里克·詹克斯是20世纪美国的制图师。他开发了一种叫做“詹克斯自然断点法”的方法，该方法将值划分到预定数量的类别中，从而使类别内的方差最小化，并且类别之间的方差最大化。

13. 宾州车站地区在不到一平方公里的土地上拥有大约700万平方英尺的零售空间，因而有时被称为美国最大的零售聚集地。

14. 见附录，表9。

15. 见附录，表10和表11。

第2章

1. 我应该说明的是，这里假设店主不是将经营商店当作爱好、即使亏本也在经营。当然也确实有些小型独立店和精品店的店主是出于兴趣，而不太在乎财务上的盈亏平衡。上一次的金融危机似乎促使了一些华尔街银行家尝试做一些“实际的”事情，比如经营一家有趣的咖啡馆或在葡萄酒产区开设一家民宿。另外，这里还有一个假设是这些商店没有通过其他形式的利益来弥补损失（比如广告和品牌推广）。这对一些高端地段如机场、知名街道、城市广场或豪华购物中心的商店是适用的，一些商家在此可能是亏本经营以换取广告价值。例如，在时代广场拥有一家店面对于大多数零售商来说成本可能太高，但对品牌营销而言是非常有价值的。

2. 空间成本和使用成本也称为房屋占用成本（occupancy costs），因为他们与占用空间有关。

3. 税收可以被认为是第四类成本，但是为了简单起见，我在这里将其略去。税收可能不仅仅包括政府税，还包括母公司的特许经营费用、基于位置的业务改进（项目）税等。在美国，企业所得税仅对那些超出收支平衡的利润征收。在马萨诸塞州，咖啡店每年至少要缴纳456美元，外加8%的企业消费税，以及15%～39%的联邦企业税，以上税收具体数额取决于该企业的收入水平。

4. InfoGroup 2010年，美国商业地点数据。

5. InfoGroup 2010年，美国商业地点数据。

6. 2010年的数据显示，一些书店和新闻零售店已经转为线上店。

7. Lösch，A.（1954）. *The economics of location*. New Haven，CT：Yale University Press；Christaller，W.（1933）. *Die zentralen orte in Süddeutschland*. Jena，Germany：Gustav Fischer.

8. 同上。

9. Kant, E. (1933). *Ümbrus, majandus ja rahvastik Eestis. Ökoloogilis-majandusgeograafiline uurimus.* Tartu, Estonia: Tartu University.

10. Berry, B. J. L. (1967). *Geography of market centers and retail distribution.* Englewood Cliffs, NJ: Prentice Hall.

11. DiPasquale, D., & Wheaton, W. C. (1996). *Urban economics and real estate markets.* Englewood Cliffs, NJ: Prentice Hall.

12. 对于任何类型商品，最佳购买频率 $v*$，商品的库存存储成本（i），商品年消费量（Pu），以及交通成本（k）:

$$v^* = \left(\frac{iPu}{2k}\right)^{1/2}$$

13. 商品总支付价格是购买价格 P 和出行成本 kD 的总和（每英里出行成本 $k\times$ 距离 D）。在均衡状态下，每家商店商品价格相同并具有相同大小的双面市场区（$2T$），为其服务区域内的消费者提供最低的交付价格。两家商店之间总支付成本相等的点称为两个商店之间的市场边界（图 19 中的竖直虚线）。

14. 商店之间的距离（D）为：

$$D = \left(\frac{\textit{fixed costs C}}{\textit{transportation costs k * purchase frequency v * buyer density F}}\right)^{1/2}$$

DiPasquale, D., & Wheaton, W. C. (1996) 一书中给出了这个解决方案的完整解释。*Urban economics and real estate markets.* Englewood Cliffs, NJ: Prentice Hall.

15. World Bank. (2016). *Indoneisa's urban story: Role of cities in sustainable urban development.* Jakarta, Indonesia: World Bank Group.

16. Majeed, R. (2011). Defusing a volatile city, igniting reforms: Joko Widodo and Surakarta, Indonesia, 2005–2011. *Innovations for Successful Societies.* Princeton University. Retrieved from https: //successfulsocieties.princeton.edu/publications/defusing-volatile-city-igniting-reforms-joko-widodo-and-surakarta-indonesia-2005-2011.

17. Gyourko, J., Mayer, C., & Sinai, T. (2013). Superstar cities. *American Economic Journal: Economic Policy, American Economic Association*, 5 (4), 167–199.

18. Kurutz, S. (2017, May 31). Bleecker Street' s swerve from luxe shops to vacant stores. *The New York Times.* Retrieved from https: //nyti.ms/2rpTlo0.

19. Milosheff, P. (2015, October 16). Bronx leads all boroughs in court evictions of businesses, Up 30%. *The Bronx Times.*

20. Center for an Urban Future. (2015). *State of the chains.* New York, NY: Center for an Urban Future.

21. 例如，根据金融数据研究平台 Ycharts 数据，零售巨头“开市客”2017 年的毛利率为 13%。Retrieved from https：//ycharts .com/companies/COST/gross_ profit_ margin.

22. 根据金融数据研究平台 Ycharts 提供的数据，2006 年高端珠宝店“蒂芙尼”的毛利率为 63%。Retrieved from https：//ycharts.com/companies/COST/gross_profit_ margin.

23. About the Legacy Business Program. Office of Small Business，City and County if San Francisco.（n.d.）. Retrieved from https：//sfosb.org/legacy-Business.

24. 这也包括在家办公的人。

25. NYC Department of Planning.（2010）. *Peripheral travel study. Modal split by borough for NYC residents.* Retrieved from https：//www1.nyc.gov/assets/planning/download/pdf/plans/transportation/peripheral_travel_02.pdf.

26. Los Angeles Department of Transportation.（2009）. *The city of Los Angeles transportation profile 2009.* Los Angeles，CA. Retrieved from https：//handels.gu.se/digitalAssets/1344 /1344071_city-of-la-transportation-profile.pdf.

27. 作者使用 2015 年 InfoGroup 提供的商业地点数据进行计算。

28. Luberoff，D.（2019）. Coalition politics and expansion of the transit system in Los Angeles. In D. E. Davis & A. Altshuler（Eds.），*Transforming urban transportation: The role of political leadership*（pp. 62–93，326）. Oxford，UK：Oxford University Press.

29. Cervero，R.（1998）. *The transit metropolis: A global inquiry*. Washington DC：Island Press. 详见该书第 5 章。

30. 爱沙尼亚经事务所和通信部，2015 年 EMOR 调查。

31. Ober Haus Real Estate Advisors.（2016）. *Real estate market report '16: Baltic states capitals*. Retrieved from https：//www.ober-haus.lt/wp-content/uploads/Ober-Haus-Market-Report-Baltic-States-2016.pdf.

32. Cervero，R.（1998）. *The transit metropolis: A global inquiry.* Washington DC：Island Press.

33. 同上。

34. 同上。

35. 在新加坡 277 平方公里的国土面积上，530 万人对应 17000 家商店，也就是 61.3 个零售商 / 平方公里和 7340 人 / 平方公里。梭罗（Solo）中部则是 217 家零售商 / 平方公里和 6250 人 / 平方公里。

36. Niemira，M. P.，& Connolly，J.（2013）. *Office-worker retail spending in a*

digital age. New York，NY：International Council of Shopping Centers.

37. 图 15 显示，在美国最大的 50 个城市中，平均每 1800 人对应一家杂货店。这一数值中包括各种规模的杂货店，其中许多是小型便利店。

38. 街道商业集群被定义为至少拥有 25 家零售商店、食品或服务业务的聚集区（NAICS 代码 44，45，721，811，812），并且集群内的商家与相邻最近商家之间的距离不超过 75 米。

39. 但需要强调的重要一点是：单单区域密度并不能解释零售集群的密度——一部分顾客来自城市较偏远的地区，其中一些人会在其他行程中途经零售商店时光顾商店。

40. Jacobs，J.（1961）. *The death and life of great American cities.* New York，NY：Random House.

41. Alonso，W.（1964）. *Location and land use.* Cambridge，MA：Harvard University Press.

42. CBRE.（2015）. *Singapore office and retail market overview.* Retrieved from http：//www.mapletreecommercialtrust.com/services/view_file.aspx?f=%7B56334E4B-19D3-447F-A923 -F22BD616CF10%7D.

43. Colliers International.（2015）. *Greater Los Angeles Basin market report.* Retrieved from http：//www.colliers.com/-/media/D3F225AF06D345C3AF5720F21EBCD1F4.ashx.

44. 新加坡经营企业的固定成本和交通成本高于洛杉矶，Wheaton 和 DiPasquale 的模型确实可以预测洛杉矶的零售商店密度，但新加坡的零售商店密度仍然低于该模型的预测。

45. Corbusier，L.（1973）. *The Athens charter.* New York，NY：Grossman Publishers.

46. 在 2010 年，赛百味的连锁店数量超过麦当劳，一跃成为全球最大的快餐连锁企业。赛百味连锁店数量迅速增长的部分原因在于它提供了比汉堡和薯条更健康的替代品，还有部分原因在于其公司高效的特许经营模式。该品牌现在全球拥有超 40000 家特许经营连锁店，并以平均每年开设 2000 家新店的速度继续增加。

47. Special Coffee Association of America Resources. http：//www.scaa.org/?page=resources&d=facts-and-figures.

48. 根据美国人口普查局的数据。

49. 2009 National house hold travel survey. US Department of Transportation. Federal Highway Administration. Retrieved from https：//nhts.ornl.gov/2009/pub/stt.pdf.

第3章

1. Proudfoot, M. J.(1937). City retail structure. *Economic Geography*, 13(4), 425–428.

2. Bacon, R. W.(1971). An approach to the theory of consumer shopping behavior. *Urban Studies*, 8, 55–64; Mullingan, G. F.(1987). Consumer travel behavior: Extensions of a multipurpose shopping model. *Geographical Analysis*, 19, 364–375.

3. Hanson, S.(1980). Spatial diversification and multipurpose travel: Implications for choice theory. *Geographical Analysis*, 12, 245–257.

4. O'Kelly, M. E.(1981). Model of the demand for retail facilities. *Geographical Analysis*, 13, 134–148.

5. Rushton, G., Golledge, R. S., & Clark, W. A.(1967). Formulation and test of a normative model for spatial allocation of grocery expenditures by a dispersed population. *Annals of the Association of American Geographers*, 57, 389–400.

6. Clark, W. A.(1968). Consumer travel patterns and the concept of range. *Annals of the Association of American Geographers*, 58, 386–396.

7. Brueckner, J. K.(1993). Inter-store externalities and space allocation in shopping centers. *Journal of Real Estate Economics and Finance*, 7, 5–16. Note that space is used as a proxy variable for capturing the choice of merchandise at the store.

8. Anikeeff, M. A.(1996). Shopping center tenant selection and mix: A review. In J. Benjamin(Ed.), *Megatrends in retail real estate: Research issues in real estate*(vol3.). Dordrecht: Springer; Nelson, R.(1958). *The selection of retail locations.* New York, NY: Dodge.

9. Eppli, M. J., & Schilling, J.(1993). Accounting for retail agglomeration in regional shopping centers. *In American Real Estate and Urban Economics Association Annual Meeting.* Anaheim, CA.

10. 对于这些歧视性租金是有利于商场业主还是租户是一个颇有争议的问题, See Wheaton, W. C.(2000). Percentage rent in retail leasing: The alignment of landlord-tenant interests. *Real Estate Economics* 28(2), 185–204.

11. Benjamin, J. D., Boyle, G. W., & Sirmans, C. F.(1990). Retail leasing: The determinants of shopping center rents. *Journal of the American Real Estate & Urban Economics Association*, 18(3), 302–312; Benjamin, J. D., Boyle, G. W., Sirmans, C. F.(1992). Price discrimination in shopping center leases. *Journal of Urban Economics*,

32，299–317.

12. Eppli，M.，& Benjamin，J.（1994）. The evolution of shopping center research. *Journal of Real Estate Research*，9（1），5–32.

13. Hotelling，H.（1929）. Stability in competition. *Economic Journal*，39，41–57.

14. 在非弹性需求下，消费者购买量对商品价格变化不太敏感。按比例，商品价格每上调 1%，销售量下降不到 1%。

15. Eaton，B. C.，& Lipsey，R. G.（1975）. The principle of minimum differentiation reconsidered：Some new developments in the theory of spatial competition. *Review of Economic Studies*，42，27–49.

16. 根据作者于 2016 年 10 月的观察。

17. 假设学生位于沿河的宿舍，而这些宿舍与可供替代商店的方向相反。

18. Dudey，M.（1990）. Competition by choice：The effect of consumer search on firm location decisions. *The American Economic Review*，80（5），1092–1104；Dudey，M.（1993）. A note on consumer search，firm location choice，and welfare. *The Journal of Industrial Economics*，41（3），323–331.

19. Scitovsky，T.（1952）. *Welfare and competition*. London，UK：Novello & Co.

20. Nevin，J. R.，& Houston，M. J.（1980）. Image as a component of attraction of intraurban shopping. *Journal of Retailing*，56，77–93.

21. Hise，R. T.，& Kelly，J. P.（1983）. Factors affecting the performance of individual chain store units：An empirical analysis. *Journal of Retailing*，59，22–39.

22. Ingene，C. A.（1984）. Structural determinants of market potential. *Journal of Retailing*，60，37–64.

23. Bloch，P. H.，Ridgeway，N. M.，& Nelson，J. E.（1991）. Leisure and the shopping mall. *Advances in Consumer Research*，18，445–452.

24. Sevtsuk，A.（2014）. Location and agglomeration：The distribution of retail and food businesses in dense urban environments. *Journal of Planning Education and Research*，34（4），374–393.

25. 之前合并的零售和餐饮企业（NAICS 分类 44，45，722）分为 13 个独立的三位数 NAICS 类别。在这 13 个类别中，只有 6 个类别提供了包含对应类别商店的建筑且数量足以进行统计学评估的样本（NAICS443，445，448，451，453，722）。这 6 个类别中的每一类都对应一个用于估计的独立空间滞后模型。

26. 基于 Infogroup 2014 年企业名录，在英曼广场的所有零售、食品和服务性企业中，属于 NAICS 类别“722”（饮酒和用餐场所）的比例为 34%（70 家企业中有 34 家）；这一比例在戴维斯广场为 36%（121 家企业中有 44 家）。

27. 零售集群的形成实际上是一个演化过程，集群及其周围的城市环境同时发展和变化。

第4章

1. 洛杉矶市中心同样见证了城市更新的影响。在第二次世界大战之后的几十年内，几个充满活力的多功能社区和商业区被拆除和取代，这其中包括著名的邦克山（Bunker Hill）。

2. 虽然像洛杉矶时尚区这样的组织被称之为商业改进区，但出于场所营建的私人目的有着不同的名称和结构—商业改进地区（business improvement zones）、市中心改进街区（downtown improvement districts）、市政管理区（municipal management districts）、特别评估区（special assessment districts）、社区福利区（community benefit districts）等其他称谓。这些组织的建立目的与功能存在一些差异，但在本章中，我一般会使用商业改进区（BID）这个术语来指代所有这些类型的组织。详见：Becker，C. J.，Grossman，S. A.，& Santos，B. Dos.（2011）. Census and national survey. Washington，DC：International Downtown Association.

3. NYC Small Business Services.（2015）. *New York City fiscal year 2015 business improvement district trends report*. Retrieved from https：//www1.nyc.gov/assets/sbs/downloads/pdf/neighborhoods/fy15-trends-report-final.pdf.

4. Becker，C. J.，Grossman，S. A.，& Santos，B. Dos.（2011）. *Business improvement districts: Census and national survey.* Washington，DC：International Downtown Association.

5. Caruso，G.，& Weber，R.（2006）. Getting the max for the tax：An examination of BID performance measures. *International Journal of Public Administration*，29，187–219.

6. Ha，I.，& Grunwell，S.（2014）. Estimating the economic benefits a business improvement district would provide for a downtown central business district. *Journal of Economic and Economic Education Research*，15（3），89–102.

7. MacDonald，J.，Bluthenthal，R. N.，Golinelli，D.，Kofner，A.，Stokes，R. J.，Sehgal，A.，& Beletsky，L.（2009）. *Neighborhood effects on crime and youth violence. The role of business improvement districts in Los Angeles.* Retrieved from RAND Corporation website：http：//www.rand.org/content/dam/rand/pubs/technical_reports/2009/RAND_TR622.pdf.

8. 同上。

9. Sutton, S. A. (2014). Are BIDs good for business? The impact of BIDs on neighborhood retailers in New York City. *Journal of Planning Education and Research*, 34 (3), 309–324.

10. 同上。

11. Brooks, L., & Strange, W. C. (2011). The micro-empirics of collective action: The case of business improvement districts. *Journal of Public Economics*, 95, 1358–1372.

12. 同上。

13. Rivlin-Nadler, M. (2016, February 19). 商业改善区废墟社区 . *New Republic.* February 19, 2016.

14. Becker, C. J., Grossman, S. A., & Santos, B. Dos. (2011). *Business improvement districts: Census and national survey.* Washington, DC: International Downtown Association.

15. Westbury Village Business Improvement District website: http://westburybid.org.

16. Two Rivers Company. (2015). *Rent/Lease Assistance Incentive Program for New Businesses.* Retrieved from http://tworiverscompany.com/tcg/wp-content/uploads/2016/05/TRC-Rent-Lease-Assistance-Incentive-Program.pdf.

17. 明尼苏达州有着悠久的合作社历史，并且拥有比美国其他州更有利于创建合作社的法律。

18. Northeast Investment Cooperative. (n.d.). Our Story. Retrieved from http://www.neic.coop/our-story/.

19. Kennedy, D. (2002). Limited equity coop as a vehicle for affordable housing in a race and class divided society. *Howard LJ*, 46 (85), 85–125.

20. Greater London Authority. (2012). *Action for high streets.* London, UK: Greater London Authority.

21. 作者的分析基于 InfoGroup 2014 年商业位置数据。

22. Al, S. (2017, March). All under one roof: how malls and cities are becoming indistinguishable. *The Guardian.* Retrieved at https://www.theguardian.com/cities/2017/mar/16/malls-cities-become-one-and-same?utm_content=bufferee14d&utm_medium=social&utm_source=facebook.com&utm_campaign=buffer.

23. Cohen, N. E. (2002). *America's marketplace. The history of shopping centers.* Lyme, CT: Greenwich Publishing Group.

24. Lawless, S. (2014). Black Friday: *The collapse of the American shopping mall.*

Artivist Publishing.

25. Sanburn，J.（2017，July 17）. Why the death of malls is about more than shopping. *TIME.* Retrieved from https：//time.com/4865957/death-and-life-shopping-mall/.

26. 然而，在某些情况下，商业改进区和其他商业组织也可以对公共空间实施更严格的监管举措。例如在纽约市，商业改进区积极通报未经授权许可的街头小贩。见 Qadri，R.（2016）. *Mapping contestation of sidewalk space in NYC.* Unpublished MCP thesis，Massachusetts Institute of Technology，Cambridge，MA.

27. Mattera，P.（2011）. *Shifting the burden for vital public services*：Walmart's tax avoidance schemes. Retrieved from Good Jobs First website：https：//www.goodjobsfirst.org/sites/default/files/docs/pdf/walmart_shiftingtheburden.pdf.

28. Americans for Tax Fairness.（2014）. *Walmart on tax day: How taxpayers subsidize America's biggest employer and richest family.* Retrieved from http：//americansfortaxfairness.org/files/Walmart-on-Tax-Day-Americans-for-Tax-Fairness-1.pdf.

29. Mitchell，S.（2006）. *10 Reasons why Maine's homegrown economy matters: And 50 proven ways to revive it.* Retrieved from Institute for Local Self-Reliance：https：//ilsr.org/10-reasons-why-maines-homegrown-economy-matters-and-50-proven-ways-revive-it/.

30. 2016 年，全国有 100 多家沃尔玛永久关闭，其中许多位于没有其他购物选择的小城镇和农村地区。

31. Civic Economics.（2002）. *Economic impact analysis: A case study，local merchants vs. chain retailers.* Retrieved from https：//d3n8a8pro7vhmx.cloudfront.net/liveablecityatx/pages/29/attachments/original/1404368422/Eco_Impact_Independents_vs_national_chain.pdf?1404368422?.

32. Song，L. K.（2012）. *Race and place: Green collar jobs and the movement for economic democracy in Los Angeles and Cleveland.* PhD thesis，Massachusetts Institute of Technology. Retrieved from https：//dspace.mit.edu/handle/1721.1/77842#files-area；Song，L. K.（2016）. Enabling transformative agency：Community-based green economic and workforce development in LA and Cleveland. *Planning Theory and Practice*，17（2），227–243.

第 5 章

1. Park，R. E.，& Burgess，E. W.（1925）. *The city: Suggestions for the investigation of human behavior in the urban environment.* Chicago，IL：University of Chicago Press.

2. Stahl, K. (1987). Theories of urban business location. In E. S. Mills (Ed.), *Handbook of Regional and Urban Economics* (vol. 2, pp. 759–820 of chapter 19). Amsterdam, Holland: North-Holland. (p. 1322)

3. Hurd, R. (1903). *Principles of city land values.* New York, NY: Record & Guide.

4. Hansen, W. G. (1959). How accessibility shapes land use. *Journal of the American Planning Association*, 25 (2), 73–76, 73.

5. Thünen, J.-H. von. (1826). *The isolated state.* Wirtschaft & Finan; Alonso, W. (1964) . *Location and land use.* Cambridge, MA: Harvard University Press; Christaller, W., & Baskin, C. W. (1966). *Central places in southern Germany.* Englewood Cliffs, NJ: Prentice-Hall.

6. Weber, A. (1909). *Über den standort der industrie.* Tübingen, Germany: J. C. B. Mohr (Paul Siebeck) .

7. Hansen, W. G. (1959). How accessibility shapes land use. *Journal of the American Planning Association*, 25 (2), 73–76.

8. Wachs, M., & Koenig, J. G. (1979). Accessibility, mobility and travel demand. In D. A. Hensher & P. A. Stopher (Eds.), *Behavioral Modelling* (p. 861). London, UK: Croom Helm; Handy, S., & Niemeier, A. D. (1997). Measuring accessibility: An exploration of issues and alternatives. *Environment and Planning A*, 29, 1175–1194; Bhat, C., Handy, S., Kockelman, K., Mahmassani, H., Chen, Q., & Weston, L. (2000). *Development of an urban accessibility index: Literature review.* (Report No. 7-4938-1). Retrieved from Center for Transportation Research at the University of Texas at Austin website: http: //ctr.utexas.edu/wp-content/uploads/pubs/4938_1.pdf.

9. Bhat, C., Handy, S., Kockelman, K., Mahmassani, H., Chen, Q., & Weston, L. (2000). *Development of an urban accessibility index: Literature review.* (Report No. 7-4938-1). Retrieved from Center for Transportation Research at the University of Texas at Austin website: http: //ctr.utexas.edu/wp-content/uploads/pubs/4938_1.pdf.

10. 从店主的角度来看，商店周围的住宅代表着量化分析可达性的潜在目的地。对于发现的每栋住宅，都会在指数的分子记录一个权重，该权重代表了目的地的吸引力，在这一例子中代表了一栋住宅内的居民人数。为了考虑到交通成本，这个权重会除以到达每栋住宅位置所需的行程距离。与牛顿的定义类似，引力指数是在给定出行半径内能够到达的所有目的地权重与出行成本的比值之和，详见 Hansen, W. G. (1959). How accessibility shapes land use. *Journal of the American Planning Association*, 25 (2), 73–76.

11. 例如使用 GIS 或 Rhinoceros3D 城市网络分析工具箱。

12. 该指数的数学定义如下：

$$\mathrm{Gravity}[i]^r = \sum_{j \in G-\{i\}, d[i,j] \leq r} \frac{W[j]^{\alpha}}{e^{\beta \cdot d[i,j]}}$$

式中，代表起点“i”在网络“G”中，搜索半径为“r”的引力指数（Gravity Index），“W”是目的地的权重，“d”是位置“i”和“j”之间的最短出行距离，α 是可以控制的目的地权重或吸引力的指数，β 是调整距离衰减效果的指数。因此引力指数既衡量了目的地的吸引力，也反映了到达这些目的地的出行的空间阻抗，是一种综合度量可达性的方法。如果没有给出权重属性，则认为每个目的地的权重是“1”。alpha 的默认值也设置为“1”，以便目标权重具有线性效应。

13. 我在纽约使用的指数也称为可达性指数或累积机会指数。

14. 该分析借助 Urban Network Analysis toolbox 完成。详见城市形态实验室网站（City Form Lab）：http：//cityform.gsd.harvard.edu/projects/una-rhino-toolbox and http：//cityform.gsd.harvard.edu/projects/urban-network-analysis.

15. 小的街区通常会产生更高的住宅可达性，但也不尽然。Sevtsuk，Kalvo，et al. show how pedestrian access can increase with larger blocks in a number of circumstances：Sevtsuk，A.，Kalvo，R.，& Ekmekci，O.（2016）. Pedestrian accessibility in grid layouts：The role of block，parcel and street dimensions. *Urban Morphology*，20（2），89–106.

16. Hägerstrand，T.（1970）. What about people in regional science? *Papers of the Regional Science Association*，14，7–21.

17. 对于以米为单位测量的距离，采用衰减系数 β 为 0.002，搜索半径为 600 米。较长的距离对于访问量下降的影响程度受到参数 β 控制。β 数值越大，表明人们越不愿出行，由此产生更大的衰减率。可以通过出行分布数据或者在一个地区进行小规模调查，来估算出合适的 β 值。如果我们在剑桥咖啡店询问 100 名顾客，他们步行多久才能到达商店，然后按距离将顾客们的答案划分成间距相等的直方图，我们将看到直方图的峰值描绘出衰减曲线的形状。我的学生估计，如果以米为单位来计算距离，那么 0.002 的 β 值对剑桥的行人来说很合适。值得注意的是，不同出行成本单位（米、英里、分钟等）和不同出行模式（步行、骑行、驾车）的 β 值不同，这就是我在上面所使用的指数。

18. 在能够提供丰富的零售和餐饮服务选择的地区，人们在餐饮方面的支出大约是在零售选择有限的地区的 2.5 倍。

19. Bureau of Labor Statistics.（2015）. *Consumer expenditures* 2014. [News

release]. Retrieved from http://www.bls.gov/news.release/pdf/cesan.pdf; Niemira, M. P., & Connolly, J.(2012). *Office-worker retail spending in a digital age.* New York, NY: International Council of Shopping Centers.

20. 请注意，由于许多乘坐地铁到达某一地点的乘客可能会前往该地点周围的住宅或工作场所，因此在中转站可能会出现一些重复计算。这是因为离开车站去工作场所或回家的人也可能被计入为在这些工作场所和住宅的人。

21. 交通站点的权重是根据通常一天使用该站点的乘客数量进行计算的；居民和员工的住所以及工作场所的数据来自马萨诸塞州湾交通管理局（MBTA）、2000年的人口普查数据和环境系统研究所（ESRI）商业分析模块。

22. Arup.(2016). *Cities alive. Towards a walking world.* Retrieved from https://www.arup.com/perspectives/publications/research/section/cities-alive-towards-a-walking-world?query=cities%20alive%20toward; Transport for London.(2014). *Annual Report and Statement of Account 2013/14.* Retrieved from http://content.tfl.gov.uk/annual-report-2013-14.pdf.

23. Iyer, E. S.(1989). Unplanned purchasing: Knowledge of shopping environment and time pressure. *Journal of Retailing*, 65 (1), 40–57.

24. Freeman, L. C.(1977). A set of measures of centrality based on betweenness. *Sociometry*, 40, 35–41.

25. 之间性的计算方法如下：

$$Betweenness[i]r = \sum_{j,k \in G-\{i\}} \frac{n_{jk}[i]}{n_{jk}}$$

式中，位置“i”在搜索半径“r”内的之间度是从起点“j”到目的地“k”经过“i”的最短路径数量，“n_{jk}”是从“j”到“k”的最短路径数。通过考虑彼此之间距离在“r”以内的所有“起点–目的地”对来计算之间性。它不是通过考虑与距离“i”本身在“r”范围内的所有建筑物对来计算的。

26. Carter, C. C., & Vandell, K. D.(2005). Store location in shopping centers: Theory and estimates. *Journal of Real Estate Research*, 27 (3), 237–265.

27. Luberoff, D.(2019). Reimagining and reconfiguring New York City's streets. In D. E. Davis & A. Altshuler(Eds.), *Transforming urban transportation: The role of political leadership*(pp. 27–61). Oxford, UK: Oxford University Press.

28. Porta, S., Strano, E., Iacoviello, V., Messora, R., Latora, V., Cardillo, A., & Scellato, S.(2009). Street centrality and densities of retail and services in Bologna, Italy. *Environment and Planning B: Planning and Design*, 36, 450–465; Sevtsuk, A.

(2014). Location and agglomeration: The distribution of retail and food businesses in dense urban environments. *Journal of Planning Education and Research*, 34 (4), 374–393.

29. Freeman, L. C. (1977). A set of measures of centrality based on betweenness. *Sociometry*, 40, 35–41.

30. Takeuchi, D. (1977) Hokō-sha no keiro sentaku kōdō ni kansuru kenkyū (A study on pedestrian route choice behavior). *Doboku Gakkai no Yokou shū (Proceedings of the Japanese Society of Civil Engineers)* 259, 91–101; Li, Y., & Tsukaguchi, H. (2005). Relationship between network topology and pedestrian route choice behavior. *Journal of the Eastern Asia Society for Transportation Studies*, 6, 241–248.

31. Sevtsuk, A. (2018). *Urban network analysis. Tools for modeling pedestrian and bicycle trips in cities.* Cambridge, MA: Harvard Graduate School of Design. Available digitally from City Form Lab website: http: //cityform.mit.edu/projects/una-rhino-toolbox.

32. 也可以通过质量来评价路径，因为更愉快或更有趣的路径会吸引更多的人出行。

33. 在城市网络分析工具集（Urban Network Analysis toolbox）中的之间性工具，有一个名为“detour ratio”（绕行比例）的变量用于控制这些步行者的绕行行为。

34. 步行模式在一天之中也会随着时间而变化。早、晚通勤时间和午餐时间通常是行人出行最重要的高峰时段。

35. 这是通过与引力指数相同的距离衰减函数，将地点的之间性指标相乘实现的。

36. Sevtsuk, A. (2014). Location and agglomeration: The distribution of retail and food businesses in dense urban environments. *Journal of Planning Education and Research*, 34 (4), 374–393.

37. 我的数据共包括 1941 家企业：在两个城镇中有 1258 家零售店和 683 家餐饮店。每个企业都有与之关联的地理坐标和地址字段，因此我可以将每个企业匹配到具体的建筑物上，并为每个建筑物赋值一个二元因变量（0 或 1），表示它是否包含零售企业或餐饮企业。原始数据集显示在剑桥市和萨默维尔市有 26983 栋独立建筑，但并非所有这些建筑都适合开设商店。我从数据集中删除了被指定用于独栋住宅的街区地块，只保留了商业、工业、多住户或混合用途的建筑。这些建筑中，有 834 栋建筑包含零售企业或餐饮服务企业。

38. Anselin, L. (1988). *Spatial econometrics: Methods and models.* Dordrecht, Germany.

39. 聚类系数 rho 取值范围在 −1 和 +1 之间。在控制其他区位因素的情况下，如果零售商在策略上选择相互靠近，那么 rho 将为正值且显著；如果零售商选择相互远离，那么 rho 将为负值且显著。如果没有观察到零售商位置选择之间的相互作用，则期望系数为零或不显著。

40. 当我将模型的因变量设置为代表特定类型商店（例如服装店）的存在与否，那么 rho 也可以表示在一个建筑中遇到服装店的概率不仅受到附近所有其他零售商的影响，还受到附近建筑中相同类型的零售商（服装店）的影响。在这种情况下，模型捕捉到了与同类商店竞争式聚集的影响。文中表 6 展示了马萨诸塞州剑桥和萨默维尔相同数据集中的竞争性聚集结果。

41. 该模型根据特定时刻观察到的零售空间模式进行推断，提供了零售商地点选择中策略互动行为的横断面视角。实际上，零售地点的选择是一个顺序过程而不是同时进行的，邻接条件会随着时间发生变化。为了准确地表示过去每个地点选择发生时的真实邻接条件，需要根据每个地点选择时的情况分别指定邻接关系。目前，很难找到描述每家商店开业日期以及当时所有其他商店整体格局的纵向数据。

42. 由于研究区域内的一栋建筑在 100 米范围内平均有 26 栋相邻建筑，我们将 28% 除以 26 得到大约 1%。

43. 哈佛大学本身就是该地区的另一个重要吸引点，在此学习工作的学生、教职员工，还有来此观光的旅游团，他们都是服装和服饰商店的重要顾客。

44. 例如，法语中的“boutique du coin”，爱沙尼亚语中的“nurgapood”，或德语中的“Laden an der Ecke”。

45. Caplin，A.，& Leahy，J.（1998）. Miracle of Sixth Avenue：Information externalities and search. *The Economic Journal*, 108（446）, 60–74.

46. Sevtsuk，A.（2014）. Location and agglomeration：The distribution of retail and food businesses in dense urban environments. *Journal of Planning Education and Research*, 34（4）, 374–393.

47. 需求点 i 访问特定中心 j 的概率 P 表示为该特定中心的可达性与包括中心 j 在内的所有可用中心的可达性之和的比值：

$$P_{ij}=\frac{\left(\frac{W_j^{\alpha}}{e^{\beta D_{ij}}}\right)}{\sum_{j=1}^{n}\left(\frac{W_j^{\alpha}}{e^{\beta D_{ij}}}\right)}$$

在分配了从每个起点到每个目的地的访问概率后，通过将访问概率乘以每个需求点的权重，并对所有需求点进行求和，来估计特定目的地的客流量：

$$S_{jr}=\sum_{i=1}^{n}(W_i \cdot P_{ij})$$

其中，S_{jr} 表示需求搜索半径 r 内中心 j 的访问量，W_i 是需求点 i 的权重，例如建筑物中的人数，P_{ij} 是需求点 i 访问中心 j 的概率。每个需求点可以有一个权重 W 来模拟住宅户数或建筑大小或其购买能力的差异。只有那些在目的地指定网络半径 r 内的需求点才会影响目的地的访问量；那些距离更远的需求点被认为太远而无法到达该目的地。

赫夫模型通常假设模型中的所有访问或购买力都在可达商店中被充分使用。如果需求侧有 10 人，那么所有商店的总访问量为 10。在这种情况下，系统中的整体购买频率不会受到商店空间配置的影响——所有需求总是被满足的，而不同的商店分布模式也不会改变总的访问量。

为了解释顾客之间的可达性差异，我在方程中添加了另一个元素，它通过与引力模型中相同的反距离衰减函数，减扣分配给每个商店的顾客访问量。由于在确定访问概率时已经考虑了商店的吸引力，因此这种衰减效应只关注反距离影响，枚举值为“1”。因此，客户 i 对商店 j 的访问量是（a）需求点的权重、（b）顾客去 j 的概率和（c）顾客与 j 的距离的函数：

$$S_{jr}=\sum_{i=1}^{n}\left(W_i \cdot P_{ij} \cdot \frac{1}{e^{\beta D_{ij}}}\right)$$

由于总和中的第三个元素，距离商店较远的需求点不会在商店之间分配所有权重。因此，在分子中使用“1”并在分母中仅考虑邻近性可确保所有商店的总访问量始终小于或等于需求权重 W_i 的总和。只有在所有需求点都与店铺位于同一地点、交通成本为零的情况下，才能将全部需求权重分配给店铺。

由于附加的距离衰减效应，系统中商店的整体客流量取决于商店和顾客的空间位置关系。商店位置的改变将影响系统中的整体商店访问量。如果目的地更具吸引力或更接近需求点，则访问目的地的概率会增加，这取决于抑制吸引力大小和邻近效应的 α 和 β 参数。

48. Tobler，W.（1970）. A computer movie simulating urban growth in the Detroit region. *Economic Geography*，46（2），234–240，234.

49. 我们从与唐恩都乐商店的一位代表交谈中了解到，剑桥市场对于唐恩都乐有点特殊，因为唐恩都乐通常更注重车辆到访的便利性。

第 6 章

1. Corbusier，L.（1973）. *The Athens charter.* New York，NY：Grossman Publishers；Gropius，W.，Shand，P. M.，& Pick，F.（1965）. *The new architecture and*

the Bauhaus. Cambridge, MA: MIT Press.

2. 尽管人口密度明显低于新加坡。

3. 例如 Pelevin, V.(1998). *The life of insects*. New York, NY: Straus & Giroux; Pelevin, V.(1998). *Omon Ra*. New York, NY: New Directions.

4. 这段话源于一场关于如何重建英国议会下议院的辩论，该建筑在德国闪电战的轰炸中损毁严重。丘吉尔不想将之重建为美国国会或德国国会大厦那样的半圆形礼堂，而是倾向于修建一个矩形的大厅。丘吉尔认为旧议会厅的形状体现了英国议会民主制的本质即两党制，因此他支持重建具有历史意义的长方形议会厅。根据历史传统，国会议员只有在公开穿过议会厅的情况下，才能从政府转投反对派，反之亦然。在辩论期间，对立双方发言的成员也应避免跨过地毯上的红线，据说红线的长度与两把剑相等。在丘吉尔的批准下，辩论的结果是以重建议会至今仍在使用的原始矩形空间。*Churchill and the Commons Chamber*. Retrieved from the UK Parliament's website: https: //www.parliament.uk/about/living-heritage /building/palace/architecture/palacestructure/churchill/.

5. 例如在 2014 年，一家苹果商店在圣莫尼卡的第三街长廊以 1 亿美元的价格买下了一块 17500 平方英尺的空间——每平方英尺 5700 美元。这样的价格在购物中心是非常罕见的，因为苹果商店被认为是一个小型主力店（a small anchor），能够在营业的任何时间吸引大量的顾客。购物中心通常会通过优惠的租赁合同来回报苹果商店对其他商铺产生的顾客溢出效应。

6. Untermann, R.(1984). *Accommodating the pedestrian adapting towns and neighborhoods for walking and bicycling*. New York, NY: Van Nostrand Reinhold; Ewing, R., Hajrasouliha, A., Neckerman, K. M., Purciel-Hill, M., & Greene, W.(2016). Streetscape features related to pedestrian activity. *Journal of Planning Education and Research*, 36(1), 5–15; Hoehner, C. M., Ramirez, L. B., & Elliott, M. B.(2005). Perceived and objective environmental measures and physical activity among urban adults. *American Journal of Preventive Medicine*, 28(2S2), 105–116.

7. Whyte, W. H.(1980). *The social life of small urban spaces*. New York, NY: Conservation Foundation.

8. Guo, Z.(2009). Does the pedestrian environment affect the utility of walking? A case of path choice in downtown Boston. *Transportation Research Part D*, 14(5), 343–352.

9. New York City Department of Transportation(2008). *World class streets: Remaking New York City's public realm*. New York, NY: New York City Department of Transportation. Retrieved from New York City website: http: //www.nyc.gov/html/dot/

downloads/pdf/World _Class_Streets_Gehl_08.pdf.

10. NACTO.（2013）. *Urban street design guide.* Washington DC：Island Press.

11. 毕竟，购物中心也属于步行环境。

12. Coleman，P.（2006）. *Shopping environments: Evolution，planning and design.* Abingdonon-Thames，UK：Routledge.

13. *Urban design guidelines for developments within Singapore River planning area.* Annex A，Appedix 2：1st storey UD Guide Plan（1st Storey Pedestrian Network）& Activity Generating use. Retrieved from the Singapore URA website：https：//www.ura.gov.sg/ ~ /media/User%20Defined/URA%20Online/circulars/2013/nov/dc13-17/dc13-17_App%202.pdf.

14. Cox Castle & Nicholson LLP.（2013）. *Proposed formula retail ordinance: Comparison to other ordinances.* Retrieved from https：//www.malibucity.org/DocumentCenter/View/4882/PC130729_Item-6D_Correspondence_DWaite2.

15. Lynch，K.（1984）. *Good city form.* Cambridge，MA：MIT Press.

16. Sevtsuk，A.，& Mekonnen，M.（2012）. *Urban network analysis: A new toolbox for measuring city form in ArcGIS.* 2012 Proceedings of the Symposium on Simulation for Architecture and Urban Design. Ed. Nikolovska，L. & Attar，R.（pp. 111–121）; Sevtsuk，A.（2014）. Analysis and planning of urban networks. In R. Alhajj & J. Rokne（Eds.），*Encyclopedia of social network analysis and mining*（pp. 2–13）. New York，NY：Springer.

17. 在网格布局中，到商店的可达性取决于街区的大小。街区过长或过短都可能降低可达性 . 详见 Sevtsuk，A.，Kalvo，R.，& Ekmekci，O.（2016）. Pedestrian accessibility in grid layouts：The role of block，parcel and street dimensions. *Urban Morphology*，20（2），89–106.

18. Environmental Systems Research Institute（ESRI）Business Analyst Data 2006 and 2017. See more at ESRI website：https：//www.esri.com/en-us/arcgis/products/arcgis-business-analyst/overview.

19. Thadani，T.（2018，July 24）. Proposed SF law could force tech workers to actually go out for lunch. *San Francisco Chronicle.* Retrieved from https：//www.sfchronicle.com/business/article/Tech-industry-s-coveted-office-cafeterias-could-13101014.php.

第7章

1. United States Securities and Exchange Commission.（2018）. Form 10-K Target Corporation. Retrieved from https：//www.sec.gov/Archives/edgar/data/27419/000002741918000010/tgt-20180203x10k.htm.

2. Gruen，V.，& Baldauf，A.（2017）. *Shopping town: Designing the city in suburban America.* Minneapolis MN：University of Minnesota Press.

3. 1967 年，一名黑人女性遭受警察殴打的事件引发了持续三晚的骚乱。这一事件导致数百家商店被洗劫一空，并引来了国民警卫队出现在城市街头。

4. Gruen，V.，& Baldauf，A.（2017）. *Shopping town: Designing the city in suburban America.* Minneapolis：University of Minnesota Press.

5. 南谷购物中心在 2018 年拥有 120 多家门店和 4 家主力店。Simon Property Group L.P.（2018）. Southdale Center property fact sheet. Retrieved from https：//business.simon.com/mall/leasingsheet/Southdale_Center_Brochure.pdf.

6. Cavanaugh.，P.（2006）. *Politics and freeways: Building the Twin Cities interstate system.* Minneapolis，MN：Minneapolis：Center for Urban and Regional Affairs（CURA）and Center for Transportation Studies（CTS），University of Minnesota.

7. Avila，E.（2004）. *Popular culture in the age of white flight: Fear and fantasy in suburban Los Angeles.* Berkeley，CA：University of California Press.

8. Cohen，N. E.（2002）. *America's marketplace. The history of shopping centers.* Lyme，CT：International Council for Shopping Centers，Greenwich Publishing Group.

9. Jackson，K.（1985）. *Crabgrass frontier: The suburbanization of the United States.* New York，NY：Oxford University Press.

10. Leinberger，C. B.，& Lynch，P.（2014）. *Foot traffic ahead: Ranking walkable urbanism in America's largest metros.* Retrieved from https：//www.smartgrowthamerica.org/app/legacy/documents/foot-raffic-ahead.pdf.

11. National Trust for Historic Preservation.（2017）. *Millennials and historic preservation: A deep dive into attitudes and values.* Retrieved from https：//nthp-savingplaces.s3.amazonaws.com/2017/06/27/09/02/25/407/Millennial Research Report.pdf.

12. Sisson，P.（2017，July 25）. "Seniors want walkability，too，survey says." *Curbed.* Retrieved from https：//www.curbed.com/2017/7/25/16025388/senior-living-walkability-survey.

13. Ehrenhalt，A.（2012）. *The great inversion and the future of the American city.*

New York, NY: Alfred A. Knopf.

14. Kneebone, E., & Berube, A. (2013). *Confronting suburban poverty in America.* Washington, DC: Brookings Institution Press.

15. 我指的是至少部分在明尼阿波利斯市中心第七街和尼科莱大道周围 1.5 英里半径范围内的人口普查区。数据来自美国人口普查局对于明尼苏达州人口普查区的 Tiger Shapefiles 文件。Retrieved from https://www.census.gov/cgi-bin/geo/shapefiles/index.php?year=2016&layergroup=Census+Tracts.

16. Luberoff, D. (2019). Reimagining and reconfiguring New York City's streets. In D. E. Davis & A. Altshuler (Eds.), *Transforming urban transportation: The role of political leadership* (pp.27–60). Oxford, UK: Oxford University Press.

17. Bloomberg, M. (2015, September/October). City century. Why municipalities are the key to fighting climate change. *Foreign Affairs*, 94 (5). Retrieved from https://www.foreignaffairs.com/articles/2015-08-18/city-century.

18. Florida, R. (2002). *The rise of the creative class: And how it's transforming work, leisure, community and everyday life.* New York: Perseus Book Group.

19. Benfield, K. (2012, March 14). How Amazon got the urban campus right. *Citylab.* Retrieved from http://www.citylab.com/work/2012/03/how-amazon-got-urban-campus-right/1485/.

20. Who We Are. (n.d.). Haley House website. Retrieved from. http://haleyhouse.org/who-we-are/history/.

21. 作者使用了美国人口普查局的本地来源地—目的地就业统计数据集(LODES),其中除了亚利桑那州、阿肯色州、密西西比州、新罕布什尔州和马萨诸塞州以及哥伦比亚特区外,其他州都有数据。Hartley, D. A., Kaza, N., & Lester, T. W. (2016). Are America's inner cities competitive? Evidence from the 2000s. *Economic Development Quarterly*, 30 (2), 137–158.

22. 同上,138 页。

23. Kolko, J. (2017, May 22). Seattle climbs but Austin sprawls: The myth of the return to cities. *The New York Times.* Retrieved from https://www.nytimes.com/2017/05/22/upshot/seattle-climbs-but-austin-sprawls-the-myth-of-the-return-to-cities.html?_r=2. 城市和郊区的邮政编码主要根据人口密度来区分。根据一项针对数千名 Trulia 用户的调查,科尔科确定,受访者们认为城市与郊区社区之间的边界值约为每平方英里 2213 人左右。其他因素在定义城市与郊区对受访者的意义方面也有显著但微小的预测能力,但人口密度本身就是最重要的预测因素。

24. Alofsin, A. (June 6, 2018). 郊区的防御. *The Atlantic.* Retrieved from https://

www.theatlantic.com/technology/archive/2018/06/a-defense-of-the-suburbs/562136/.

25. 在南大西洋地区，郊区的就业增长速度快于中心城区；但在这些州，郊区和中心城区的就业增长都被中央商务区所取代，那里的就业增长速度最快。有趣的是，这些州在很大程度上也与科尔科在同一时期观察到的、平均居住密度下降幅度最大（而不是增加）的大都市统计区相重叠。

26. Hartley, D. A., Kaza, N., & Lester, T. W.（2016）. Are America's inner cities competitive? Evidence from the 2000s. *Economic Development Quarterly*, 30（2）, 137–158.

27. Baum-Snow, N., & Hartley, D.（2017）. *Accounting for central neighborhood change*, 1980–2010（No. WP 2016-09）. Federal Reserve Bank of Chicago. Retrieved from https：//www.chicagofed.org/ ~ /media/publications/working-papers/2016/wp2016-09-pdf.pdf.

28. Pogash, C.（2015, May 22）. Gentrification spreads an upheaval in San Francisco' s Mission District. *New York Times*. Retrieved from https：//www.nytimes.com/2015/05/23/us/high-rents-elbow-latinos-from-san-franciscos-mission-district.html.

29. Zip codes with fewer than 2, 213 and 102 or more households per square mile. Kolko, J.（2017, May 22）. Seattle climbs but Austin sprawls：The myth of the return to cities. *New York Times*. Retrieved from https：//www.nytimes.com/2017/05/22/upshot/seattle-climbs-but-austin-sprawls-the-myth-of-the-return-to-cities.html?_r=2.

30. Li, W.（2012）. Ethnoburb：*The new ethnic community in urban America*. Honolulu, HI：University of Hawaii Press.

31. Spivak, J.（2018, July）. Retail realities：Rebuilding economic resiliency as brick and mortar goes to pieces. *Planning Magazine*,（July 2018）, 16–21.

32. BBC News.（2014, November 11）. Alibaba's Singles' Day sales exceed predictions at$9.3bn. BBC News. *BBC News*. Retrieved from BBC News：https：//www.bbc.com/news/business-29999289；Reuters.（2017, September 26）. Alibaba Says It's About to Build Up a Massive Logistics Network. *Fortune*. Retrieved from：https：//fortune.com/2017/09/26/alibaba-ack-ma-global-logistics/.

33. 据派杰称，大约 60% 的美国家庭是亚马逊金牌服务的会员。在年收入超过 11.2 万美元的高收入家庭中，亚马逊金牌服务的拥有率高达 82%。Teens are "snapping" up denim, sneakers and beauty, according to survey of 10, 000 teens. Piper Jaffray.（2016）. Teens are "snapping" up denim, sneakers and beauty, according to survey of 10, 000 teens [Press release]. Retrieved from http：//www.piperjaffray.com/2col.aspx?id=178&releaseid=2211939&title=Teens%20Are%20

%22Snapping%22%20up%20Denim,%20Sneakers%20and%20Beauty,%20According%20to%20Survey%20of%2010，000%20Teens.

34. Stone, B.(2010, November 24). What's in Amazon's box? Instant gratification. *Bloomberg Businessweek*. Retrieved from https://www.bloomberg.com/news/articles/2010-11-24/whats-in-amazons-box-instant-gratification.

35. 源自剑桥市的零售策略:市场分析。2017 年 5 月，拉里萨 · 奥蒂斯（Larissa Ortis）在剑桥市政厅进行的报告，这是该市委托的一项零售研究的一部分。

36. Vaccaro, A., & Pohle, A.(2016, April 21). Amazon offers same day delivery to every Boston neighborhood, except Roxbury. Boston.com. Retrieved from https://www.boston.com/news/business/2016/04/21/amazon-roxbury-same-day-delivery-boston.

37. Cohen, N. E.(2002). *America's marketplace. The history of shopping centers.* International Council for Shopping Centers. Lyme, CT: Greenwich Publishing Group.

38. Smith, S.(2012, September 1). Big-box store has new life as an airy public library. *The New York Times*. Retrieved from https://www.nytimes.com/2012/09/02/us/former-walmart-in-mcallen-is-now-an-airy-public-library.html.

39. Christensen, J.(2008). *Big box reuse.* Cambridge, MA: MIT Press.

40. 见新加坡河流规划区内的城市发展设计指南（*Urban Design Guidelines for Developments within Singapore River Planning Area*）. Annex A, Appednix 2: 1st storey UD Guide Plan(1st Storey Pedestrian Network)& Activity Generating use. Retrieved from the Singapore URA website: https://www.ura.gov.sg/ ~ /media/User%20Defined/URA%20Online/circulars/2013/nov/dc13-17/dc13-17_App%202.pdf.

41. 对于现场没有大量库存的商家，如咖啡店、餐馆、个人服务供应商、快闪店等来说，共享空间是一个切实可行的选择。对于店内已经存储了大量商品的零售商来说，则可能不是一个实用的解决方案。

结语

1. Smith, A.(1776). *An inquiry into the nature and causes of the wealth of nations.* London, UK: W. Strahan and T. Cadell.

2. Mayor of London.(2014). *Action for high streets.* Retrieved from https://www.london.gov.uk/sites/default/files/GLA_Action%20for%20High%20Streets.pdf.

3. 同上。

4. 同上。

5. 同上。

6. Whyte，W. F.（1943）. *Street corner society: The social structure of an Italian slum.* Chicago，IL：University of Chicago Press；Whyte，W. H.（1980）. *The social life of small urban spaces.* New York，NY：Conservation Foundation；Jacobs，J.（1961）. *The death and life of great American cities.* New York，NY：Random House.

7. Jacobs，J.（1961）. *The death and life of great American cities.* New York，NY：Random House.

8. Anderson，S.（1978）. Studies toward an ecological model of the urban environment. In S. Anderson（Ed.），*On Streets*（pp. 267–307）. Cambridge，MA：MIT Press.

9. Sennett，R.（2018）. *Building and dwelling.* New York，NY：Farrar，Straus and Giroux.

10. 值得注意的是，这两个指标以及人口密度指标都十分依赖分析的面积单元。表中的数字对应的是整个城市的密度。如果以社区、城市街区、甚至单个地块的尺度来衡量，同样的指标会产生更大的数字。以街区尺度为例，我们可以发现纽约市一些地区的 FAR 值大于 15。这在文献中被称为可变面积单元问题或 MAUP。详见 Openshaw，S.（1984）. *The Modifiable Areal Unit Problem.* Norwich，UK：Geo Books.

11. Amindarbari，R.，& Sevtsuk，A.（2019）. Spatial structure of American metropolitan areas.

12. 语出 Eliel Saarinen，见 Eero Saarinen 在“The Maturing Modern，” in *Time*，July 2，1956：51 一文，cited in Saarinen Houses by Jari Jesonen and Sirkkaliisa Jetsonen，p. 11.

致谢

首先，我要感谢城市形态实验室（City Form Lab）的研究人员：亚历山大·麦克利（Alexander Mercuri）、马特·施赖伯（Matt Schreiber）和钟凯文（Kevin Chong），感谢他们在背景资料、数据收集和图表方面给予我的帮助。本书的主题内容，尤其是关于区位的章节，还得益于与劳尔·卡尔沃（Raul Kalvo）、陈立群（Liqun Chen）、艾米丽·罗亚尔（Emily Royall）、奥努尔·埃克梅克奇（Onur Ekmekci）、雷扎·阿明达巴里（Reza Amindarbari）和迈克尔·梅康恩（Michael Mekonnen）等人的共同研究与激发思维的讨论。所有这些才华横溢的城市学者后来都在世界各地的大学、公司和城市建立了自己成功的职业生涯。

我还要感谢我在麻省理工学院有机会与之共事的那些了不起的导师们：比尔·米切尔（Bill Mitchell）、比尔·惠顿（Bill Wheaton）、朱利安·贝纳特（Julian Beinart）、约翰·德蒙肖（John de Monchaux）以及伦敦大学学院的菲利普·斯蒂德曼（Philip Steadman）。正是因为多年前我们的对话，才有了本书中的一些章节。不幸的是，世界失去了其中两位令人动容的人物——2010年去世的比尔·米切尔，以及约翰·德蒙肖，直到2018年去世前一直都是我的朋友。

我在哈佛大学城市规划与设计系的几位同事，亚历克斯·克里格（Alex Krieger）、彼得·罗（Peter Rowe）、黛安·戴维斯（Diane Davis）、杰罗尔德·凯登（Jerold Kayden）、里克·佩西（Rick Peiser）和苏珊·费恩斯坦（Susan Fainstein），阅读了部分手稿并在我修改和调整稿件时，慷慨地同我分享了他们的反馈和建议。院长莫森·莫斯塔法维（Mohsen Mostafavi）和我的同事里克·佩泽（Rick Peiser）为我提供了资金支持，帮助我支付研究助理和图片出版的费用。

感谢宾夕法尼亚大学出版社聘请的两位匿名审稿人以及该出版社的资深历史编辑罗伯特·洛克哈特（Robert Lockhart）所提供的意见和反馈，对我的稿件修改，从相当粗糙的初稿调整到最终成稿提供了莫大的帮助。

就我个人而言，我还要感谢我的父母和我的兄弟一家人多年来对我的支持和爱护，以及莉莉在洛杉矶的家人们给予我的温暖和关爱。除此之外，我还要感谢迪赛咖啡馆（Diesel Café）、11区（Block 11）、大报咖啡（Broadsheet）和达尔文咖啡（Darwin's）的员工，将我视如常客招待，让我能够在享用卡布奇诺的同时一边打字撰稿。

我想把这本书献给莉莉，我生命中的伴侣和最亲密的朋友，还有我们四岁的儿子卢卡斯。这本书的大部分内容都是在清晨时间或是午睡后写的，当时卢卡斯还在熟睡，并逐渐从一个婴儿成长为一个好奇而有趣的男孩。即使每次打开键盘都令我感到艰难，但卢卡斯的好奇心与毫不掩饰的爱，还有莉莉的智慧与爱的支持，给了我继续写下去的动力。